FAO中文出版计划项目丛书

推广生态农业　实现可持续发展目标

——联合国粮食及农业组织第二届生态农业国际研讨会纪实

意大利罗马　2018年4月3—5日

联合国粮食及农业组织　编著

徐 明　高战荣　张龙豹　等　译

U0256520

中国农业出版社
联合国粮食及农业组织
2021·北京

引用格式要求：

粮农组织和中国农业出版社。2021年。《推广生态农业 实现可持续发展目标：联合国粮食及农业组织第二届生态农业国际研讨会纪实》。中国北京。

03-CPP2020

本出版物原版为英文，即 *Scaling up agroecology to achieve the sustainable development goals: Proceedings of the second FAO international symposium*，由联合国粮食及农业组织于2019年出版。此中文翻译由农业农村部国际交流服务中心、黑龙江大学安排并对翻译的准确性及质量负全部责任。如有出入，应以英文原版为准。

本信息产品中使用的名称和介绍的材料，并不意味着联合国粮食及农业组织（联合国粮农组织）对任何国家、领地、城市、地区或其当局的法律或发展状况，或对其国界或边界的划分表示任何意见。提及具体的公司或厂商产品，无论是否含有专利，并不意味着这些公司或产品得到联合国粮农组织的认可或推荐，优于未提及的其他类似公司或产品。

本信息产品中陈述的观点是作者的观点，不一定反映联合国粮农组织的观点或政策。

ISBN 978-92-5-134682-2（联合国粮农组织）

ISBN 978-7-109-23580-9（中国农业出版社）

译者说明

联合国粮食及农业组织于2018年4月3—5日在罗马举行了"第二届生态农业国际研讨会：推广生态农业　实现可持续发展目标"，并在大会期间提出了"生态农业推广举措"。本书收集了本届大会的演讲稿，详细记录了大会的整个过程。从开幕式致辞、主旨演讲、小组讨论、生态农业区域评估、国别经验介绍、可持续发展目标等层面介绍了全球生态农业的发展现状和推广模式。

本书的翻译是由农业农村部国际交流服务中心与黑龙江大学共同合作完成。翻译过程中双方相互交流、相互校对，查阅了大量语料库和平行文本。在确保译文准确的前提下，尽量使译文语言符合生态农业的表述规范。除译审名单外，黑龙江大学研究生秦旭妍、葛宇飞、张肆、郭吉良等人查找了大量资料，也参与了本书的部分翻译和审校；中国农业科学院研究生刘衡、西班牙胡安卡洛斯国王大学研究生刘盛也参与了本书的审校。在此，向上述译者和审校人员一并表示感谢。

由于时间仓促和译者生态农业知识有限，书中难免有翻译不妥之处，欢迎广大读者批评指正。

致　谢

　　第二届生态农业国际研讨会——"推广生态农业　实现可持续发展目标"于 2018 年 4 月 3—5 日在联合国粮食及农业组织（FAO）总部罗马召开。FAO 在此特别感谢为本次大会成功举办付出努力的所有人员，感谢每一位参会人员的奉献和投入。

　　本届研讨会出席率很高，来自全球 72 国政府、350 个非国家行动方组织和 6 家联合国（UN）相关机构的 768 名代表参会，参会代表进行了丰富的讨论和积极的跨学科交流。

　　FAO 感谢"生态农业伙伴成员小组"[①]所做的重要工作以及在研讨会组织中的支持和指导。也在此特别感谢巴西、中国、科特迪瓦、法国、匈牙利、日本、塞内加尔、瑞士和委内瑞拉的常驻代表机构为本次大会给予的支持。

　　FAO 对法国、瑞士和荷兰政府以及麦克奈特(McKnight)基金会为这次研讨会顺利举办给予的资金支持深表感谢。

　　特别感谢 Braulio Ferreira de Souza Dias 先生在研讨会主持期间的出色表现。

---

　　① "生态农业伙伴成员小组"由巴西、中国、科特迪瓦、法国、匈牙利、日本、塞内加尔、瑞士和委内瑞拉的常驻 FAO 代表组成。

缩 略 语

ABA 巴西生态农业协会

ABC 阿姆里塔·博米中心

AFSA 非洲粮食主权联盟

AGREENIUM 农业兽医和林业研究所

BLW 联邦农业局

CAP 欧盟共同农业政策

CARICOM 加勒比共同体

CBD 生物多样性公约

CBO 社区组织

CELAC 拉丁美洲和加勒比国家共同体

CEPAD 杜克农产品合作研发中心

CFS 世界粮食安全委员会

CIA 意大利农业联合会

CGIAR 谷物豆类和旱地谷物研究计划

CO_2 二氧化碳

COAG 农业委员会

COP 缔约方大会

CSOs 民间社会组织

DNA 脱氧核糖核酸

EAA 水产养殖的生态系统方法

ECOSOC 联合国经济及社会理事会

EOA-I 生态有机农业倡议

EU 欧盟

FAO 联合国粮食及农业组织

FAO-RLC 联合国粮农组织驻拉丁美洲和加勒比区域办事处

FAO-RNE 联合国粮农组织驻近东和北非办事处

FFF 森林和农场设备

FFS 农民田间学校

GEF 全球环境基金

GFAR 全球农业研究论坛

GHG 全球温室气体

GIAHS 全球重要农业文化遗产

GIEE 经济和环境问题兴趣小组

GKP 全球知识产品

GMOs 转基因生物

ICRAF 世界农林中心

IFAD 国际农业发展基金

IFPRI 国际粮食政策研究所

IRD 国家发展研究所

KATC 卡西西农业培训中心

N_2O 氮

NGO 非政府组织

P4P 购买进度计划

PGS 参与式保障体系

PhD 博士

PNG 巴布亚新几内亚

RBA 联合国粮农组织驻罗马三机构

SAT 坦桑尼亚可持续农业

SBSTA 附属科学技术咨询机构

SDGs 可持续发展目标

UN 联合国

UNDP 联合国开发计划署

UNEP 联合国环境规划署

UNFCCC 联合国气候变化框架公约

USA 美国

USAID 美国国际开发署

USD 美元

WFP 世界粮食计划署

WHO 世界卫生组织

大会概况

第二届生态农业国际研讨会："推广生态农业　实现可持续发展目标"

2014年，第一届联合国粮农组织"发展生态农业　促进粮食安全和营养"国际研讨会提供了一次经验交流的机会，并以生态农业为依据建立相关标准，作为关键方法，支持向可持续农业粮食体系转变。2015—2017年，在区域发展和推广生态农业特定需求的驱动下，联合国粮农组织与拉丁美洲和加勒比区域、撒哈拉以南非洲、亚太地区、中国、欧洲及中亚、近东及北非的合作伙伴共同组织并召开了一系列区域性多方研讨会[①]。

第一届国际研讨会和后续7次区域研讨会的参会者有1 400多名，遍布170个国家和地区。就全球发展生态农业所取得的贡献，参会者们提供了以下5个层面的依据：①提高小农户和家庭农场应对气候变化影响的适应力和抵御力；②通过健康食品和多样化饮食结构保证粮食安全和改善营养；③保护和加强农业生物多样性以支持生态系统功能，例如授粉、土壤健康以及恢复退化的土地和森林；④改善农民生计；⑤实现可持续发展农业实践的变革。

为推动研讨方案尽早落地实施，联合国粮农组织于2018年4月组织召开了第二届生态农业国际研讨会："推广生态农业　实现可持续发展目标"（以下简称"研讨会"）。760多名与会者汇聚一堂，推动了各领域的跨学科交流与合作。研讨会促成并巩固了基本协议和承诺来推广各级生态农业系统，以实现可持续发展目标（SDGs）。

来自72国政府的代表讨论了生态农业公共政策如何在《2030年可持续发展议程》框架内逐步向可持续农业粮食体系过渡。350个非国家行动方组织的代表（包括民间社会组织、学术和研究组织、合作社、生产组织和私营部门）讨论了生态农业的实际优势，包括应对各种挑战的创新措施、技术和方法，这是农民、科学家、研究人员、消费者和从业人员相互交流的成果。六家联合国相关机构的参会代表分析了在全球范围内推广生态农业的机会，以及将

---

① FAO, 2018. Catalysing Dialogue and Cooperation to Scale up Agroecology: Outcomes of the FAO Regional Seminars on Agroecology, Summary (http://www.fao.org/3/I9035EN/i9035en.pdf).

生态农业纳入全球工作计划的具体途径，支持各国实现粮食和农业的可持续发展。

研讨会取得了以下成果：

（1）与联合国合作伙伴共同发起了"生态农业推广举措"[①]。

（2）同意将该研讨会的主要成果纳入讨论文件，并提交给联合国粮农组织管理部门，特别是提交给2018年10月举行的农业委员会（COAG）第二十六届会议和2019年7月举行的第四十一届联合国粮农组织大会进行讨论[②]。

（3）明确了生态农业的十大要素和其显著特征[③]。

（4）"主席概要"概述了会议期间达成的主要结论和协议，并探讨了当前的挑战和机遇，以及如何推广生态农业实现可持续发展[④]。

（5）介绍了45个典型案例，覆盖不同国家、地区和背景的优秀生态农业经验和创新（收录在本书第7章"生态农业行动：成功的实践与创新"）。

与会者们认识到生态农业创新不仅仅是新技术或新产品的研发，还涉及通过利益相关方的互动交流来获得社会和环境可持续的想法、技术、产品和实践。与会者们还强调，生态农业创新应以人为本，满足小农户、家庭农场及消费者的需求，共同创造，将实地调研与传统知识相结合，适应当地情况，借助开放的数据资源和技术，进一步提高创新能力和集体行动能力，进行负责任的投资。

A. 生态农业推广举措

会议期间，联合国粮农组织与其他联合国主要合作伙伴共同发起了"生态农业推广举措"（以下简称举措），并获得了参会国家、地区和国际机构760余名与会者的广泛支持，号召与会者们加强合作、参与"举措"的实施（附录A）。生态农业被视为帮助各国实现可持续发展目标和应对气候变化的一种创新方法。

该"举措"旨在通过出台促进国家间协同发挥作用的政策和提升技术能力来支持各国向生态农业过渡的进程。此外还制定联合行动方案同其他联合国机构和伙伴共同实施，包括资金实施方案。

联合国粮农组织和联合国相关合作伙伴将制定10年行动计划，以促进该"举措"的成功实施。实施工作将关注目标国工作的3个层面：①可持续农业

---

① 《生态农业推广举措》的全文请参阅附录A，网站链接为http://www.fao.org/3/I9049EN/i9049en.pdf.

② 专题讨论会的成果已纳入文件"Agroecology: from Advocacy to Action"该文件已提交给2018年10月举行的农业委员会第二十六届会议讨论，网站链接为http://www.fao.org/fileadmin/user_upload/bodies/COAG_Sessions/COAG_26/MX456_5/MX456_COAG_2018_5_en.pdf.

③ "生态农业的十大要素：向可持续农业粮食体系的过渡"可参阅附录B，网站链接为http://www.fao.org/3/i9037zh/I9037ZH.pdf.

④ "主席概要"全文请参阅附录C，网站链接为http://www.fao.org/3/CA0346EN/ca0346en.pdf.

粮食体系的知识和创新；②转变农业粮食体系的政策程序；③为这一转变建立联系。

生态农业推广举措的主要工作层面和关键行动	
工作层面	推广生态农业的关键行动
知识和创新	1. 加强家庭农场主及其组织在维护、利用和获取自然资源中的核心作用 2. 促进经验和知识共享，合作研究和创新
政策程序	3. 开拓健康、营养和可持续的生态农产品市场 4. 审查机构政策、法律和财政框架，以促进生态农业向可持续粮食体系转变
建立联系	5. 通过一体化且有参与性的区域进程来推广生态农业

建立伙伴关系是实施该"举措"的关键。联合国合作伙伴和相关机构可以按照其职责和专业知识，通过政策、科学、投资、技术支持和认识，加强协作，共同推动生态农业发展进程，支持可持续发展目标。

各国政府可以通过南南合作及三方合作项目分享知识和意见，以拓展国家和地区之间成功的生态农业实施方法。联合国机构和相关组织可以根据规范性工作与业务职能之间的协同作用，共同确定该"举措"的优先事项和战略并开展具体活动。

非国家行动方在发展、实施和推广生态农业过程中发挥着至关重要的作用。家庭经营者及其组织已经掌握了相关知识技能，拓宽了生产力和关系网络，这正是通过发展生态农业建立可持续粮食体系的核心。国家、区域和国际研究机构正在开创跨专业参与性研究的先河，以解决农业粮食体系面临的复杂问题。消费者和私营部门也为建立包容和公平的粮食体系创造了需求和机会。

B. 与生态农业相关的FAO牵头部门

正如专题讨论会期间商定的那样，专题讨论会的成果已纳入"生态农业：从倡导到采取行动"的讨论文件（2018/5），该文件已提交农业委员会（COAG）第二十六届会议。COAG是联合国粮农组织的领导机构之一，为有关农业、牲畜、粮食安全、营养、农村发展和自然资源管理的问题提供总体政策和法规指导。

讨论文件概述了联合国粮农组织在推广生态农业方面的工作，以加强可持续农业粮食体系并实现"零饥饿"目标，特别是应对气候变化、保护生物多样性和生态系统、保护和恢复自然资源（森林、土壤和水）以及改善小农户和家庭农场主的贫困情况等。该文件还总结了研讨会的成果，包括启动"生态农业推广举措"和总结"生态农业的十大要素"。

FAO农业委员会（COAG）第二十六届会议也进一步讨论了本届研讨会的各项成果。

具体来说，委员会认为：

（1）支持"生态农业推广举措"，并要求联合国粮农组织与联合国相关合作伙伴一起制订一项行动计划，并充分考虑目标国的需求和实施能力。

（2）支持以生态农业十大要素为指南，促进农业粮食体系的可持续发展，使每个国家的国民能够受益，同时要求联合国粮农组织进一步修订倡议文本来吸纳本届研讨会的讨论内容（将与第二十六届农委会报告一并提交联合国粮农组织理事会审核）。

（3）要求联合国粮农组织继续将生态农业作为实施可持续粮食和农业五项原则的一种方式，支持可持续发展目标，并通过以下方式协助各国和地区更有效地向可持续农业粮食体系过渡：

①建立生态农业发展规范，科学指导工作，制定评估标准、工具和规则，用以评估生态农业和其他方法对可持续农业粮食体系转型的贡献。

②收集科学依据，鼓励知识和新方式方法的共创，促进知识传播。

③根据成员国的要求提供政策和技术支持，包括为小农户和家庭农民组织能力建设活动。

（4）请农业委员会秘书处与农业委员会主席团合作，拟定一项决议草案，内容是将包括生态农业在内的可持续农业方法进一步纳入FAO未来规划，并将在下一届理事会讨论。

C. 生态农业的十大要素

联合国粮农组织生态农业区域研讨会提出了十大要素，旨在指导各国转变其农业粮食体系，将可持续农业纳入发展主流，以实现零饥饿和其他多项可持续发展目标。这十大要素是：①多样性；②知识共创和分享；③协同作用；④效率；⑤循环利用；⑥抵御力；⑦人和社会价值观；⑧文化和饮食传统；⑨负责任治理；⑩循环和互助经济（请参阅附录B：生态农业的十大要素）。生态农业的十大要素是相互联系和相互依存的。

概括生态农业特征的十大要素以生态农业的重要科学文献为基础——尤其是Altieri（1995）提出的生态农业五项原则[①]和Gliessman（2015）提出的生态农业转型的5个层面[②]。在此科学基础之上，联合国粮农组织还于2015—2017年期间举办生态农业利益相关方区域会议进行讨论，吸纳了国际专家和联合国粮农组织专家提出的意见。

---

① Altieri M A, 1995. 生态农业：可持续农业科学. 博卡拉顿：CRC出版社.

② Gliessman S R, 2015. 生态农业：可持续粮食体系. 3版. 佛罗里达博卡拉顿：CRC出版社，Taylor & Francis集团.

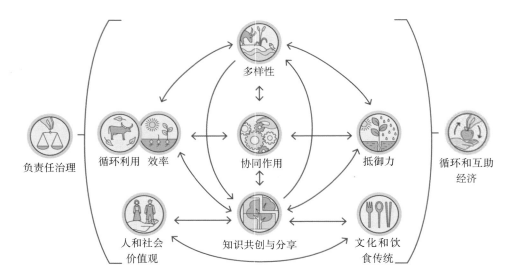

D. 主席概要

本部分概述了研讨会期间得出的主要结论和达成的协议，并指出了通过生态农业提升农业可持续性面临的挑战和机遇：降低对环境、土壤和水的影响，增加生物多样性，减少自然资源的消耗，增强抵御气候变化的能力。

研讨会还提出了未来可能面临的机遇和挑战，以更好统筹支持"生态农业推广举措"的进一步行动。"未来方向"中还提到了在"联合国家庭农业十年"（2019—2028年）和"联合国营养问题行动十年"（2016—2025年）的协同作用下带来的新机会。

该文件还强调了非国家行动方组织在推广生态农业方面的重要作用，包括民间社会组织（CSOs）、学术研究组织、基金会和资助机构。

E. 未来方向

根据管理层的指示，联合国粮农组织与主要联合国机构（包括国际农业发展基金、世界粮食计划署、联合国环境规划署、联合国开发计划署、世界卫生组织和《生物多样性公约》）、伙伴国政府和非国家行动方组织密切合作，参与了该"举措"的实施。在"举措"的3个工作领域框架内，联合国粮农组织正在开展以下活动：

（1）按照伙伴协议并结合参与国的需求和实力，制定一项十年行动计划来实施该"举措"。

（2）开发全球知识产品，包括全球生态农业数据库、分析框架和决策指标矩阵，评估生态农业的经济效益、社会效益和环境效益，改变只以产量提高为标准的评估方式。

（3）与农民、科学家和研究人员合作，加快参与性跨专业研究和创新，坚持以人为本，充分结合当地实际情况，节约成本，同时强化生计自主权。

（4）设立指标并收集相关数据，证明生态农业模式与抵御气候变化挑战间的联系。

（5）从国家层面执行"举措"：FAO目前正在与重点伙伴国家和当地行动者一起拟订国家层面执行"举措"的具体建议。

（6）加强与"联合国家庭农业十年"（2019—2028年）的协同作用。"生态农业推广举措"将助力十年计划，提高人们对生态农业与家庭农业间联系的认识并扩大支持。特别是在知识共享、推广小农户和家庭经营者的优秀生态农业实践方面，增加对生态农业扶贫投资，促进选定的可持续发展目标指标以及执行国家政策和计划等领域的合作。

（7）加强与"联合国营养问题行动十年"（2016—2025年）和"联合国家庭农业十年"（2019—2028年）的协同作用。开展协作有助于生态农业在提供健康饮食、改善营养、促进粮食体系可持续发展等领域做出独特的贡献。生态农业将通过可持续粮食生产、自然资源有效管理来解决各种形式的营养不良问题，促进健康饮食，助力"营养十年"愿景的实现。

生态农业的推广带动了体制创新：优先在不同的农业和粮食部门开展跨领域工作，更有利于粮食体系的转变和协同增效。通过制定法律框架，发挥协同作用，吸引各部门与合作伙伴一同为实现可持续发展目标而努力。

通过该"举措"，联合国粮农组织随时准备协助各国向生态农业转型，建立可持续农业粮食体系，实现可持续发展目标。这需要加强伙伴关系，促进各级参与者开展跨学科交流与合作。

目　录

© 粮农组织

第 1 章
大会开幕

1.1　开场白

联合国粮食及农业组织（FAO）总干事
若泽·格拉齐亚诺·达席尔瓦（José Graziano da Silva）

2014年9月，FAO召开了第一届生态农业国际研讨会。各国政府、民间机构、私营部门和研究机构对生态农业的优势进行了经验交流，这是农业向可持续方向发展并与《2030年可持续发展议程》相适应的重要途径。

第一届国际研讨会之后，拉丁美洲、撒哈拉以南非洲、亚太地区以及欧洲和中亚等组织了一系列区域会议。来自170个国家和地区的1 400多名参会者参与了这一全球性工作，共同讨论和强调生态农业的重要性。FAO还启动了"生态农业知识中心"网站，来促进生态农业方面的交流与合作。

第二届国际研讨会旨在汇编和利用这些区域会议的成果，为制定和实施有助于推广生态农业并加速实现可持续发展目标（SDGs）的政策创造研讨机会。

如今，世界各地在"绿色革命"的影响下生产粮食，但这种生产大多基于高投入和资源消耗型的耕作模式，让环境和社会付出了高昂代价，导致土壤、森林、水、空气质量和生物多样性持续退化。虽然我们能生产足够多的粮食，但是不惜一切代价增加产量还不足以彻底消除饥饿。此外，全球流行性肥胖和营养不良情况也很不乐观。

我们正处于一个重要转折点，必须促进生产和消费方式的变革。我们必须发展真正可持续的粮食体系，在提供健康和营养食品的同时还要保护环境。而生态农业可以对这一过程做出多种贡献。

区域会议的主要结论之一是生态农业不仅是农场本身，还有重要的经济效益、社会效益和生态效益。实际上，生态农业可以提高农民的抵御力，特别是在饥饿频发的发展中国家，它可以推动当地经济发展，保护自然资源和生物多样性，减缓气候变化影响，还可以发扬传播当地文化和传统知识。

在多重利益的驱动下，发展和推广生态农业逐渐成为实现《2030年可持续发展议程》和应对相关挑战的重要途径。

为了推广生态农业，要强调3个重要问题：①本次研讨会应发表一份宣言，其中应包括协商通过的所有决定；②研讨会通过的决定将提交给10月第一周举行的FAO农业委员会（COAG）以及2019年7月举行的联合国粮农组织大会；③必须将生态农业纳入国家级的法律和法规框架内。来自不同大洲的约30个国家已经采用了关于生态农业的法律框架，但为使该框架发展更加成熟，

© 粮农组织

我们需要全球更多政府和政策制定者的参与。在这方面，我对生态农业伙伴成员小组在罗马开展的重要工作表示感谢。

在第一届国际研讨会上，并将生态农业作为关于粮食和农业未来发展方向辩论的核心。此后，我们做了很多准备工作，在此感谢法国前任部长Stéphane Le Foll为促进欧洲和世界许多其他地区的生态农业发展所做的重要工作，也希望能够充分发挥民间社会组织在促进全球生态农业发展中的关键作用。

尽管我们已经做了许多工作，但还远远不够。我们必须继续巩固和推广生态农业，希望第二届国际研讨会将为所有人创造更加公平和可持续的粮食体系奠定基础，不落下任何一个人。

1.2 欢迎致辞

国际农业发展基金（国际农发基金）主席
Gilbert F. Houngbo

将粮食体系转变为真正的可持续性发展体系，意味着需要在经济、社会和文化水平上进行根本性的变革，还要保证对环境无害。促进这种变化需要统筹规划，并结合投资、政策变化和其他干预措施。整体规划是获得多重收益投资的关键。例如，豆类作物系统的多样性可以改善营养，固定土壤中的氮，提高土壤肥力，提高农业生产率，减少对合成肥料的依赖，同时有助于饮食多样化和环保消费。豆类还有比其他农作物更低的食物浪费足迹，而且在综合耕作系统中提供了健康的动物饲料。

我们需要摆脱20世纪主导的单一作物和高度选择性的牲畜生产系统。21世纪的可持续农业系统必须以多样性为原则，对农业采取综合、整体的方法。这是一种范式转变，让我们不必再将自然视为必须遏制的威胁，而是与自然和谐相处并协调发展来提高生产力水平，转变农场发展方式，实现可持续性变革，从而使农场更有韧性。换言之，这是一种生态农业生产系统。

为了减轻贫困和建设更具韧性的农村社区，生态农业已融入农发基金的投资计划中。我们的目标人群是贫困小农，特别是妇女和农村青年，他们生活在偏远地区，依靠脆弱的生态系统来获取食物、住房、能源和收入。增强贫困小农抵御力要基于增强其农业系统的适应力，确保其能够获得充足的健康饮食并摆脱贫困。此外，更加全面地关注资源节约型农业粮食体系必须包含对年轻人有吸引力的创新技术和做法。技术创新还可以降低妇女和儿童的劳动强度，因为妇女和儿童要花费数小时为家庭提供能源和水。

尚存的关键问题有：如何改善证据基础并更好地分享生态农业的意义和创收知识？需要哪些激励措施来支持小农向生态农业转变？为了促进生态农业的发展，有哪些必要的扶持性政策、法规、基础设施和市场条件？为了实现这种变革，我们需要与小农、农民组织、政府、发展机构、研究机构和民间社团合作。农发基金将与我们的附属机构和其他合作伙伴共同努力，进一步推广生态农业。

1.3　主旨演讲

法国前农业部长、法国国会议员
Stéphane Le Foll

今天，一场人类层面的辩论向来自各个国家的行动者质疑：我们能否应对人类面临的全球变暖和人口不断增长等重大挑战？农业领域里的农田、牧场、林业和渔业是迎接挑战的关键，因为这是人类与环境互动的重要形式，占很大比例。因此，农业不仅仅是问题所在，而且是解决方案的一部分，让我们能够应对全球性挑战。我们今天是需要进一步深化改革、站在人类历史需要的角度做出重大选择、修改标准范例和重新定义风险的时刻，这对我们的未来至关重要。

我们可以先集中找到特定国家的解决方案并优先解决其中的部分问题，也可以一起解决人类面临的全部挑战。这就是问题所在，这就是为什么生态农业（作为一个共享的集体项目，同时又基于每个国家和生态系统的不同经验和实际情况）是一种解决全人类所面临的重大问题的途径，因为它从未否认人类各部分的多样性和合法性。与其他全球性信息相反，将共性和个性相结合的能力是生态农业的基本特征。

找到解决全球问题的办法是每个人的共识。如果说生态农业有意义，那是因为它依靠社会和文化多样性来建立项目、集体信念、普遍做法和人道选择。为此，需要关键技术和研究人员，还必须依靠世界各地熟悉当地生态系统的农民的经验和知识，要在全世界范围内实现经济可行性和生态可持续性。

重度依赖于化学投入的集约型农业导致了鸟类、蜜蜂或整个生物多样性退化，此类报道引起了人们对生态可持续性的极大关注。在联合国粮农组织的支持下，占主导地位的"高投入"绿色革命农业模式已经到了尽头。我们将在联合国粮农组织这里开启新一轮革命，即"双绿色"革命，它将基于自然来发展农业生产。"双绿色"革命是我们的讨论核心。它需要融合技术和科学知识，还需要在国际层面上制定目标，统筹管理，确保各地的公共政策都能得到实施，应对人类面临的全球挑战。在这里，大型国际机构必须发挥关键作用，保障讨论持续进行，同时制定相关公共政策，以实现这些目标。

© 粮农组织/Olivier Thuillier

今天的主要问题之一是人口迁移，修建边境墙无法解决这个问题。相反，我们需要在人道主义层面开发一个项目，允许他们活动和发展，让每个人拥有立命生活的能力。生态农业是解决全球变暖问题方案的一部分，其中包括发展农业和粮食生产以应对人口问题，同时涵盖了农业转型来支持男性和女性的就业需要。

1.4 政策导向

瑞士常驻联合国粮农组织、农发基金和粮食计划署代表

François Pythoud

当今农业粮食体系面临的挑战刺激了人们日益增长的食物和营养需求，同时强化了《2030年可持续发展议程》和可持续发展目标的内容即不落下任何一个人。只有改变传统的农业粮食体系，朝着实现更高效的可持续发展目标方向发展才有可能实现。最近的出版物为生态农业方法提供了保障，特别是在提高农业生产力以及提供应对全球挑战的生态系统服务和公共产品方面。但仍然存在一个问题：什么阻碍了常规农业粮食体系向可持续农业粮食体系的生态农业过渡转型？

今天，随着《2030年可持续发展议程》的通过，人们越来越意识到有必要让传统农业向可持续发展方向转变。尽管此事迫在眉睫，但尚未落实具体行动，产生实际影响，主要是因为生态农业方法的支持者和实践者只是一小部分农业粮食链里有影响力的政治和经济参与者。对生态农业具体内容的不清晰是一个不应该被忽视的重要方面。在提供更多生态系统服务和公共产品的基础上，发展农业生产系统化方法的框架，将会是不错的解决办法。联合国粮农组织在这方面为本届研讨会的文件概述了生态农业的十大要素，提供了良好的思考基础。这种思考应集中在：①展示生态农业的经济效益；②展示生态农业创造的机会；③开发有利于生态农业发展的内外部环境。

调整现有经济绩效指标以及制定符合实际情况的综合指标，对评估生态农业在其行动和影响多方面的总体绩效和效益方面至关重要。充分利用新市场对健康食品的需求、对小农生产食品的政治支持以及对年轻专业人员有吸引力的新技术，提高效率、农业生产服务和产品质量，这些都是促进向生态农业过渡的明确切入点。

促进研究和创新体系改革对满足生态农业的需求十分关键。这意味着多投资自下而上的参与方法，促进知识共享和共创，并重视传统知识和实践。同

时，还需要发展和加强生态农业产品和服务的供应链和市场，包括提高价格透明度，反映所有生产成本和与负外部性有关的成本，以便设立保险机制来弥补转型风险相关的损失。

联合国粮农组织必须在合作制定支持生态农业方法的政策方面继续发挥全球领导作用，将重点放在以下方面：①加强规范，包括开发方法和基准，依据联合国粮农组织制定的可持续粮食和农业五项原则衡量可持续性3个组成部分的绩效；②通过促进"推广生态农业举措"的多方相关平台，动员非国家行动者，特别是农民和私营部门；③在国际、区域和国家各级促进倡导（今年联合国可持续发展高级别政治论坛是一个很好的机会，突出了生态农业方法对所有可持续发展目标的贡献）；④通过讨论、协商，统一发展公共和私人战略与政策的平台。

本次研讨会通过分享经验增进知识积累，引发讨论，提出有创新性甚至有启发性的想法和建议：①联合国粮农组织、伙伴组织以及其他公共和私人行动者在"推广生态农业举措"背景下的作用；②采取具体行动来支持现有的生态农业系统加速过渡。

©粮农组织

第2章
关于联合国粮食及农业组织开展生态农业全球对话的区域综合评估

2.1　引导性发言

2.1.1　发言人：骆世明
中国华南农业大学教授

在中国，农业生态学与生态农业开始于20世纪70年代末。在过去的34年中，中国出版了超过30本农业生态学相关教科书。我们通过调查、示范等方法，研究探讨了生态农业的模式与生态农业的技术体系。例如，我们调查了珠江三角洲传统的桑基鱼塘系统和高畦深沟系统，研究了稻田养鸭和稻田养鱼技术。1975年，中国关于生态农业的相关中文文献年发表量只有1篇，而2017年却增加到349篇。这是生态农业在中国得到快速发展的一个积极信号。然而，很多利益相关方，包括政府官员、科研人员和农民目前仍然只关注生态农业概念的不同解释以及生态农业概念与可持续农业、绿色农业、生态友好农业、低碳农业的关系。生态农业与其他概念之间在方法与目标上的差异应当解释清楚并让大众充分了解。只有对概念进行清晰界定并让大众充分掌握其内涵，人们才能够更深入地思考生态农业的核心问题。

生态农业发展的另一重要方面即为生态农业方法。为了得到一个具有当地适应性的生态农业方法，我们需要选择一个自下而上和自上而下相结合的途径。其中，自下而上的方法指的是当地农民的智慧，自上而下的方法指的是科学技术研究。我们通常通过结合这两条途径寻找良好的生态农业实践方法。通过对形形色色的生态农业实践方法进行归类是帮助大家理解和掌握这些方法的好途径。我们通过比较自然生态系统与生态农业系统来进行归类，其中，自然生态系统有输入、输出，系统内有个体、种群、群落、生态系统、生态景观等组织层次。类似地，生态农业方法可以分为生态农业系统的输入调控、输出调控和内部不同组织水平的调控方法。生态农业系统输入调控方法包括资源节约、资源替代、资源增殖技术；生态农业系统的输出调控方法包括对产出副产物和污染物的无害化处理、循环和再利用。调控生态农业系统内部结构的方法包括：①从基因到群落水平开展生物多样性利用；②在生态系统内巧妙利用能流和物流构建循环体系和网络关系；③在景观和区域水平方面，做好整体格局的规划和构建。

当大众清楚地掌握了什么是生态农业以及如何实践生态农业，就会有越来越多的农民愿意投身生态农业试验中。然而，他们会在行动之前考虑实行生态农业转型是否值得，为此需要向他们展现我国生态农业发展的巨大前景。另

©骆世明

外，农民也会顾虑他们是否承受得住生态农业转型的各种挑战，为此，就近区域能找到具有典型性的成功范例便十分重要，同时要经常组织农民之间进行经验交流和不同利益相关方之间直接交换意见。农民除了关注健康、文化、环境之外，还特别关注自己的经济收益，因此生态农产品能够获得较高的市场价格显得尤为重要，政府也应当制定完善的生态农业经济激励政策。

为了发展生态农业，我们不应忽视生态农业的国际交流与合作。在国际合作大框架下，在Stephen Gliessman的鼓励下，我们一起主编了《中国的生态农业——学科、实践与可持续管理》一书，并已经在2016年出版。自1989年起，我们在中国国际农业培训中心为超过500名各国学员提供了生态农业课程。

总而言之，中国的经验表明加速生态农业的发展有四个优先方向：①消除人们对生态农业概念及其前景的疑虑和模糊认识；②对各地可行的生态农业方法进行分类总结，建立示范点和经验交流平台；③通过产品市场和政府政策去激励更多利益相关方参与到生态农业发展之中；④强化国内和国际的交流合作。

2.1.2 发言人：Rilma Roman
古巴全国小农户协会主任

古巴全国小农户协会（ANAP）是拉维亚坎佩西纳运动（LVC）的创始成员之一，在过去20多年中组织了15余万户古巴农民家庭参与"从农民到农民"

的生态农业运动。LVC成员包括农民、土著居民、社区居民、农民工、牧民和渔民等，是一个代表小农户和消费者组织的国家级生态农业运动。LVC通过倡导人们践行生态农业来生产安全粮食并创造就业机会，为许多地区粮食自主权的保障做出了贡献。

古巴是成功实施生态农业的典型代表。通过全面的土地改革，古巴将土地分配给农户家庭，并制定了有利于保障农民参与及粮食安全生产的政策。

我们对生态农业的看法是一致的。我们认为生态农业不是什么新鲜事物，它是我们先民传统智慧的结晶。我们必须通过生态农业实践来传承这一人类遗产。生态农业依靠当地知识保障社会公正、保持农业生产的独特性以及促进各类文化相互融合，并有助于农村地区的经济发展。面对粮食产业化生产模式以及该模式所引发的政治、社会和环境危机，生态农业将成为一种替代模式。

我们认为，生态农业不仅是一种关乎生产和生活的方式，它很重要的一个原则是重视不同地区农业的多样性，尊重自然并促进共同价值观的形成。我们不使用有毒化学品、转基因生物（GMO）或有害技术。

基于大众教育（如"农民到农民"）且受教育者水平相当、机会平等，知识共享对我们来说至关重要。妇女是我们组织的积极参与者，在推广和实践生态农业中发挥着重要作用。

我们的生态农业运动具有鲜明的政治色彩，我们赋予农民权利去利用土地、水和其他自然资源进行粮食安全生产。生态农业的广泛推广带动了越来越多的家庭进行粮食安全生产。我们认为，制定相关政策来改善土地使用权、申请信贷、获取自然资源和开拓市场是小农户粮食生产的有利条件，也是深入推广生态农业的关键。例如，古巴的一些政策帮助ANAP通过生态农业实践改善了30多万家庭的生活水平。

2.1.3 发言人：Marion Guillou
法国农业、食品、动物健康与环境研究联合体董事会主席

大家对生态农业有着很高的期待，因为它所涉及的技术和社会方法对环境管理和社会需求有着重要作用。在法国，一些农民正在通过精准农业提高农业生产效率，确保农业投入品的精确利用，并通过生物过程防控（例如病虫害的生物控制）来减少部分投入品的使用，而另外一些农民正在更加彻底地重新设计农业系统。上述第一类农民在法国分布最广泛，这需要在理念上更注重生态效益和经济效益及社会效益的实现。如果想要农业发展实现又快又好，不仅需要改变农民的耕作方式，还需要改变整个粮食系统。这样付出努力的生产方

式是否值得取决于消费者是否愿为之买单。

农民和研究人员在推进生态农业发展方面共同花费了5～8年的时间来探索创新模式、科学分类以及在某特定区域的进一步完善。然而，更为关键的是如何清晰简明地向农民传达有关生态农业效益的信息。例如，除了增加产量和经济收入之外，生态农业系统还具有一定的弹性，能抵御一些突发危机。

我们需要从经济和社会两个角度为生态农业的推广创造可行条件。因此，制定鼓励生态农业创新的政策有助于进一步推广生态农业。农民之间的合作和知识共享也将有助于生态农业的创新。创新源于合作，因此加强农业创新团队的建设非常重要。此外，我们需要通过培训和教育项目来提高技术专家和农民的能力，这些培训项目应结合生态农业原理和实践，以便更好地应对全球及国家层面的农业挑战。

利用已有成功或失败案例的总结对指导生态农业向可持续农业粮食体系转型至关重要。除了发放补贴进行激励的方法外，还需要其他创新措施来支持向生态农业转型，例如采用产品认证等市场激励措施。我们可以通过现代监测方法对市场激励措施的相关性和合法性进行监督，这些监测方法有助于消费者了解农民使用的生态农业原理以及所采取的预防措施。

自2014年以来，法国推出了一项涉及成千上万农民的生态农业计划，该计划与联合国粮农组织十大生态农业要素相一致，即多样性、协同作用、知识共创和分享、抵御力、文化和饮食传统、循环利用、效率、人和社会价值观、

©粮农组织

负责任治理以及循环和互助经济。

当我们看到FAO各区域专题讨论会上提出的相关建议且全球1 400多名与会者达成共识时，可以确定法国发展的优先重点是将农业放在首位，把农民组织放在首位，并致力于保护农作物的多样性和土壤质量。

生态农业加快了人类知识的分享速度，改变了我们为创新而努力的方式，并改变了中学和高等教育的研究学习计划。市场的可持续发展对于支持这一农业转型非常重要，通过修订包括法律和经济框架在内的相关政策，将有助于实现联合国可持续发展目标并加快向生态农业转型发展的进程。

2.2　小组讨论：区域共同面临的挑战与取得的成就

小组讨论成员

1.法国国际农业研究与发展合作中心（CIRAD）首席执行官顾问 Etienne Hainzelin

2.塞内加尔国际环境与发展中心（ENDA Pronat）主任 Mariam Sow

3.非洲粮食主权联盟（AFSA）协调员 Million Belay

4.欧洲议会议员 Maria Heubuch

5.联合国粮农组织驻近东和北非区域办事处区域战略规划协调员 Pasquale Steduto

6.中国分享收获项目创始人 石嫣

主持人

加州大学圣克鲁兹分校教授 Stephen Gliessman

本环节总结了第一届联合国粮农组织（FAO）国际生态农业研讨会以及在2014—2017年举行的7个区域研讨会上的有关看法。第一部分，研讨嘉宾介绍了他们所在组织是如何开展生态农业推广工作的。第二部分，研讨嘉宾通过互动交流，重点讨论了以下问题：

（1）FAO在区域推广生态农业的进程中最重要的特征和成果是什么，尤其是在FAO工作和参与的区域？

（2）FAO如何借助生态农业这一模式来应对各区域的一些重大挑战？

主持人小结

与会嘉宾讨论了生态农业这种模式是如何通过理念更新和打破范式来促进农业转型的。与会嘉宾总结了过渡与转型之间的差异，并强调有必要将粮食系统的重点从追求产量和经济效益转向生态效益。此外还谈到了生态农业在推动建立可持续粮食系统层面所发挥的作用，以及何时向生态农业转型、如何转型等问题。

2.2.1　发言人：Etienne Hainzelin

法国国际农业研究与发展合作中心（CIRAD）首席执行官顾问

大约15年前，本人作为CIRAD的科学总监，见证了该组织中800位科学家决定将生态农业列为其战略远景工作以及此后该组织发生的变化。

CIRAD在该领域的研究兴趣主要集中在：

（1）农业生物多样性在作物育种体系中的应用及发展中国家对农业生物多样性概念理解的变化。

（2）与农民一起创建并评估生态农业种植系统（例如，留尼汪岛和西非的园艺系统、布基纳法索的动物复合系统、马达加斯加和老挝的稻米种植系统、中美洲和喀麦隆的农林系统、法西西部的集约化香蕉种植加工系统）。

（3）探索关于生态农业转型的驱动因素认知、政策制定、市场关联、创新系统应用于本土化的方法。

正如在FAO区域研讨会综述中所讨论的那样，与生态农业转型有关的观点、经验、文化和政策是极为多样且富有创造力的，在推广生态农业方面没有一条普遍适用的途径，但在转型过程中有一些必须遵守的原则。我们可以与利益相关者展开讨论并根据当地情况和约束条件一起设计多种转型途径，制定基于不同"起点"的实施进度。因此，在转型的不同阶段，或将存在多种不同的系统形态。由于生态农业是基于当地特定情况且主要利用本地资源禀赋，所以创新需要植根于本地实际情况和发展动态。与绿色革命的"范式农业"不同，我们需要将地方创新系统与相关研究成果紧密结合起来，并使其成为生态农业转型的主要动力。

除了转型方法、理念和愿景的多样性之外，人们越来越意识到，我们迫切需要改变农业生产的范式，尤其是以下两点：①改变仅以产量为中心的效益模式；②促进多方利益相关者之间的对话，在决策者层面和农民现实生活层面实现过渡。

问题1：FAO在区域推广生态农业的进程中最重要的特征和成果是什么，尤其是在FAO工作和参与的区域？

我想着重谈两点。第一，我很高兴我们已经从如何定义生态农业向如何开展行动转变。关于生态农业，没有唯一的定义，也没有统一的理论，而且实现生态农业的途径不止一条。向生态农业转型过程中，各个国家都有不同的基础和开展方式，有些系统必须去集约化，而有些系统则必须强化集约。然而，任何一种系统的转型都会受到各方面的质疑。

第二，关于创新系统和摆脱农业范式的重要性。生态农业不是一个固定的应用食谱。相反，它必须借助不同的政策、知识研究等要素来巩固其体系。在区域会议上这个问题已被明确提出。

问题2：FAO如何借助生态农业这一模式来应对各区域的一些重大挑战？

FAO可以通过以下两个方面来加速向生态农业过渡的进程：

第一，改变农业效益评价体系。从研讨会提供的文件中可以明显看出，不应仅关注产量、农业效益，还应包括增加就业机会和提高生态系统服务价值等因素。

第二，FAO应继续坚持过去四年建立的多方利益相关者对话机制，进一步鼓励科学家与决策者以及科学家与农民之间的对话，以提高人们对生态农业转型必要性和紧迫性的认识。

2.2.2　发言人：Mariam Sow

塞内加尔国际环境与发展中心（ENDA Pronat）主任

我是塞内加尔国际环境与发展中心主任。考虑到农药对环境、农民以及消费者造成的严重危害，我们早在80年代开始就针对塞内加尔的农药使用和管理状况开展了一项研究。我们与小农户分享了我们的研究结果，他们已经意识到作物产量下降以及儿童死亡率升高可能与此有关。然而，针对这一令人震惊的结果，农民应采取什么样的应对措施仍需进一步调查。

农民开始尝试不使用化肥和杀虫剂。今天，在这里有与我们一起探索替代性农业生产模式的首批参与者。我们设计了一套针对我们想要推广的农业类型的培训课程。我们想改变的不仅是摒弃化肥和农药的使用，更重要的是在塞内加尔建立一套关于农业生产的地方和国际政策体系。

来自CEPAD（"杜克农业合作开发"的法语缩写）的农民、研究人员和政策制定者得出的结论是，我们需要通过推广生态农业以进一步加快当地农村社会向可持续农业转型的进程。因此，FAO在塞内加尔举行区域研讨会之后，我们一直在努力建立一个联盟，该联盟将吸纳所有的利益相关方，并能够在国家层面影响生态农业政策。

我们目前正在建立一个全国性的平台，并希望通过这一平台建立可持续的粮食体系。在全球层面，我们在塞内加尔的探索经验可能会激励更多人开展类似行动。

问题1：FAO在区域推广生态农业的进程中最重要的特征和成果是什么，尤其是在FAO工作和参与的区域？

通过FAO的区域研讨会，我们发现在向生态农业转型的道路上我们并不孤单。生态农业是一个政治意义和社会意义并重的项目，因此，塞内加尔国际环境与发展中心必须履行向生态农业转型的承诺，并不断推进生态农业的发展。

一些协会也开始意识到变革的必要性以及推广渠道所发挥的关键作用。

我们认识到组织召集生态系统中负责粮食生产和流通的小农组织至关重要。我们每年会与地方政府、种子生产者、农民协会、全国农村妇女组织、学术界等利益相关方一起举办"生态农业日"活动。这个节日旨在评估塞内加尔的生态农业实践效果，并争取相关政治决策者的积极参与。

今年的"生态农业日"活动非常成功，我们组织了 1 500 多名利益相关方参与到活动中。塞内加尔农业部部长对活动给予高度评价，并指出生态农业是强化自然资源管理的重要手段。如果我们放弃对自然资源的管理，那么在非洲以及其他地区的生态农业转型注定会失败。

我们建立了一个国家级平台，专门整合生态农业实施过程中的相关战略。鉴于萨赫勒地区国家面临着水资源短缺、气候变化、环境污染、干旱、粮食安全和营养不良等问题，因此发展生态农业是一项极佳的选择。

问题2：FAO如何借助生态农业这一模式来应对各区域的一些重大挑战？

任何一项倡议需要落地后才能实现其目标。决策者和捐助者需要分配更多的资源用于相关研究。与此同时，鉴于消费者也是重要的利益相关方，我们需要将相关研究结果告知消费者，进而使其更好地了解生态农业的优缺点。我们的研究数据表明，遵循生态农业原理并付诸实践的家庭农业能够创造更多的就业机会，从而使非洲年轻人得以在本国从事农业活动。

需要重视的是，生态农业产品只有被市场认可，生态农业转型才能取得成功。这意味着民间社会、农民和消费者需要共同努力，使生态农业系统成为一种高回报且有吸引力的模式。

2.2.3　发言人：Million Belay
非洲粮食主权联盟（AFSA）协调员

我在斯德哥尔摩恢复力研究中心工作，同时我也是非洲粮食主权联盟的协调员。非洲粮食主权联盟是一个覆盖非洲50国的网络。保守估计，我们覆盖了2亿多非洲人民，包括粮食生产者、土著居民、牧民、宗教组织、妇女和青年团体。

我们在非洲的工作重点主要有两方面：一是反对工业粮食生产模式，另一个侧重于我们在生态农业领域所能开展的工作。我们做的第一件事是收集了非洲50个生态农业研究案例，这些案例在我们的网站上都能够找到。通过分析这些研究案例是否解决了本地区粮食生产过程中的经济、社会或环境问题，我们发现生态农业对联合国可持续发展目标中的11个目标均做出了贡献。

近期，我们依托在哥伦比亚建立的农民交流机制，着手对农民进行生态农业技术培训。我们计划从东非开始，接下来是西非，最后是东非和南部非洲。

我们还发起了关于非洲粮食系统的相关研讨活动。2016年，我们在埃塞俄比亚的亚的斯亚贝巴组织了第一次研讨，下一次研讨将在喀麦隆举行。

最后，我很荣幸作为咨询委员会成员参加联合国粮农组织在塞内加尔达喀尔举行的撒哈拉以南非洲生态农业区域会议，在那次会议上我们出版了一本关于生态农业的书。在本次研讨会期间，我们还将发布一本有关填补当前非洲农业政策不足的书。

问题1：FAO在区域推广生态农业的进程中最重要的特征和成果是什么，尤其是在FAO工作和参与的区域？

由于非洲的粮食生产者和民间社会团体缺乏一定的民主性，因此在某种程度上限制了生态农业在非洲的推广。现在政府和非政府组织都在推广商品化农业，致使政策调整的空间不大。因此，我们需要为生态农业争取更多的发展空间。

很多非洲农民希望摒弃农药和杂交种子的使用，但是受农产品供应公司建立的捆绑系统影响，向生态农业转型需要得到大量的资金支持。

此外，生态农业的消费市场也很重要，这就是为什么需要加强生产者和消费者之间的联系。非洲的传统农业通常与生态农业原理类似，正是因为生态农业尊重非洲人民的文化，所以我们非洲粮食主权联盟对生态农业很感兴趣。

问题2：FAO如何借助生态农业这一模式来应对各区域的一些重大挑战？

首先，作为一个代表非洲的民间社会组织，我们能做的也只是发布倡

© 粮农组织/Rosetta Messori

议。我们请求FAO为我们创造更多的民主空间，并且鉴于FAO在大多数非洲国家都设有办事处，我们希望FAO能为粮食生产者和民间社会组织提供相关便利。

其次，请求FAO关注非洲乃至全球急剧增加的与粮食有关的疾病，生态农业需要考虑到人类健康问题。

最后，鉴于世界复杂性以及社会、经济和环境变化带来的系列挑战，FAO应将指导生态农业转型作为其优先工作重点，以提高粮食系统应对复杂环境的抵御能力。

2.2.4 发言人：Maria Heubuch
欧洲议会议员

我是欧洲议会议员，也是欧洲议会农业与农村发展委员会委员、德国绿党议员，同时，我还是一名农民。1980年以来，我和我的家人在德国从事农业生产，长期以来我一直在思考农业如何确保全世界的粮食安全并战胜饥饿。

农业改革势在必行，我们现在就需要做出改变。其中一个关键性的改变是要勇于向生态农业转型并成为欧洲的先驱。我不支持继续采用现有的农业生产模式，我认为我们应该鼓励和支持人们重点关注农业的可持续发展问题。

鉴于欧盟致力于为生态农业提供更多支持，欧洲议会在制定新的发展与合作战略时，将确保生态农业在28个成员国里得到推广。

通过我的实地考察，我认为非洲东部地区的农业转型变革迫在眉睫。大家知道，联合国《2030年可持续发展议程》提倡各国应在农业领域进行深度转型。

正如演讲者所说，我们需要5～8年的时间才能开始有意义的农业变革。然而现在（2018年）距实现联合国2030年可持续发展目标仅剩12年，唯一的方法是对农业生产模式进行重大变革，因为细节方面小的改变已经不能满足现实需要了。

问题1：FAO在区域推广生态农业的进程中最重要的特征和成果是什么，尤其是在FAO工作和参与的区域？

经过绿色革命数十年的快速发展，欧洲、印度等地的农业与其工业和资本联系愈发紧密。这种农业模式取得了可观的经济效益，但是现在，我们越来越意识到这种农业模式也产生了许多负面影响。例如，由于受生态环境压力和国际市场价格波动的影响，德国最近出现了牛奶危机，每天约300名奶农和11家农场蒙受损失。欧洲40%的农业生产用地已经出现退化，这种不良的土地利用管理模式导致农业系统正日益逼近生态阈值。

虽然生态农业的生态优势已广为人知，但我们也需要关注生态农业的经济优势，并证明其是农业工业化的有效替代方案，可以促进经济发展。国际市场在推广生态农业过程中起着重要作用，因此，我们需要建立良好的管理体系并制定相关政策，以便生态农业在基础设施方面能够真正与庞大的工业化农业相抗衡，并降低其生产成本。

现有的政策更有利于工业化农业的生产模式，我们应重新关注小农户，强化其在企业、粮食系统以及寻找工业化生产模式的替代方案等各领域中的能力。欧盟需意识到全球人口结构所带来的挑战：生态农业的推广需要政府意愿、治理体系和伙伴关系等因素的协调配合。

问题2：FAO如何借助生态农业这一模式来应对各区域的一些重大挑战？

欧盟在FAO中发挥着重要作用。现在我们已经认识到，生态农业可以指导农业向可持续农业粮食体系转型。尽管如此，欧洲研究基金仍需优先考虑在各个层面上支持生态农业的发展。

我们已经在发展规划中说过，生态农业将是我们优先发展的重点。因此，我们需要确保能够在生态农业领域投入更多资金，并将生态农业的推广纳入FAO主流业务。以欧盟为例，为表明生态农业是我们的优先事项，我们愿意加入生态农业友好小组，并积极将这一平台推介给我们的伙伴国家。

2.2.5　发言人：Pasquale Steduto
联合国粮农组织驻近东和北非区域办事处区域战略规划协调员

自2014年联合国粮农组织举行第一届国际生态农业研讨会之后，我们开始系统性挖掘、分析和整理本区域的传统生态农业系统，包括游牧系统、枣椰树和蔬菜套种的绿洲系统、水产系统和当地灌溉系统。

我们从联合国粮农组织全球重要农业文化遗产（GIAHS）项目中受益匪浅，GIAHS为研究传统生态农业系统提供了技术路线与框架。

为了准备本届生态农业研讨会，我们专门组织了一次本区域内生态农业研讨会。我们发现有几个国家已经将推广生态农业纳入了本国的优先重点工作事项。

区域研讨会提出的优先重点主要集中在水资源短缺、小规模家庭农业以及如何确保粮食安全和提高营养等问题。实际上，我们已经将这些议题纳入联合国粮农组织的区域倡议中，通过关注这些重点工作可以更好地引进和推广生态农业模式。

区域研讨会的另一成果是为政策制定者准备了一份讨论文件，并将其提交至联合国粮农组织近东和北非区域会议。该文件旨在探讨生态农业作为一种机制在农业改革中所发挥的作用，以及区域各国在政治层面对此做出的反应。

问题1：FAO在区域推广生态农业的进程中最重要的特征和成果是什么，尤其是在FAO工作和参与的区域？

在FAO生态农业区域研讨会上，与会代表提到了几个观点。首先，需要提高对生态农业的认识。人们几乎没有意识到该地区存在一些仍在使用且继续发挥作用的传统生态农业系统。消费市场是提高生态农业产品需求的关键驱动力，并且能为生产者带来越来越多的经济利益。因此，有必要提高人们特别是消费者对于生态农业的认识。

其次，需要加强多方参与机制，并促进当地知识和经验与科学知识的结合。传统农业系统蕴含丰富的本土知识，但可能无法很好地应对诸如病虫害和气候变化等一系列新的挑战，而这些挑战可能需要更系统的方法才能有效解决。

最后，关于应对地区高失业率可能带来的挑战，特别是青年失业率以及生态农业作为一种知识密集型农业系统如何既保障粮食生产又为农业从业者带来尊严。

问题2：FAO如何借助生态农业这一模式来应对各区域的一些重大挑战？

虽然近东和北非地区面临着武装冲突、高粮食进口率、跨境病虫害以及对气候变化等挑战，生态农业可为实现联合国可持续发展目标做出贡献。

近东和北非地区60％的耕地是雨养农业。由于生态农业可以提高雨养农业系统水分利用率，所以生态农业可以助力该地区实现联合国可持续发展目标

© 粮农组织/Rosetta Messori

6（SDG-6）。生物多样性等生态农业原理的应用可以帮助提高本地区农业系统生产力和抵御力，进而增强农民应对气候变化的韧性。SDG-12的目标是负责任消费和生产，而SDG-6的实现对SDG-12的实现也至关重要。

综上所述，由于该地区的粮食浪费和自然资源损耗比较严重，建议各区域办公室和粮农组织重新审视整个价值链并制定相应政策，以更好地支持生产者和教育消费者。

2.2.6　发言人：石嫣
中国分享收获项目创始人

我来自中国，是国际社区支持农业联盟（URGENCI）副主席，同时也是一名农民。国际社区支持的农业联盟是一项关于促进消费者与农民之间伙伴关系的国际运动。我在北京以北70千米外创建了一个社区来支持有机农场，这个农场的名字称为分享收获农场，我们农场约有50位农民，其中一半是青年农民。我们采用众筹方式开展生产，每周为近1 000个北京家庭配送有机食品。

我们的众筹模式有以下几个特点：①经济方面：通过消费者预付方式确保了农场的持续运营；②文化方面：我们将大部分收益投入学校儿童教育计划，并且每月为约20名教师开展培训，实地体验农业生产活动；③社会层面：除了经营农场之外，我们还在中国推广"社区支持农业"（CSA）的理念。

由于"分享收获"这一项目取得了成功，我们在中国建立了一个全国性的网络平台，召开全国性会议来介绍我们过去10年的工作和实践经验。2017年大约有1 000名代表参加会议。这个平台使我们能够动员包括消费者、农民和学者在内的各个群体。我也参加了在中国昆明举办的联合国粮农组织国际生态农业研讨会，我注意到亚洲是一个农业多样性的地区，且大多是以小农户为主体。尽管中国的农业理念多种多样，不论是消费者还是生产者，我们须把人放在国家政策和实践的核心地位。

我们在生态农业方面已经积累了许多成功的案例和模式，接下来就是要把这些成功的案例加以推广，争取得到决策者的认可，进而推动必要的政策调整，以期让更多的农民和消费者加入我们的队伍。

问题1：FAO在区域推广生态农业的进程中最重要的特征和成果是什么，尤其是在FAO工作和参与的区域？

在亚洲，一个重要的问题是在农业政策方面主要侧重于农业产业化，而缺乏对农民的关注。因此，现有政策在本质上是关乎资本而非关乎人。在FAO区域研讨会上，我们强调了家庭农业在中国数千年来一直占据着重要地位，因此迫切需要将农业政策的关注点重新放在生产者和农民身上。此外，去年（2017年）十九大期间，中国提出了"乡村振兴"国家战略以支持向生态文明范式转变。新的生态文明范式与生态农业理念一致，已成为中国应对工业化文明带来诸多挑战的一种替代方案。

问题2：FAO如何利用生态农业来解决每个区域的一些关键挑战？

我建议每个人能够在农场工作一天。

2.3 小组互动环节：推广生态农业的核心要素、存在差距和有效措施

小组讨论成员

1.乌拉圭蒙德维农村主任 Isabel Andreoni

2.联合国粮农组织驻拉丁美洲和加勒比区域办事处政策官员 Luiz Beduschi

3.联合国粮农组织驻非洲区域代表处非洲综合生产和病虫害管理项目、国别协调员 Makhfousse Sarr

4.Biovision 非洲信托机构（BvAT）执行董事 David Amudavi

5.国际有机农业运动联合会常务理事 Markus Arbenz

6.西班牙巴布罗·德奥拉维戴大学教授 Eva Torremocha

主持人

国际生物多样性理事会-研讨会，副主席 Braulio Ferreira de Souza Dias

本次会议列举了一些案例，用以描述当实践是基于本地需要及本地行动者积极参与时，生态农业是可以带来巨大变化的。第一环节，小组成员描述了

© 粮农组织/Sandro Cespoli

其所在组织是怎样支持生态农业的发展；第二环节，小组成员通过互动式对话详细探讨了以下问题：

　　a. 参会者所在区域推广生态农业面临的主要机遇和挑战是什么？

　　b. 参会者所在区域推广生态农业的优先措施是什么？

　　c. 如何看待所在区域生态农业的未来？所在组织如何汇聚各方力量来推广生态农业？

　　会议的最后部分是自由讨论，允许观众与专题小组进行现场交流。

2.3.1　发言人：Isabel Andreoni

乌拉圭蒙德维农村主任

　　我很高兴在此介绍乌拉圭汇聚各方力量推广生态农业的经验。我们的经验表明，为了推动生态农业取得进展，需要对主导地位的经济组织系统进行根本性变革。要做到这一点，需要国家和地方两层级共同行动。我们的议会正在审批《全国生态农业发展规划》，而此规划的制定已花费了近25年。

　　生态农业不仅带来了农业实践创新，还带来了经济和社会转型，特别是人与自然的互动。

　　在乌拉圭，我们立足本地实际情况开展工作。考虑到95%的居民生活在市中心，其中50%集中在蒙得维的亚省（首都），因此，公共政策和相关举措的制定需要兼顾城市中心的要求。这说明农业生产不仅是一个关系到农村的问题，更是一个关系到全国整体发展的问题。

　　由于乌拉圭众多土地是集约化经营，因此土地使用权是国家和地方政府面临的关键问题。为了加快体制和组织改革，我们成立了一个"转型委员会"，将政府代表和社会组织聚集在一起，就以下问题展开更深入讨论：生物多样性保护所遇到的挑战、如何减少环境破坏以及国家和地方各级的粮食自主权概念等。

　　我们的行动计划中最薄弱方面是需要资金投入，这就需要公共财政的支持。我们还需要进一步研究生态农业和性别策略，从而确立没有妇女的贡献就没有生态农业的观念。

　　问题：参会者所在区域推广生态农业的优先措施是什么？

　　其中最重要的工作是制定监管和临时框架，这有助于创建一个新的经济体系，也将有助于微观和宏观经济层面上实施更广泛的倡议。

　　我们还需要继续支持民间社会组织、农民和消费者组织主动采取行动，不应局限于这个框架内，而且还要保证他们能享受到补贴等经济支持，这些补贴应该与世界各地工业、农业中常见的补贴相似。各州及其经济管理部门需要采取强有力的经济措施，例如对家庭农业和生态农业进行补贴。

关键是我们要打破只有城市文化才能代表现代文化的典型范式，这样才能促使两种文化真正相融合而非互相冲突。

另一个需要打破的传统观点：农业生产只是一种经济活动的形式。实际上，农业生产活动应被视为人与自然最密切的互动方式。

鉴于拉美国家迄今为止都存在着巨大的文化差异，因此在制定政策时，我们应采取一种全面系统的方法，保证相关政策能更加公平地惠及拉美国家。

2.3.2 发言人：Luiz Beduschi
联合国粮农组织驻拉丁美洲和加勒比区域办事处政策官员

联合国粮农组织拉丁美洲和加勒比区域办事处主要有3个项目：一是粮食安全和营养项目；二是气候变化项目；三是家庭农业和农村可持续发展项目。我负责最后一个项目，这也是生态农业推广议程的基础。

该方案的工作议程规定了与民间社会组织进行密切对话的方式，特别是拉丁美洲和加勒比各国人民粮食主权联盟所开展的对话。

我们高度重视区域和次区域农业政策的落实。例如，我们与南方共同市场家庭农业专门会议开展合作，这是一个关注家庭农业区域公共政策的平台，其成员涵盖弗朗特拉学院、加勒比海共同体、拉丁美洲和加勒比国家共同体等。为确保大部分国家能得到技术支持，我们不断加强与拉丁美洲和加勒比国家共同体区域办事处的合作。此外，我们全力支持区域各国为落实工作议程而采取相关行动。

我们议程面临的根本挑战是如何促进乡村振兴。我们明白，经济发展动力、信任和凝聚力是促进农村地区日益繁荣的关键因素。此种背景下，在激发拉丁美洲农村数百万人的生产潜力方面，生态农业发挥着关键作用。

问题：你所在地区推广生态农业的过程中，面临的主要机遇和挑战是什么？

在这次会议开始时，总干事展示了一张地图，涵盖了具备政治和法律框架的30个国家，其中16个国家位于拉丁美洲和加勒比地区。我们已经准备好分享经验，其中包括5个机遇和4项挑战。

● **机遇**

（1）拉丁美洲和加勒比地区在推进生态农业发展方面积累了相当丰富的经验，这些经验既可以应用于实践也可以形成公共政策。我能看到这些国家具备卓越的发展能力，特别是政府执行能力，但最重要的是粮食生产者组织的内在能力。这是FAO驻拉丁美洲和加勒比区域代表处的优势所在，特别是将南南合作视为推广生态农业的一种方式。

（2）社会消费模式正在发生迅速而深刻的变化，人们越来越需要具有文化、环境或社会特征的产品。发展生态农业是从根本上加强城乡联合的好方法。

（3）拉丁美洲和加勒比地区非常重视社会运动，也认识到生态农业对农村家庭农民的重要性，在各种活动中都留有研讨环节。2014年由拉丁美洲和加勒比人民粮食主权联盟和其他主要利益相关方组织的拉丁美洲和加勒比粮食主权社会运动特别会议在智利圣地亚哥举行。2017年更是有超过150多名年轻人开会讨论了农村青年发展议程。这些会议都着重讨论了生态农业，与会代表均认为推广生态农业是一个很好的机会，可使青年重新参与农村发展进程，让农业成为有奔头的产业，让农民成为有尊严的职业，这也是联合国粮农组织和农发基金—加勒比农村青年联合项目所关注的重点问题。

（4）该地区有推动生态农业发展的政治意愿。例如，拉丁美洲和加勒比国家共同体（简称"拉加共同体"）的33位国家元首明确支持在该区推广生态农业。拉加共同体家庭农业和农村发展工作组专门制定了政策来促进生态农业和家庭农业的发展。这些举措显示了拉加共同体支持生态农业发展的强烈政治意愿，从而为加速落实生态农业推广议程铺平了道路。

（5）在社会保护体系与包容性生产体系相结合层面，拉美和加勒比地区也积累了丰富的经验。这将是一个很好的时机，可以让生态农业成为世界上最脆弱人们生活中的一种包容性生产策略。

● **挑战**

（1）为了将生态农业从单一农场拓展到整个区域并满足《2030年可持续发展议程》的要求，不仅需要政府的参与，还需要非政府组织、当地组织以及涉及本区域和公共政策制定的不同利益相关方共同参与。

（2）如何促进农业创新是另一个重要挑战。包括：①可以降低农民工作难度的技术革新；②创造体面工作条件的技术；③推进机构体制创新，吸引环保、社会保护以及相关人员。此类创新有助于振兴生态农业支持的农村地区，有助于制定工作议程，指导更具包容性和可持续的农业转型。

（3）获得土地和金融资源的机会有限是另一个重要挑战，需要各组织和机构加强协调以增加获得土地和资产的机会。为应对这一挑战，联合国粮农组织一直致力于制定《土地权属负责任治理自愿准则》，该准则是共同建立的规范工具，旨在为农民建立安全网，以便他们能够在生态农业系统中增加劳动力并获得更多金融资源的支持。

（4）最后一项挑战是"拉比共同体"呼吁联合国粮农组织和该区域其他国际组织协助在本区确定10个领地，以加速推广生态农业的相关行动。该倡

© 粮农组织/H.Null

议涉及共同努力，通过提议的机制来扩大对话范围并将多个利益相关者（包括政府、社会组织和私营部门）聚集在一起，以制订投资计划，促进生态农业能够在这些领土范围内得到推广。选定领土方面积累的经验将大大推动生态农业2030年以前在拉丁美洲和加勒比地区的加速实施。

2.3.3 发言人：Makhfousse Sarr

联合国粮农组织驻非洲区域代表处非洲综合生产和病虫害管理项目，国别协调员

在加入联合国粮农组织之前，我在休耕土地管理系统方面积累了一定的专业经验，这使我更加关注可持续系统的实施过程中对小农户予以充分支持和跟踪的重要性。这种可持续系统包括土壤肥力管理、农林复合管理、与农药使用和蝗虫防控管理项目相关的为减轻环境负面影响而付出的努力。在评价化学品对环境的影响时，我们都认为化学品会带来环境污染，这一点毋庸置疑，应该是一个陈述事实，但也要求提供解决方案。

正是在这种背景下，我加入了联合国粮农组织和农民田间学校（FFS），学习如何为农民提供一个场所，让他们更好地了解以往产生的问题、农药管理方案和使用方法。这就需要构建一种学习框架，使小农户能够了解生态农业的概念和行动机制，以便能够提供推广生态农业的替代办法。

我在联合国粮农组织驻非洲代表处工作过程中，基于农民田间学校的方

式，协调了所有相关项目，从对化学品的依赖到气候变化，我处理了一系列的相关问题。此外，我们正在筹备一个新的农民田间学校项目，该项目有助于推动生态农业的发展进程。

问题：你如何看待所在地区生态农业的未来发展方向？你的组织如何采取集体行动来推广生态农业？

非洲生态农业的动态发展受到诸多因素的影响。第一，农业方面的培训和研究是影响因素之一，且在喀达尔举行的农业生态会议取得了大家的共识。例如，塞内加尔的大学教育中专门增设了生态农业相关文凭，借助大学文凭这一纽带，搭建了大学和民间社会组织之间的伙伴关系，作为有效传播生态农业知识和推广生态农业的一种手段。此外还有一些非正式的培训，通过开展相关活动来满足不同的需要。实地的非正式培训对于分享知识和取得具体成果非常重要。

通过农民田间学校将研究人员、农民和生产者聚集在一起交流经验、凝聚共识的趋势越来越明显，而生态农业对促进该系统中不同学科的整合也发挥了关键作用。

另一个因素与利益相关者的意识和参与程度有关。重要的一点是要确定当地决策者参与推广生态农业的方法。如果我们想要促进生态农业的发展，我们必须制定促进生态农业融入当地的政策和发展计划，例如通过市政当局的参与，促使生态农业成为实施计划的一部分，使其地位更加突出。

©粮农组织/Giulio Napolitano

此外，生态农业在全球、区域和国家承诺和战略规划中发挥着重要的作用。例如，《巴黎协定》设置了一个进程，各国都在这一进程下制定《国家自主贡献》，同时需要做出国家承诺。

在区域层面，推广生态农业有助于到2025年通过西非国家经济共同体消除饥饿并改善营养不良的状况。这些承诺使生态农业在家庭农业体系中的应用和推广变为可能。众多国家承诺在应对气候变化中做出贡献，而履行这一承诺已在非洲国家成为现实。这些承诺将在基层实施，因此有关适应和缓解气候变化的任何行动都将依赖生态农业。所有这一切都表明，无论我们谈论气候变化、可持续农业还是可持续发展目标，生态农业都是兑现这些承诺的核心机制。

最后，重要的一点是强调生态农业在应对移民现象中所发挥的作用，因为它具有创造就业机会的内在潜力，从而有助于为非洲农业提供积极的替代方案和充满希望的愿景。

2.3.4　发言人：David Amudavi
Biovision 非洲信托机构（BvAT）执行董事

我在肯尼亚埃格顿大学有农业教育和推广的经历，并在美国康奈尔大学获得了博士学位，之后在美国康奈尔大学国际昆虫生理与生态中心获得博士后研究职位。这段学习经历使我有幸成为肯尼亚内罗毕 Biovision 非洲信托基金的第一任董事，该信托基金由设在瑞士的 Biovision 生态发展基金会资助成立。

在这个组织中，我们把生态农业视为生命支持系统的基础："绿色"农业。"智能"农业一词被广泛使用，但我们认为真正的"气候智能型"农业是通过以下方式推广传播的：每月在线杂志《有机农业》和每周用英语、斯瓦希里语和其他当地语言播报的广播节目。我们还建立了一个数据库，在人、植物、环境和动物健康方面收集了丰富的数据信息，为肯尼亚 47 个县中的 13 个县农民培训提供了设备，并将农民相互联系起来。自 2011 年以来，我们加入了《生态有机农业倡议》（EOA-I）（以下简称《倡议》），该《倡议》汇集了可以在生态农业框架下考虑的各种实践做法。

鉴于生态农业需要为农民带来收益，建立价值链和市场发展之间的联系以支持相关政策和项目的实施，推动生态农业议程是非常重要的。

我们非常感谢非洲联盟委员会通过支持发展有机农业的决定。在相关国际合作伙伴的帮助下，在瑞士发展与合作署、瑞典自然保护协会、非洲联盟和欧盟（EU）的财政支持下，我们目前正在与东非和西非8个国家协调推动有机农业发展的工作。我们希望能在非洲大陆生态农业推广的实践和技术中受益。

本届研讨会及时动员各方力量在各大陆达成倡议，确保采取的实际行动对农民生计产生实实在在的影响。

问题：你如何看待所在地区生态农业的未来发展方向？你的组织如何采取集体行动来推广生态农业？

一方面，农业的未来前景广阔，另一方面我们也必须直面挑战。从实证主义和积极乐观的角度来看，生态农业在国家计划、国家政策和投资中逐渐呈主流趋势。但即使我们具备生态农业的配套政策，光靠一方的力量也走不远。同样，如果我们缺乏内部和外部资源，我们也无法走远。

如果我们的政策决策者和专家们能够改变思维方式，将生态农业看作确保可持续发展和国民健康的生活方式，那我们可从中看到生态农业的未来。如果实现了这第一步，那么生态农业将成为政策、计划和投资方面着重考虑的一项议题。

我也看到很多证据可以证明生态农业能创造实际效益，其中的实际成本计算方式要特别注意。但是，我希望看到更多模型来展示生态农业在生产和盈利能力之外的好处，例如可持续性和抵御力。通过展示生态农业可持续性和抵御力创造的经济效益，我们从中更有可能创造机会，吸引更多投资注入生态农业。

众多教育和培训机构现已开设了生态农业相关课程，因此就配套支持政策、相关项目和发展方案而言，生态农业前景广阔。能够将生态农业纳入早期教育阶段（如小学、中学及更高层次的早期教育）的主流课程，对于确保生态农业纳入国家研究和发展方案至关重要。

生态农业的未来发展中还需要注意如何更具包容性。迄今为止，似乎对生产者和农民给予了更多关注，而对加工者（尤其是那些为农业生态产品增值的加工者）的关注则不够，因此可以考虑将各类生态农业行动者结成广泛的联盟。

然而，生态农业的发展依然面临诸多挑战。有必要增加对生态农业的研究，从而为科学规划提供信息。如果我们不能深化研究，我们就无法走得更远，提供生态农业的实际成效将是吸引技术专家和决策者关注度的最好方法。因此，我们要注重收集成功的案例和方案，从而能够为政策调整提供关键信息。决策者渴望基于研究和实际数据为推广生态农业提供决策支持和资金扶持。

因此，重要的一点是拓宽我们战略的应用范围，设计一个可以广泛采用的生产方式，从而证明推广生态农业的确可以在增加产量、获得收益和保护环境方面取得积极成效。今天，气候变化已是一个现实性问题，如果我们能够通过科学研究来证明生态农业有助于减轻气候变化所带来的影响，我们将见证决策者态度的变化以及资金的投入。

推广生态农业是一条正确的道路，它能给人们一个安全健康的世界，并且它能带给人们一种归属感。

2.3.5 发言人：Markus Arbenz
国际有机农业运动联合会常务理事

大家好，我是国际有机农业运动联合会的发言代表。我认为我们自己是全球的保护伞，是真正践行可持续发展的变革推动者。我非常感谢David Amudavi，因为他详细地介绍了我想说的内容。因此，在他所说的基础上，我再补充3点：

第一，我想提一个经常被问到的问题：有机农业和生态农业的区别是什么？从未来发展来看，其实没有什么区别。如果从全球的角度看，大多数人提到的是相似的原理、目标，甚至是相同的工作方法，因为各种各样的人，各式各样的倡议和运动都在研究这种生态农业模式。我指的是再生农业、生物动力农业、永续农业、日本自然农业、生态有机农业。不同的表达方式不仅出现在生态农业这个领域中，而且也常见于其他领域。这种多样性可以促使我们更好地发挥好它们的协同作用，因为专家是能够区分和识别这些变化所能带来的利好。

第二，当你考虑推动生态农业规模化发展时，我们想到的是变革。我们多次强调，我们要促进生态农业转型，需要一个变革性的理论。我们必须提出一个考虑到3个方面的变革理论：①来自世界各地生产商的供给；②全球消费者的需求；③全球政策。全球政策不仅由决策者推动，也应由公民和那些正在影响或试图影响政策的人推动，无论是推行生态农业的公共管理部门还是维系私人利益的私营部门都应积极参与。

第三，鉴于很多人对什么是生态农业缺乏明确的认识，且这一问题经常被提及，因此有必要制定符合"生态农业"发展模式的最低标准和要求，若低于上述最低标准和要求，农业粮食体系就不能称为"生态农业"。此外，我们还需要关注生态农业实践所产生的影响，并推广那些已经产生积极影响的实际案例。这是说服私营部门工作人员和政策制定者的唯一途径。

总而言之，如果我们希望扩大生态农业模式的影响力，我们必须先做好3件事：①包容、协同和多加关注外部世界的发展；②兼顾政策和市场；③将真实成本纳入粮食生产成本的核算中。

问题：参会者所在区域推广生态农业的优先措施是什么？

在紧急呼吁推广生态农业之后，我们可能需要保持平稳的工作节奏，并意识到我们所期待的巨大变革。今天，我们听到了强有力的声音：农业转型的模式需要改变。看看这个世界，这个真正的可持续发展宏伟目标，这是非常大的跨越，我们必须高度重视并认识到推广生态农业到底需要什么？不仅只关注生态农业的生产方式，更应关注生态农业所影响到的消费模式。例如，"绿色革命"农业生产模式现在被广为应用，在这一过程中，我们了解到与之相匹配的特定饮食类型和营养需求。这意味着，在生态农业模式的生产和消费方面，我们仍有很多工作要做。例如，我们现在知道，摄入太多肉和糖是不健康的饮食行为，必须做出改变。这是摆在我们面前的一大挑战。

提醒之余，我想沿着变革理论的思路展开工作，该理论涉及 3 个领域：供应、需求和政策。在供应方面，我们必须优先把农民的需求放在首位；考虑到什么对农民最有意义，尤其是涉及环境和生态可持续性、经济状况和未来的社会前景等。农民及其家人想要令人向往生活，不仅是为了自己，也是为了他们的子孙后代。而实现这一目标所需要的超凡智慧已经超越了一般技能常识和日常实践创新。因此需要使农民充分意识到地球的可持续发展同日常种植和畜牧养殖的密切联系。

在需求方面，我们必须向人们明确表明新的生态农业模式会对人类产生更多益处。这样，越来越多人意识到健康的重要性。对我们而言，健康的食材会有助于我们寿命更加长久并且享受到高品质的生活。要想实现食材健康，就需要生态农业系统发挥作用，而这又建立在维系生物多样性和践行生态耕作的基础上。此外，推广生态农业还可以保护动物、应对气候变化和维护生物多样性，但在我看来，生态农业对粮食安全和饮食健康的意义最为重大。从政策上看，我们有责任去创造必要条件和行动方案，推动生产者和消费者实现真正的可持续发展。为实现这一目标，核算真实成本是必不可少的一步。真实成本的核算需要采用"污染者付费"原则：即谁污染，谁付费；谁保护，谁受益。时机似乎已经成熟，我们要尽可能推动传统农业向生态农业转型。

2.3.6　发言人：Eva Torremocha

西班牙巴布罗·德奥拉维戴大学教授

我来自西班牙安达卢西亚（Andalucía），致力于推广生态农业的社会运动。我也在拉丁美洲和欧洲工作过，在那里我发现，生态农业的推广仍有大量工作要做。例如，我目前正在丹尼尔和尼娜·卡拉索基金会（Foundation

Daniel and Nina Carasso）工作，该基金会所支持的项目都证明了向生态农业转型是可以实现的，并且会产生积极影响。

这些工作表明，我们真的可以促成生态农业模式的推广，并朝着可持续粮食系统的方向前进。对此，我有以下四点说明：

（1）我们需要记住，生态农业首先是与人息息相关。我们需要了解和掌握关于病虫害防控的知识，但是生态农业除了现有的技术外，还涉及生产者管理。

（2）观察欧洲现状，可以发现我们正面临着一个非常严重的问题，那就是农民的数量正日益减少。我们的相关政策剥夺了这一职业的尊严。在农田里工作的人越来越少，生态有机农产品的销售渠道有限，农民收入增长较小，难以让农民过上体面的生活。此外我们还注意到长期以来民间团体和农民组织在推动生态农业可行性创新过程中所做出的突出贡献，这些创新成果也得到了诸如《米兰城市粮食政策公约》等政策的肯定。

（3）生态农业有很多重要的方面需要论述。我们需要走出特定环境，走出我们的"舒适区"，与农业粮食体系外的其他领域对话。我们需要加强对话，通过经验交流使生态农业更具适用性。

（4）我们需要抵制简化主义的观点。我们需要充分认识到生态农业是一门系统性学科，因此它应具备其他学科所具有的系统性（例如经济、教育），只有这样才能真正实现生态农业模式的变革和创新。否则我们只是不断重复当前已有的模式，或许会让世界变得更绿色一些，或许只是和原来一样。

问题：所在地区推广生态农业的过程中，面临的主要机遇和挑战是什么？

生态农业不仅仅是理想主义者提出的一种观点。为了推广生态农业，我们需要政策制定者们的支持；我们也需要证明生态农业模式是一种可行的选择，从而可以更广泛地推广这一模式。

● **面临的挑战**

（1）农村政策不断趋于简化。为了实施系统化的方法，政策也必须是系统化的。我们需要有更多的综合政策，将国家层面的不同部门机构聚集在一起。

（2）为了转变生产模式，我们必须以全新的方式来联系彼此并与环境建立联系。我们必须学会关注当前发生的情况，因为生产模式的转变需要社会各阶层的参与，这样才能发生真正的改变。

（3）如何吸引农民返乡就业是一个重要的挑战。虽然发展和推广生态农业可以增加农村地区的青年就业机会，但我们仍需要系统性的支持政策，如《米兰城市粮食政策协定》以及当前市级层面正在开展的工作。

（4）生态农业的固有复杂性是另一个挑战。我很高兴数字化有助于加强农村和城市之间的联系，从而可以提供更多机会进入市场，获得服务。《欧盟共同农业政策》的当前改革支持将"生态农业"纳入我们的食品和营养政策。这意味着要考虑生产之外的生态系统服务以及这些概念需要覆盖更广泛的受众。

（5）一方面，关于生态农业对健康产品的贡献，我们的认识还比较有限；另一方面，我们也忽略了以下事实——在健康营养的食品背后，农民的做事方式截然不同。我们必须着重强调健康食品和健康人群之间的联系，以此更好地支持推广生态农业。

现场观众提出的问题

（1）推广生态农业是传统模式向新发展模式转变的路径，两种模式无法共存。需要注意，如果现行"绿色"生产模式仅仅停留在表面，而没有任何实际转变，生态农业可能会面临风险。

（2）考虑到各国政府的承诺，生态农业和可持续发展目标之间的联系需要得到重视和加强。

（3）推广生态农业的行动应在国家和国际层面纳入立法和政策机制，以限制相关生产模式或粮食体系对生态农业发展的阻碍。

（4）土著居民、农民尤其是妇女应该支持生态农业，传承农业知识。各大平台如联合国必须强调妇女组织在农业方面的突出贡献，并向其致谢。同样，政策制定过程中也需要考虑性别平等。

（5）市场需求是推广生态农业的关键驱动力。在这方面，需要进行基础研究，显现生态农业生产和消费的机遇，即不同国家的市场份额。

（6）在从业人员层面，应明确区分传统农业和气候智慧型农业。

（7）各国政府应采取基于人权的工作方法发展生态农业，实现粮食主权，保障农民和市民获得健康安全粮食的权利，免受跨国公司、转基因、杀虫剂和其他农业化学品的侵害。

（8）至少对于土著民族来说，生态农业有其历史和宗谱。因此，生态农业有巨大的潜力可供挖掘，如果能从过去的实践中吸取经验，我们将在农业发展领域拥有广阔的前景。

© 粮农组织/Giuseppe Carotenuto

第3章

平行主题会议：依靠生态农业实现可持续发展目标的国家经验

推广生态农业的成功经验分享

（1）伊朗：维持生物多样性（Maedeh Salimi，环境和可持续发展中心）

（2）赞比亚：携手改善生计——促进小农户向生态农业转型 [Paul Desmarais，卡西西农业培训中心（KATC）]

（3）中国：社区支持农业——实现生产者与消费者的联结（宋一青，中国科学院）

（4）印度：生态农业和妇女赋权——改变农村生活 [Yogesh Jadhav，巴里农村社区发展研究所（BDIRW）]

（5）厄瓜多尔：共同发展生态农业，实现粮食安全，保证营养供给 [Roberto Gortaire Amézcua，厄瓜多尔生态农业集体（CAE）]

（6）匈牙利：拉塔图耶倡议——生态农业改善农村生计（Melinda Kassai，匈牙利蝴蝶运动组织）

（7）意大利：生态农业融合经验——群策群力 [Adolfo Rosati，农业研究和农业经济学分析理事会（CREA）]

（8）法国：400家"经济利益集团"经验分享——促成生态农业转型（Pierre Pujos，农村发展与农林复合发展项目）

（9）塞内加尔：知识共创，促进生态农业转型——以农民"评审团"为例 [Tabara Ndiaye，西非农民组织联合行动（JAFOWA）]

（10）坦桑尼亚：搭建知识合作平台，推广生态农业 [Janet Maro，坦桑尼亚可持续农业组织（SAT）]

（11）吉尔吉斯斯坦："埃玛克"生态有机农业——促进农村及山区的可持续发展 [Sultan Sarygulov，有机发展联合会（BIO-KG）]

（12）毛里塔尼亚：塞内加尔河谷地区的生态农业转型 [Arantxa García Brea，农村研究和国际农业中心（CERAI）]

（13）越南：有机小农户的十年参与式保障体系 [Tu Thi Tuyet Nhung，社区参与资源监测开发中心（CDPM）]

（14）巴布亚新几内亚：粮食即生命——通过信息通信技术创新促进太平洋地区生态农业发展 [Bao Waiko，拯救巴布亚新几内亚组织（Save PNG）]

（15）哥斯达黎加：土壤生物多样性和可持续生产的生物投入 [Rolando Tencio Camacho，农业和畜牧业部（MAG）]

（16）瑞士：国家层面的生态农业推广——瑞士经验 [Ivo Strahm，联邦农业局（BLW）]

主持人

联合国粮农组织战略计划负责人　Benjamin Davis

联合国粮农组织战略计划负责人　Brave Ndisale

3.1 伊朗：维持生物多样性

环境和可持续发展中心

Maedeh Salimi

2008年，伊朗启动了参与式和进化式植物育种项目（PEPB），该项目为小型农场在遭遇生物和非生物危害时如何提高作物产量、适应力和恢复力提供了示范和借鉴。参与该项目的农民对维护农田生物多样性表现出浓厚兴趣，他们通过作物育种试点将农田生物多样性最大化，同时也认识到多作物混种更有利于农田的可持续发展和生态恢复。

借助农民的兴趣，该项目支持大麦和小麦大规模多样化种群混合生产。以大麦为例，农民测试了1 600株F2杂交品种进化种群。在多年的自然选择后，由于当地气候和环境条件不同（如盐度水平、水资源可获得性、病虫害、有机物、温度等）且农艺管理类型各异，小麦和大麦种群呈现出不同的演化类型。因此，农民可以通过试验结果选择最能满足自身需求的亚种进行种植。

这些做法最初仅被少数农民小规模采用，由于前两年效益比较明显，这些实践开始在全国范围内广泛传播，推广的同时也促进了全国范围内农场种质资源的交换。不同的利益相关方（如公民社会组织、非政府组织、农民协会、研究人员和研究站）在推动伊朗农作物多品种分布上都发挥了关键作用。

PEPB项目为健康食品的销售开拓了市场并促进了发展，也丰富了居民餐桌饮食的多样性。例如，利用项目中的小麦品种制作高质量和有营养的面包（特别是传统面包），目前伊朗有两家面包店采用该项目的小麦面粉制作面包。

许多农民都注意到此种小麦品种制作的面包无论品质还是口感、味道都有明显改善，并且他们还有机会增加小麦产量。

PEPB项目的实施有助于获取营养食品和饲料（符合可持续发展目标2.1），有助于消除营养不良的现象（符合可持续发展目标2.2），有助于提高农业生产和农民收入（符合可持续发展目标2.3），有助于培育创建可持续粮食生产体系（符合可持续发展目标2.4）。PEPB项目的实施让农民来掌控生物多样性，给予了他们获得和使用遗传资源的平等权利（符合可持续发展目标1.4），并促进了遗传资源在各利益相关方之间的共享（符合可持续发展目标15.6）。此项目提供了一种动态保护方法且成本较低，有利于植物和遗传资源的就地保护，防止基因资源受到流失（符合可持续发展目标2.5）；有利于作物适应气候变化和水资源短缺带来的影响（符合可持续发展目标13.1）；增加作物对病虫害的抵抗力；最终有利于提高小农户的抵御能力，从容面对极端气候事件和环境压力（符合可持续发展目标1.5）。

资料来源：由作者/组织提供

3.2　赞比亚：携手改善生计——促进小农户向生态农业转型

卡西西农业培训中心（KATC）

Paul Desmarais

卡西西农业培训中心（KATC）是一家隶属于耶稣会，主要面向农民的组织。此培训中心距离卢萨卡30千米，西边是商业农场，东边是小型农场。基于推广生态农业的原则，中心开设了17门培训课程，课程采用参与式和横向学习方法，旨在丰富学员的农耕知识。接受培训的学员包含小农户、政府推广官员、非政府组织实地工作人员和教师，他们大多来自赞比亚，也有来自布隆迪和马拉维的学员。除了5天左右的驻地课程之外，卡西西农业培训中心还在村庄开展了诸多活动，如商业生产和增值咨询服务，生态农业研究、推广和宣传等。同时，中心在当地设立了一个生产部门，所得收入用于维持培训中心日常运营。卡西西农业培训中心项目是芬兰政府资助发展中国家农业发展的一个成功案例，展现了生态农业如何帮助当地过渡到可持续粮食体系，实现社会、经济和环境目标。

发展生态农业可以遏制土地退化，避免生物多样性锐减，为所有人提供能力提升机会，有利于农业产业化的可持续发展，也为实现可持续发展全球伙伴关系提供了机遇。该项目共有100名小农户参与，涉及土地达12.5公顷（划分为20米×40米的小区），小区均采用中心枢轴灌溉系统种植蔬菜。项目内的农户都住在距离培训中心5千米的范围内，其中60%是青壮年农民，包括58名女性和42名男性。该中心推广生态农业的方法包括种植藜豆作为绿肥作物、进行有机肥堆肥生产以及通过将玉米与金钱草间作来控制秋黏虫和螟虫，同时在周边地块种植臂形花。中心倡导使用授粉品种而非杂交品种。通过售卖蔬菜中心每月赚取200~500美元，这些收入用来支付培训中心两名员工的工资以及堆肥、种子、电力等费用。

该项目对参与农户和所在村庄产生了积极影响。村庄农户的每日用餐数从1顿增加到5顿，食物品类也更加丰富，村庄里的儿童在项目实施几个月后健康水平得到明显提升。项目在青年就业、民间团体参与性和女性地位的提升方面也起到了积极推动作用，该项目在提高应对气候变化能力的过程中发挥了关键作用。例如，受当地雨季较短和不可预测降水量的影响，没有参与项目的村庄其作物生长情况较差，但KATC项目覆盖内的村庄作物未受影响。KATC项目之所以取得成功有如下因素：①全年灌溉用水有保证；②有机蔬菜种植经验丰富；③农民参与项目的积极性高；④培训中心靠近卢萨卡，公路电力

资料来源：由作者/组织提供

等基础设施配套完善，新鲜蔬菜能够及时销往市场；⑤培训中心的配套服务完善；⑥员工知识水平较高；⑦资助方对农民投入高度认可。

卡西西农业培训中心也面临着一些困难，如项目初期农民对堆肥兴趣不大，更习惯将鸡粪作为肥料；政府的补助方案只补贴无机肥料和杂交种子的费用，当地种子供应受阻，推广生态农业的资金有限等，所有这些都阻碍了项目的顺利实施。KATC下一步工作是确保农产品和园艺产品不断增值；加强与政府合作；加强对实地工作人员和培训师的培训；引导农民积极参与培训，更好地推广农技知识和栽培管理技术。

资料来源：由作者/组织提供

3.3　中国：社区支持农业——实现生产者与消费者的联结

宋一青
中国科学院

中国的农耕历史可以追溯到4 000年前，现今中国农民总人数超2.4亿人，小规模集约化农业仍是中国农业经济的支柱。生态农业在推动中国的小规模适应性多样化农业方面发挥了重要作用，也有助于应对日益瞩目的环境问题，满足人们对营养健康食物的需求以及农村和社会不断增长变化的新需求。2000年，中国科学院启动了参与式植物育种和品种选育工程。该项目通过农民与农民以及农民与科学家间的经验交流与知识共创，促进了农民种子系统和政府种子系统之间相互交融。现在，已有数以千计的小农户参与到多元粮食生产的行动之中，项目也改善了农民的生活水平，提高了他们的风险适应能力和恢复能力。

本项目推进了农民群体对种子的掌控权，并为农民提供来自政府种子系统的技术支撑。项目帮助农民进行种子登记、组建种子库，在建成后将其连接到公共基因库并纳入国家和省级科研机构的数据库中（包括中国农业科学院、广西壮族自治区农业科学院、云南省农业科学院和昆明植物学研究所）。农村种子库通过鼓励集体共同行动加强了农村凝聚力，维护了农民权益。农村女性对于种子选育和保存也发挥着至关重要的作用，种子库的构建也有利于增强她们的话语权。

该项目的一项显著成就是在2003年推出了杂交糯玉米品种"桂诺2006"。这一育种成果表明，为确保信息获取和利益共享的公平性，有必要将种子系统之间的这种合作交流常态化、规范化。因此，项目团队协助制定了11个村庄和两个研究机构间的协议，为以村为单位的种子生产活动提供了法律保障。另外，鉴于农民对农产品的增值方法十分感兴趣，该项目鼓励农民加入到增值体制的建立与创新行动中来，如社区支持农业（CSA）、参与式保障体系以及妇女和青年团体合作社。自2013年以来，通过不懈努力，项目扩大了影响范围并创建了一个全国性农民种子网，总共有11个省的36个农村、4个公共农业研究机构、两所大学和一些非政府组织参与其中。人们对种子网的认识日益全面，种子网体系逐渐受到重视，其相应政策逐步落地，进而影响到国家法律的拟订，为农民种子系统创造了更有利的环境。这些成果为参与式品种选择、参与式植物育种、种子交换、种子生产以及社区支持农业、参与式保障体系的发展提供了有力支撑。

结合中国政策制定的总体趋势，项目所取得的进展具有深远意义。中国科学院在近期对1949—2016年中国种子政策进行了回顾，阐述了种子政策从以农民为中心到以企业为中心、从公有属性到私有属性的稳步演变，并指出这种趋势造成了基因的锐减和野外生物多样性的丧失。研究结果表明，全国各地使用的种子类型（地方品种、良种和杂交种）以及农业发展的形式和水平仍存在显著的地域差异。基于评估结果，研究报告中提出了三项建议，为制定中国可持续农业发展的种子政策提供参考：①提倡就地保护和农民自产种子的可持续利用，以此维护农民利益、确保种子安全；②加强农民、科研人员和种子企业之间的联系；③针对不同区域、不同层次采用多模式、多规模的种子供应体系，为中国新兴多功能生态农业实践和相关多样化粮食体系提供服务。

资料来源：由作者/组织提供

3.4　印度：生态农业和妇女赋权——改变农村生活

巴里农村社区发展研究所（BDIRW）

Yogesh Jadhav

每每谈论到性别平等问题，人们常常认为这只是一个情绪化议题并将其视作女权主义运动，然而事实却并非如此。性别平等是一个影响着50%人口的全球性资源管理问题，是长期被忽视、需要立即引起关注的社会问题，更是实现可持续发展目标的必要前提。实现性别平等对于集体智慧的发展和人类的文明演化具有重大意义。因此，性别平等与所有生态农业要素和可持续发展目标息息相关。对于印度而言，不断整合生态农业要素并将其纳入发展规划是一贯的发展需求。这种需求的产生源于以下问题：对有机健康无公害产品的需求、滥用农药造成的环境恶化、乱砍滥伐和急速城市化造成的森林锐减、人口增长和人口向城市迁移引发日益加剧的社会不平等、越来越多的污染和环境问题、转基因食物和非有机农产品所引发的健康问题以及因不规则降雨和气候变化引起的极端气候导致农村人口的演替与迁移等，所有这些问题都要求印度必须将生态农业因素纳入规划之中。

印度农村妇女和部落妇女是自然资源的主要使用者，她们从森林中收集木柴，照顾家庭和料理农场。她们既是当地文化的传承人也是本土知识的主要实践者，能最先感知到气候变化和环境退化对其粮食生产和生活所带来的影响。32年来，巴里农村社区发展研究所（BDIRW）一直致力于培训农村和部落妇女，提高她们维护生物多样性和完善农业管理的能力，从而确保农村生态系统的可持续发展。该机构每年举办两次为期6个月的免费现场培训，每年平均培训260名妇女。目前正在进行第114期培训，巴里农村社区发展研究所为850多个村庄的8 500多名妇女提供了可持续生态农业技术培训。培训内容包括：①堆肥（例如利用枯叶生产厩肥）；②通过作物轮作、间作和人工除草进行生物防治；③使用草药和利用当地植物（例如叶子提取物）进行害虫防控；④施用经处理的化粪池废水维持土壤肥力；⑤利用防护林带和防风林保持土壤湿度；⑥有选择性地采取农林技术来保护农场生物多样性；⑦种植药用植物和果树减少经济风险。

为期6个月的培训涵盖了近乎所有耕作内容，对学员及其村落产生了积极影响。有机农业的亲身实践、生物动力学农业（biodynamic agriculture，BD）和控虫控草的本土方法等一系列培训使农田得到了更好的管理和维护。与此同时，培训项目还推广了用于食品加工（例如烹饪、食品干燥和发电等）的太阳能技术，既改善了农民生活又减少了日常生活对环境的影响。关于种植和使用药用植物的培训课程则提高了农村居民的健康水平，包括产妇和分娩护理水平的提高。识字课通过快速学习法、同伴辅导法和其他创造性学习方法帮助所有受训人员学会了识字。缝纫和裁缝的职业培训不仅提升了妇女的自立能力，还提高了她们的生活水平。关于人际交往技能的培训则让女性变得更加自信，有助于她们在农业活动管理上获得充分的知情权，更能发挥对决策的影响力。值得一提的是，大多数学员在完成培训后开办了自己的小型农村企业，实现了经济独立。还有许多学员回家后开始或重新开始正常学习。最终，这些学员通过分享所学知识，为家乡建设贡献了自己的力量，例如：向其他妇女传授健康知识，向男性农民传授生态农业的实践方法，组织植树造林，开展其他乡村服务等。

资料来源：由作者/组织提供

资料来源：由作者/组织提供

3.5　厄瓜多尔：共同发展生态农业，实现粮食安全，保证营养供给

厄瓜多尔生态农业集体（CAE）

Roberto Gortaire Amézcua

厄瓜多尔生态农业集体（CAE）旨在努力整合社会力量与科研机构资源，形成合力共同推广生态农业、维护粮食主权。该组织促进了农民和当地组织、生态农业生产者协会、消费者、学者、传媒人士、学生、大学以及活动家的相互交流。CAE不是一家完整的组织，而是众多组织组成的一个协作网，通过更好地联结生产者和消费者来构建农村与城市之间的发展联盟，从而更好地维护粮食主权，这也是CAE的优势所在。CAE将生态农业视为整合小农农业的灵感来源，即正确认识并利用自然循环原理，将传统与创新相结合，设计并实施不使用杀虫剂、转基因生物和其他污染物的可持续生态农业系统。生态农业有利于提高生物多样性、促进作物和动物的种养结合、优化水肥管理、提升农民对农业粮食体系的控制力，不仅关系到发展循环互助经济和重建城乡经济发展联盟，也有助于推行可持续性理念。

CAE项目内容围绕以下5个方面来开展：

（1）生态农业和循环互助经济。这一经济模式由180个食品摊位和企业组成，涉及1.5万个农场和15万个消费者家庭。在这一循环经济体中，通过编制《全国性生态农业生产者操作指南》（含"产品有效分配机制"等内容）来建立商业联系。此经济模式的主要行动要点包括：①生态食品的生产；②产品高效自如的交换和分配；③积极自主性消费；④消费后的相关活动。

（2）生态农业的能力建设活动。CAE专门建立了一个生态农业校园学习网，以便更好地在教育系统中推广生态农业相关理念与举措。在中美洲，农民大多是通过相互交流来提高自身能力，但此种学习方式使得农民能力建设受到较大的地域限制。这种集体学习可以有效培养生态农业思维，可以概括为"用眼去观察，用手去体验，用脑子规划，用心思考，用言语感受"。

（3）农业生物多样性和转基因生物。提高农业生物多样性，促进本地种子的自由流动，建立一个无转基因生物的国家。

（4）建立网络运营平台。此平台由拉丁美洲生态农业学会、厨师与农民联盟以及互助经济运动团体共同运营。这一平台对厄瓜多尔非常重要，主要负责政治宣传和社会动员。它成功推动设立了"农民斗争日"与"粮食主权日"；促成了关于生态农业和粮食主权永久性的民间团体与政府间对话；联合2 500多名参与者共同提出促进可持续农业和生态农业发展的法律建议，目前该建议正在审查中。

（5）负责任消费、健康与粮食主权。这是提高人们自主消费意识的核心元素。内容包括一项名为"多么美味"的长期宣传活动和"慢食运动"有关的活动，其中"慢食运动"为提高自主消费意识开辟了一条新路径。

厄瓜多尔生态农业集体（CAE）获得成功的关键原因有以下几个方面：①创建了一个团结协作的网络，在尊重每个组织的自主权、权威性和地方规范的前提下，利用网络产生更大的影响；②CAE不独立发起倡议，而是分析和采纳不同的个人建议和地方倡议，通过整合来引导国家发展；③为生态农业、粮食主权和集体经济制定了一个共同目标；④CAE系列行动有助于实现可持续发展目标1、2、3、5、6、8、10、11、12、13、14、15、17。

资料来源：由作者/组织提供

3.6　匈牙利：拉塔图耶倡议——生态农业改善农村生计

匈牙利蝴蝶运动组织

Melinda Kassai

拉塔图耶倡议是一个以社区为基础的小规模农业与社会融合项目，由匈牙利蝴蝶运动组织（butterfly movement of Hungary）运营，由挪威基金、ERSTE基金会、LDS慈善机构和匈牙利人力资源部资助。该项目旨在改善生计，促进包括罗姆族人在内的小村庄居民和弱势群体的社会融合。该项目推动建立了生态农业社区和个体庄园；成立村庄协作网，促进村庄合作；提供非正式成人教育，并围绕经济与生态课题开展经验分享。

一些生态友好型企业积极开展上述活动并由此带来"环境收益"，这有利于稳定家庭经济，使居民营养得到改善、健康得到提升、教育资源增多，同时拥有更多储蓄和更多投资机会，从而降低金融动荡带来的不稳定性。随着贫困人群对生态系统的管控能力逐渐增强，并且在当地经济建设中愈发积极地发挥作用，创造了巨大的物质收益，同时社会收益伴随着物质收益的增加而增加。这些收益的创造者通常能在资源决策中增加话语权，并且自然资源创造的经济效益能够得到更加公平地分配。

尽管推广生态农业的这一需求很高，但生态农业资源仍然相当有限。为了实现效益最大化，有必要增加资助者和决策者的生态农业知识，提高其意识水平，尤其是关于该推广项目的范围以及所面临的内在问题及其复杂性。其中一条途径便是与欧洲其他国家合作，在具有相似特征的欧洲地区推广"蝴蝶运动"的相关举措。

© 粮农组织/Giuseppe Carotenuto

资料来源：由作者/组织提供

3.7 意大利：生态农业融合经验——群策群力

农业研究和农业经济学分析理事会（CREA）
Adolfo Rosati

欧洲的橄榄树（*Olea europea*）种植面积超400万公顷，由于补贴不到位且橄榄油价格下跌，橄榄树的经济效益越来越低。在橄榄园进行作物与牲畜的种养结合是一种既有利于可持续发展又能增加产量和收入的方法，种养结合还能有效地解决由于盈利不足而造成的土地闲置问题。在意大利，每个农民的平均耕种面积为1～2公顷，如何提高土地利用率和单位面积盈利是增加农民收入的关键。鉴于这样的国情，整合型生态农业是增加收入的有效方法。

野生芦笋是当地较热门的农产品，有一定的市场需求且市场价格较高（10～30欧元/千克）。橄榄树下很适合栽培野生芦笋。55%的太阳光照用来满足橄榄树的生长需要，而剩下的45%一般被杂草吸收。由于野生芦笋是一种耐阴植物，种植在橄榄树下的芦笋可借助45%的太阳辐射进行自然生长。这一特性使芦笋既可以在传统的橄榄果园种植，也可以在高密度的橄榄果园种植。

与集约化养鸡相比，自由放养满足了市场对爱护动物、保证肉质和环保的要求。橄榄树能起到遮蔽降温的作用，使鸡免受日晒和高温从而更好地生长，而鸡的活动有助于提高土壤肥力（鸡粪往往优于矿物氮磷钾肥料）、控制杂草并能在一定程度上防控害虫（如橄榄蝇和象甲）。在橄榄树林养鸡既提高了土地利用率，也削弱了以往修剪和施肥等措施对橄榄园环境的负面影响。这种种养结合系统还有助于扩大生态农业系统规模和减少碳损失。我们如果将整个欧洲的活鸡养殖转换成这个系统，橄榄园的养鸡密度将低至1 000只/公顷，每公顷田园的氮、磷、钾化肥用量也能节省约250千克。

3.8 法国：400家"经济利益集团"经验分享
——促成生态农业转型

农村发展与农林复合发展项目

Pierre Pujos

　　过去的20年中，我一直负责管理一家生态羊场，该羊场位于法国西南部，面积约210公顷。刚到那里时，每逢暴雨过后，羊场的土壤侵蚀和流失现象十分严重。土壤流失会大大降低经济效益，不知该怎么解决的我感到焦虑又无力。不久后，我开始在山上种养草坪来防止土壤侵蚀。多年实践证明，控制土壤侵蚀最有效的办法是持续用有机物覆盖土壤表层，这一方法同时还能防止水分流失，保持生物多样性。除了覆土之外，还可以采用多作物混种和植树加以辅助。成本的投入是决定农民收入高低的关键因素。然而自2004年以来，我尝试不投入任何肥料（包括有机肥在内），完全依靠土壤的自我肥力进行调节，通过土壤的有机物覆盖和种植植物的保护，土壤肥力得以良好保存。

　　就生物多样性而言，我们农场种了许多种类的花，生物多样性是该系统顺利运行的关键要素之一。得益于土壤覆盖所取得的良好效果，我们可以在自

©粮农组织/Giulio Napolitano

然植被上播种以减少对土壤的外界干扰，所采取的免耕措施也提高了土壤的有机质含量。土壤很脆弱，一旦土壤有机物含量降低，土壤的持水力就会减弱，导致更严重的水土流失以及气候变化带来的各种问题。

我认为机械化不是避免水土流失的正确方法，我们需要利用植物自身根系和土壤生物来保持水土稳定。除了通过植物覆盖来增加生物多样性外，农民利用当地种子进行作物生产也非常重要，因为本地种子能更好地适应当地的土壤和气候，有利于丰富生物多样性。复合林业是推动在坡地上进行作物-动物综合种养，以此高效利用水资源和控制侵蚀的另一支柱。本项目目前应用了一个综合牧群管理系统，在尚未开发的地区进行作物生产和植物覆盖。

过去20年所取得的发展都得力于各类机构和农民组织的帮助。一开始，我们是唯一采用上述系统的一批农场，当水务署在法国西南部投资建立了AGR'EAU体系后，农场的运营情况得到了极大改善。AGR'EAU是将170家农场的社会、经济和环境指标加以汇总形成数据网，这个网络推动了农民间的有效沟通和信息交换。随后，又引入了GIEE（经济和环境问题利益集团）国家体系，该体系包括3个主要理念：①利用综合型混种混养系统来适应气候变化；②保护和加强授粉；③稳定木质生物质。每个GIEE体系中大约包含20个农民，大家一起思考，一起解决问题。

本项目取得的最新进展是创办了一家名为"生活农业"的协会，该协会是在市场需求的驱动下建立的。协会会员愿意购买价格较高但更健康、更环保的新型农产品，以此保护环境、保护土壤、保护人类。

© 粮农组织/Giuseppe Carotenuto

3.9　塞内加尔：知识共创，促进生态农业转型
　　——以农民"评审团"为例

西非农民组织联合行动（JAFOWA）

Tabara Ndiaye

　　西非农民组织联合行动是一项旨在通过塞内加尔和尼加拉瓜两国联合进行的行动导向型研究项目，从而促进塞内加尔国内农业向生态转型的倡议。该项目由 New Field 基金会资助，内源可持续发展论坛、塞内加尔农业研究所和英国发展研究所协同合作完成。项目的目标是总结出可行措施，用以消除社区层面生态农业转型中的社会障碍。项目组建了一个"评审团"，成员由5名女性和8名男性构成，分别代表农民、渔民和牧民。通过与生产商、供应商、零售商和社会组织沟通交流，绘制当地粮食体系的图谱。通过此种方法，我们总结出了五大研究要点，并得出了答案：

　　问题1：农民对生态农业的定义和当前的认知如何？

　　据受访者回答，他们认为生态农业是一种不使用化肥和杀虫剂的耕作方式，社区层面已经进行了诸多的生态农业实践，并积累了丰富的生态农业知识，其中许多是代代相传的传统知识。

　　问题2：促进生态农业发展的最有效策略是什么？

　　传统的传播者（如当地公认的智者、长者）在促进生态农业发展中发挥着关键作用。经验分享与学习对于生态农业的转型也至关重要。例如，示范试验地和交流访问都能增强生态农业的可信度，还可以让农民切实地感受到在自己的耕地中采用可持续的生态农业实践方法具有巨大的潜力。

　　问题3：如何更好地利用多样化生产方式来改善营养？

　　研究发现生态农业系统中的农产品种类丰富且易获取，并且与传统耕作方式生产的农产品相比，生态农产品的微量元素含量更高。

　　问题4：如何拓宽生态农业生产中所需投入品的获取途径？

　　通过调研明确了这一领域存在的制约因素，如当地传统种子品种、堆肥和天然杀虫剂的供应有限且成本较高。

　　问题5：如何提高组织能力以促进生态农业的发展？

　　加强组织能力建设是有效推进生态农业发展的关键。可采取的措施有：培训一批合格且具有丰富技术专长的人员，提供充足的财政支撑，建立多方参与的关系网（如研究组织、社会组织和价值链参与者等）并提高运营能力。

参与式行动方案

继上述发现成果，项目参与者制订了一项《联合行动方案》（简称《方案》），《方案》包含了向生态粮食体系转型中的所有利益相关方。《方案》内容主要有：当地餐馆向从事生态种植的农民采购食材；塞内加尔农业部的种子专家提倡供应传统和当地生产的种子；当地市场负责人设计储存区存放生态农业产品；社区无线广播加强生态农业知识宣传；营养专家为农民组织和当地社区提供相关培训；有机产品生产者和公民社会组织大力支持生态农业网络的建立。

资料来源：由作者/组织提供

3.10　坦桑尼亚：搭建知识合作平台，推广生态农业

坦桑尼亚可持续农业组织（SAT）

Janet Maro

坦桑尼亚可持续农业组织（SAT）是坦桑尼亚的一个非政府组织，总部设在莫罗戈罗（Morogoro）。2009—2016年，该组织开展实施了互助庄园项目（garden of solidarity project），成为坦桑尼亚生态农业领域最受认可的组织之一。该组织围绕以下4个领域开展工作：

（1）知识传播。农民可参与生态农业耕作的实地培训，培训内容包括建立示范试验地，探索最适合当地的农耕管理方法。培训课程根据农民的需要不断调整，涵盖了创业技能、储蓄和信贷等内容。此外，培训项目还注重培养农民掌握教学技能、具备教学能力，使其自身也成为培训人员；然后继续开展社区培训，将所学知识传授给其他人，尤其是青年农民。在这些活动中，农民可以获得学分从而参加坦桑尼亚可持续农业组织的其他培训。通过这种迭代的方法，SAT成功培训了该区的3 000多名农民，并建立了120多个示范基地。除了实地培训，SAT还在培训中心设置短期课程，吸引了来自非洲各地的学员。SAT与非洲信托（BvAT）合作发行了《创意农民杂志》（BvAT网址：http://www.infonet-biovision.org/mkulima-mbunifu），将实地培训所积累的经验在全国范围内进一步分享。

（2）知识应用和产品营销。遵循"理论与实践相结合"的原则，SAT培训中心不断实践，反复试验和微调相关技术，将科学理论和经验相结合，对堆肥生产技术进行反复试验，共测试了10种不同的堆肥方式并列出建议清单，详细阐述如何根据当地条件和当地可获得的材料生产最适合的堆肥。此外，该中心在莫罗戈罗（Morogoro）开办了第一家有机食品商店，曾参与过培训项目的农民生产的有机生态农产品在商店内得以出售，获得了社会的广泛认可。

资料来源：由作者/组织提供

（3）加强研究。SAT开展了重要的需求驱动研究，与当地大学合作共同研究生态农业领域中尚未解决的问题。农民和大学生共同讨论生态农业生产过程中遇到的困难，学生在讨论中探索未来的研究方向，并就相关内容制订研究计划，通过筛选后获得研究资金继而开展研究。SAT示范农场也开展了大量的研究工作，证明生态农业的耕作方式具有极大潜力。所有研究结果均公开，供广大农民和相关组织使用。

（4）建立联络。SAT促成了国内和国际组织、研究机构和公共组织的合作，对于协同合作发挥了关键作用。这项工作的最佳例子是与Biovision公司建立伙伴关系，开展"农民—牧民合作项目"，通过该伙伴关系，农牧民之间的冲突转化成协同共存，并遵循生态农业的原则。例如，农民开始使用牛粪作为肥料，而牧民也开始回收农作物剩余物（玉米和向日葵）作为牲畜的额外补充饲料。

生态农业创新平台

SAT在对3 000多名农民开展的培训过程中收集了大量数据，并通过与瑞士苏黎世联邦理工学院等大学和研究机构合作，使这些数据的价值得到了进一步提升。借助智能手机收集相关研究数据，再上传到相关平台供农民查阅。农民在生产的同时也主动在平台上分享重要信息，二者共同搭建了一个信息交换和共同创新的知识交互平台。该平台还扮演着培育国内外新成立组织的孵化器这一角色。所有经过平台生成的信息，最终都会传播给消费者、公共组织、私营部门和农民。

SAT开创性工作取得了重要成果。村庄的收入增加了38%；田间焚烧降低了95%；64%的农民学会了培肥贫瘠土壤，使其重新具有生产力；用水量减少了59%；91%受培训的农民开始采用控制土壤侵蚀的耕作方法，化学品和剧毒农药的施用量几乎为零；97%接受培训的农民表示他们的生活水平得到了提升。

3.11 吉尔吉斯斯坦："埃玛克"生态有机农业 ——促进农村及山区的可持续发展

有机发展联合会（BIO-KG）

Sultan Sarygulov

"有机埃玛克"是吉尔吉斯斯坦农村和山区的一种综合性可持续发展模式，这一模式结合了传统农耕、现代有机和环保技术的各自优势。在克里斯坦森生态农业基金（Christensen Fund for Agroecology）的资助下，于2014年在塔拉斯（Talas）、纳林（Naryn）、伊塞克库尔（Yssyk Kul）和楚河（Chui）等地区的20个村庄开始实施。当地传统观念和文化认为尊重自然及其规律是确保所有生命和谐发展的核心前提。

©粮农组织/Giuseppe Carotenuto

共同价值观可以概述为：维护生物多样性的稳定；个人和集体都有责任合理使用自然资源以福泽后世；培养理性消费习惯；清楚地认识到相互尊重是维持稳定关系的前提与基础；伦理道德永远存在并优先于经济活动。

该项目的选点优先考虑具备上述理念和条件的地区，以此实现效益的最大化。选择标准有：地区现存传统、仪式与组织的观念共通，具备传统的手工艺，可举办相关活动（农业、生态、民族）促进旅游业的可持续发展，以及传统有机农耕技术依然得到应用。

资料来源：由作者/组织提供

3.12　毛里塔尼亚：塞内加尔河谷地区的生态农业转型

农村研究和国际农业中心（CERAI）

Arantxa García Brea

自2009年以来，西班牙非政府组织CERAI及其当地合作伙伴AMAT一直在毛里塔尼亚的塞内加尔河谷地区开展合作，其主要工作围绕以下5个方面：

（1）可持续性和环境恢复力。在干旱背景条件下，生态农业理念用于指导农业决策，涵盖农场设计、农作物 - 牲畜综合种养、增加农业生物多样性、激活土壤生物活性、增加产量、养分循环和树木种植等。

（2）可持续性和经济恢复力。经济的可持续性依赖于一种自我消费模式。在这种模式下，农场可以超额生产，农民通过售卖超额产品获得额外收入；农民采用合理的农耕技术进行生产（耕作、灌溉和农田设施等），大力提倡利用本地资源进行耕作（如农场残留物、有机肥料、种子）。

（3）可持续性和社会政治弹性。由于毛里塔尼亚的社会组织数量十分有限，所以这方面的工作非常关键，内容包括：①推动13个基层组织（包括5个牲畜组织和8个园艺生产者组织）的发展；②恢复当地传统农耕技术，如大豆和高粱间作；③恢复315块荒地；④在地方风俗法规内，尽可能提高妇女的参与度。

（4）扩大生态农业规模。我们正借鉴拉丁美洲项目中获得的农民经验，通过以下方式加强不同受教育层次的人的技能：①知识和技术共享；②通过4名经过培训的生态农业推广员对农民进行培训；③将481名农民作为核心群体参与项目；④开展农场参观、交流、实地诊断、试验和比赛等活动。

（5）推广生态农业。通过以下方式将生态农业理念引入各级政府和非政府的决策：①组织会议，进行技术访问和开办专题论坛；②进行实际应用和现场演示。

资料来源：由作者/组织提供

资料来源：由作者/组织提供

3.13　越南：有机小农户的十年参与式保障体系

社区参与资源监测开发中心（CDPM）

徐雪容（Tu Thi Tuyet Nhung）

越南的社区参与资源监测开发中心（CDPM）在运营和建设参与式保障体系（participatory guarantee systems，PGS）方面已有10年经验。PGS最初是为了解决一个为期7年的有机农业项目所带来的有机产品销售问题。由于未能成功与政府合作创建有机认证机制，CDPM决定建立一个无须第三方认证且以信任为基础的运营系统即PGS。PGS是一个基于当地情况的自发性质保系统，系统对生产者的认证建立在相互信任、社会关系和知识互换的基础上，且依赖于农民、消费者、研究人员、市政官员、地方企业等当地利益相关者的积极参与。PGS作为一种替代认证机制，可以有效地为从事生态农业的农户提供帮助，确保他们的产品以受认证的方式进入市场，保持产品价格的稳定。

建立PGS的流程包括：①在利益相关者允许的情况下，为系统内的生产者和贸易商制定统一标准；②搭建组织结构并明确职能；③为生产者和贸易商编制PGS手册（检验和认证程序）；④选择认证标志；⑤建立网站和数据库系统；⑥对团组、农民和零售商进行注册；⑦开展检验程序培训；⑧考察农场；⑨向国际有机农业运动联合会（IFOAM）提交PGS标准以获得认证（2013年已获得官方认可）。

除了PGS，CDPM还致力于为生态农产品开发市场。相关举措如下：①通过脱口秀、研讨会、市场营销活动、展会和媒体提高消费者对生态农产品的认

© 粮农组织/Giuseppe Carotenuto

资料来源：由作者/组织提供

识；②鼓励更多的贸易商参与PGS；③将生产商、贸易商和零售商紧密联系起来；④通过有机商店、送货上门配送系统和超市专营部门多方合作建立有机蔬菜供应链；⑤组织消费者和学生参观有机农场。

通过这些努力，PGS不再只是一个简单的认证系统，还是一个培育参与型价值链的有效方法，所有利益相关者都能参与到培训、生产、包装、销售、分销、营销和传播等价值链各个环节的建设中。该体系稳步增长，已从2009年的4家零售商增至2017年的10家零售商、5家合作社和65家门店，农民组织从11个增至58个。PGS下的生产面积增长超600％，总销量从110吨增加到649吨。这些成果为PGS的发展创造了适宜条件，并引入了基于二维码的跟踪技术，从而提高产品的可追溯性和PGS的运营效率。

资料来源：由作者/组织提供

3.14　巴布亚新几内亚：粮食即生命——通过信息通信技术创新促进太平洋地区生态农业发展

拯救巴布亚新几内亚组织（Save PNG）

Bao Waiko

巴布亚新几内亚人口只有700万，但语言却有1 000种。PNG的生态农业概念旨在实现人与土地、人与自然环境和谐共处，为太平洋地区的繁荣提供健康的食物和水，并建立可持续的农业系统。然而，现有趋势表明一些关键问题影响了国民生计的改善和国家的可持续发展。小农农业的发展受制于工业企业利益和商业发展模式的牵制。国民普遍贫穷且处于饥饿边缘，与"隐性饥饿综合征"相关的营养失衡现象较为严重，民众维生素和矿物质的摄入量明显不足。为了促进商品消费，传统农业正在一步步被瓦解，因生活方式而导致的疾病死亡率令人担忧。除此之外，用以解决这些问题的信息、技能和知识也缺乏传播途径。

拯救巴布亚新几内亚组织（Save PNG）的任务是向太平洋岛民传授技能和知识，帮助他们解决面临的健康、土地和经济问题。通过举办培训班、开展文化交流和媒体教育来鼓励当地人民自发成为改革的推动者。媒体在传播知识方面发挥着重要作用，借助媒体可有效向大众传播本国的农耕技术和粮食实践，以有限的资源增强广泛的影响。

为此，在"粮食即生命"运动的背景下，Save PNG创作了一部名为 *Cafe Niugini* 的电视节目，共计11期，展示了全国30个地区的饮食和农业传统。该系列节目由本土美食爱好者和知名电视人Jennifer Baing Waiko主持，节目受众过百万，成为太平洋地区收视率最高的电视节目之一，其他国家的观众也可以通过网络观看该系列视频。

作为"粮食即生命"运动的参与者，Save PNG精心制作了一整套教材，包括一份指南、学习手册和一系列录像，并将这些教材分发到了全国的300所高中。Save PNG也与全国各方合作举办了30场公民教育研讨会。教材和研讨会的主题涵盖营养、生态管理、土地保护、健康和财富、应急食品和综合农业。截至2018年，已有300多人从"粮食即生命"的培训中结业，这一培训是教授传统农业和粮食生产技术的最佳途径。

Save PNG在构建当地关系网、游说团体、宣传"粮食即生命"的理念以及建立生态农业方面发挥了关键作用。该组织未来面临的工作挑战如下：①与区域伙伴加强合作，在所罗门群岛、斐济、瓦努阿图和（法属）新喀里多尼亚岛执行项目，将巴布亚新几内亚模式复制推广到整个太平洋区域；②加强当地农村的知识转化和能力建设；③加强本地同辈协作网建设、地方声援和生态农业教育；④借助舆论力量，引导主流民众认可生态农业，并将其作为未来的可持续发展模式。

资料来源：由作者/组织提供

3.15 哥斯达黎加：土壤生物多样性和可持续生产的生物投入

农业和畜牧业部（MAG）

Rolando Tencio Camacho

目前哥斯达黎加在本国中东部地区实施一个生态农业项目——通过利用山区微生物和增加生物性投入品来推动可持续农业的发展。哥斯达黎加农业和畜牧业部计划借助该项目推广示范新技术，鼓励农民利用农场自身资源，生产生物投入品，进行传统耕作生产，在降低生产成本的同时又有利于环境保护。哥斯达黎加曾派员参加日本国际合作署举办的"有机农业技术"培训，并在此之后于2012年启动实施了这个项目，项目设计了2012—2018年的能力建设活动，其中包含理论课程、实践教学，组织14～30名生产商赴教学农场进行实地耕作。

在学习过程中，主要探讨了新的耕作技术，特别是关于生物性投入品的生产问题。生物性投入品的原材料包含昆虫、真菌、细菌、酵母或植物提取物等有机体，再添加岩石矿物质作为生物的营养物。制作流程如下：首先，使用多种方法从森林中收集微生物，然后用液体培养基繁殖所需微生物，最终得到固体有机肥（如堆肥）、液体生物肥和天然杀虫剂。项目旨在鼓励传统农业生产向更可持续的生产方式过渡，并尽可能向有机生产转变。课程结束后，我们制作发放了相关教材，包括视频、图片演示和文字，供农户继续学习和宣传。

哥斯达黎加的3项实施成果证明了生物投入对作物生产具有积极的影响：①考比多塔县（Finca Elmon）艾尔蒙种植园（Copey de Dota）的鳄梨种植；②青年妇女项目（那不勒斯家庭青年联合会，塔拉苏）；③高海拔的水果种植（苹果、李子）。4年来哥斯达黎加取得了一系列重大成果：①400名农民的耕作能力得到显著提升；②农业和畜牧业部在本国东部地区的12家推广机构稳步开展能力建设；③促成了与拉丁美洲有机农业和可持续生产组织的经验交流；④有机农场数目逐年增加；⑤更多农场获得了生态蓝旗奖，提高了有机农户的收入；⑥成本降低超60%，同时农作物产量和品质均得到提升；⑦相关文章报道刊登在杂志和报纸，并获得电台和国家电视台的采访，提升了知名度。

3.16　瑞士：国家层面的生态农业推广——瑞士经验

联邦农业局（BLW）
Ivo Strahm

瑞士联邦农业局资源开发项目旨在推动从地方到国家各级层面的创新和生态农业的发展，实现农业自然资源的可持续性利用。依托项目汇集相关经验和研究成果，一方面使农民受益，另一方面也有助于完善瑞士的农业政策。

本项目开展了诸多子课题，如增加耕地的生物多样性、引进野蜂和蜜蜂的养殖技术、利用腐殖质进行土壤培肥、植保设备的优化使用、少用金黄色葡萄球菌以降低抗生素耐药性、鼓励农民革新耕作方式（如改进灌溉设施，使用智能化农业操作）等。这些子课题的执行均依赖于三重战略：①为农民和相关社会组织开展试验和应用新技术提供咨询服务和资金支持（考虑到可持续性，服务时限为6年）；②咨询服务包括实地演示、就有关管理做法和环境影响展开讨论以及由专业人员举办的农民研讨会；③科研支撑，包括监测和评估所有可持续性指标。

此种实施方法特别适合生态农业的发展与推广，能有效扩大生态农业模式的实施规模。一方面，收集相关数据反映项目实施情况，特别是可持续性指标，从而为国家农业政策的制定与修改提供参考；另一方面，该项目将农民放在核心地位，保证了农民的积极参与和高度认可，这成为新技术在全国成功推广的关键。

资料来源：由作者/组织提供

© 粮农组织

第 4 章

小组讨论：
生态农业与新机遇

4.1 生物多样性与气候变化

小组讨论成员

1. Biovision 非洲信托（BvAT）执行董事 David Amudavi
2.《生物多样性公约》（CBD）副执行秘书 David Cooper
3. Via Orgánica 墨西哥代表 Mercedes López Martínez
4. 世界农林中心（ICRAF）高级研究员 Dennis Garrity
5. 拉丁美洲农业科学学会（SOCLA）主席 Clara Nicholls

主持人

墨西哥常驻FAO、IFAD和WFP大使 Martha Elena Federica Bárcena Coqui

生态农业不仅对消除农村贫困（SDG 1）和消除饥饿（SDG 2）有所贡献，还对其他联合国可持续发展目标（SDG）的实现具有积极意义，例如清洁饮水和卫生设施（SDG 6）、可持续生产和消费（SDG 12）、气候行动（SDG 13）。

本届会议着重强调了生态农业对《巴黎气候变化协定》、生物多样性公约缔约方大会（COP 13）和气候变化问题缔约方会议（COP 24）的贡献，以及各国在应对和减缓气候变化方面的有关承诺。

为明确生态农业、生物多样性和气候变化之间的相互关系，5名领域内小组成员以"粮食体系和可持续农村发展前景"为主题展开讨论。

专题发言涉及以下内容：

（1）生态农业如何有助于实现生物多样性目标？具体的例子是什么？

（2）生态农业如何有助于实现《巴黎气候变化协定》？

（3）如何识别确认生态农业推广的潜在阻碍（这里指与生物多样性或气候变化相关联的生态农业推广）？

会议的第二部分包括与观众进行互动，以进一步找出差距和FAO可采取的行动，支持将生态农业纳入国家气候变化适应和缓解计划。

4.1.1 发言人：David Amudavi
Biovision 非洲信托（BvAT）执行董事

BvAT相关业务主要在非洲开展，业务内容以支持生态农业和有机耕作为主，其中很大一部分业务活动部署在肯尼亚和坦桑尼亚两国。BvAT开展了一个独特的农民交流项目，该项目旨在向农民提供有机农业的相关信息，支持农户连接市场，并帮助农民与信贷机构间建立联系。

BvAT认为，生态农业有助于加强生物多样性与气候变化之间的联系。它为设计支持功能性生物多样性的农业系统提供了广泛的管理选择，而生物多样性是在农场和粮食体系层面建立气候变化适应能力的主要贡献者。

生态农业实践证明，通过增加土壤生物多样性可以提高土壤肥力和土壤健康，促进授粉媒介多样性，促进农场产出多样化。生态农业通过固碳和减少碳排放等措施在减缓气候变化中发挥了关键作用，例如在农林业实践中减少使用氮基的化学添加剂，以及增加土壤的有机物含量等土壤肥力管理措施。

BvAT为实现生物多样性和气候变化目标所做贡献的一个具体例子是EOA-I。这一举措旨在被纳入国家农业生产政策、项目和计划，目的是在加强粮食安全的同时，保护环境并改善农民及其社区的生计。

EOA-I把研究数据作为指导生态农业支持政策制定的重要工具。此外，与有效培训和知识推广战略相结合的研究是主动改良农业系统的关键所在。

EOA-I非常重视加强有机和生态农业产品市场和价值链。在接下来的几年中，由BvAT协调的线上活动有望使得该倡议在非洲联盟所有55个国家中实现主流化。

通过可靠的信息源和传播策略，由该倡议收集的知识可以在整个非洲大陆实现共享，并传播给更多非洲和国际利益共同体。

在非洲，国家行动计划是联盟对所有国家的要求，即：①它是确认发展生态农业系统韧性可利用的技术和平台；②为与生态农业有关的项目注资；③它是加强知识管理和能力建设的关键工具。

4.1.2 发言人：David Cooper
《生物多样性公约》（CBD）副执行秘书

《生物多样性公约》制定了全球生物多样性议程，并为各国提供了保护和可持续利用生物多样性以及分享遗传资源利用益处的框架。

我们将进入《联合国生物多样性十年（2011—2020）》的最后1/4实施阶段，为了实现《生物多样性战略计划》确定的目标和"爱知生物多样性目标"，《生物多样性公约》的实施步伐正加速推进。

在墨西哥举行的第十三届缔约方会议的一项主要成果是《坎昆宣言》，该宣言将生物多样性的保护与可持续利用纳入了主流成果，这一决定的本质是承认了生态农业的作用。生态农业有助于实现爱知目标的关键表现是生物多样性在农业景观中发挥了重要作用，特别是传粉媒介在提高农业生产力和可持续性方面至关重要。

联合国粮农组织在《农业生物多样性公约》计划框架内协调有关传粉媒介的工作方面发挥了关键作用。实践表明，通过提高传粉媒介的活动，可以弥补同一地区表现最佳的农场与平均水平农场之间25%的单产差距。因为传粉媒介与筑巢地点、植物多样性和减少农药使用密切相关，传粉媒介的使用直接改善了农场和其他景观方面的可持续化管理。

还应指出的是，一方面生态农业有助于实现爱知目标，另一方面，爱知目标也可以为促进生态农业议程做出贡献。例如，有关激励结构、补贴分配以及与公众意识有关的目标，极大有助于营造易实现生态农业的社会环境。农业、林业、渔业和水产养殖业从根本上取决于生物多样性。人类将如何管理农业粮食体系，这可能是未来生物多样性面临的最重要问题。

《生物多样性公约》充分分析了未来潜在的情况及其对生物多样性的影响。结果表明，为了实现包括《生物多样性公约》通过的《2050年生物多样性愿景》以及《巴黎协定》设定的目标，人们需要提高农业生产率并减少对环境的破坏。

更好地利用农场和整个农业景观中的生物多样性对于实现可持续农业至关重要。这需要更好地利用遗传资源，包括作物和牲畜遗传资源、传粉媒介、害虫天敌以及与土壤肥力密切相关的土壤生物多样性。

©粮农组织/Petterik Wiggers

FAO在其出版的《生态农业的十大要素》一书中明确指出，生物多样性是生态农业的重要组成部分。经大量经验证实，生态农业原理和应用具有重要价值。

因此，如何推广生态农业是目前最关键的挑战，而生态农业的蓬勃发展意味着人们需要在市场激励结构、土地使用权方面进行一系列系统性改变。

4.1.3　发言人：Mercedes López Martínez

Via Orgánica 墨西哥代表

Via Orgánica是一家民间组织，成立于墨西哥瓜纳华托州圣米格尔—德阿连德的半干旱地区。它拥有一所农场学校，学校传授各种实践方法，例如农林复合模式、雨水收集管理、太阳能利用，以及通过公平贸易和有机农业能力建设来提升当地社区的管理能力。

全球网络Regeneration International三年前在哥斯达黎加建立，而Via Orgánica是创始成员之一，该网络连接了60多个国家的350万消费者、农民、维权人士、研究人员、政策制定者和通信员。该网络可振兴地方经济，通过提高土壤肥力和持水能力维护生物多样性，减少温室气体排放并提升土壤中大气碳的存储。

Via Orgánica参加了在巴黎、马拉喀什和波恩举行的气候峰会和在坎昆举行的COP 13生物多样性峰会，并在巴黎峰会上推动了"千分之四"的碳减排倡议。

© 粮农组织/Giuseppe Carotenuto

Via Orgánica是4年前民间社会发起的"反对在墨西哥种植转基因玉米"的集体起诉成员，此措施有效防止了基因入侵，保护了当地64个玉米品种和数百个玉米品种的多样性。

玉米不仅是证券交易所的商品，它同时也是食物、文化、宗教和传统。

4.1.4　发言人：Dennis Garrity
世界农林中心（ICRAF）高级研究员

"常青农业伙伴关系"是国际、国家和地方非政府组织的联盟，它致力于在全球范围内发展农业和自然资源管理。合作伙伴关系的愿景是利用生态农业模式来实现农业多年生化，并利用多年生植物、一年生植物与牲畜的相互作用，创造更可持续的系统。尼日尔是常青农业运动的典型，该国曾因荒漠化和人民收入福利的下降而遭受巨大损失。

然而，在过去的25年中，尼日尔有超过200万个家庭参与了常青农业运动，在他们的农田上实现了由农民管理树木自然再生（FMNR）。据报道，该现象是非洲有史以来发生的最大的积极环境转变。诸如FMNR之类的生态农业实践包括3种幼苗的再生，通常是免费的本地品种。非洲联盟、《非洲发展新伙伴计划》和世界银行等组织都承认，FMNR以及在已退化的森林和牧场中的自然再生是非洲干旱地区再生的基础。

在提升应对气候变化韧性的背景下，这些典型做法可以成为世界许多地方生态农业整体发展的基础，并可以使农业系统免受高温、辐射和缺水的影响。证据表明，建立在农民知识基础上的农林业具有很好的可扩展性，在很少的外部支持下，数千万农民可以在其农场中用生态农业的做法发展农业。

热带地区的生态农业主要面临两个挑战：碳排放和生态系统氮污染。2016年发表在《自然气候变化》（Zomer et al.，2016）上的一项主要研究表明，地球上43%的农业用地（20亿公顷）的树木覆盖率超过10%。该研究还表明，在过去10年中，巴西农场的树木覆盖率增加了14%，中国、印度尼西亚和印度增加了大约7%。与农业用地树木覆盖数据相关的碳存储量约占全球农业排放量的1/3。

这些数据可能表明，如果生态农业界致力于通过混种多用途树木来提高树木在农业土地上的覆盖率，以实现农业的多年生化，那么农业零碳排放这一似乎不可实现的目标，到2050年也可以实现。生态农业界应把握机遇，积极把这一优势做法提上全球气候变化辩论，提倡生态农业实践，可以在未来30年中使全球农业碳排放达到中和。

需要优先考虑的另一个重要方面是氮。生物固氮是养分循环的一部分，

© 粮农组织/Giulio Napolitano

也是生态农业实践的一部分。通过生态农业扩大生物固氮能力将是解决大气氮边界的良好方法。

总之，生态农业作为一种可行的办法，可以为对国际公约中的重要问题（即生态系统的碳排放和氮污染）提出具体解决方案。

4.1.5　发言人：Clara Nicholls
拉丁美洲农业科学学会（SOCLA）主席

拉丁美洲农业科学学会是第一个拥有1 200多名成员的生态农业科学学会，成员包括来自12个国家的非政府组织和其他组织的研究人员，包括大学教授、学生和技术人员等。

SOCLA举办生态农业大会，并开展了一项教育项目，其中包括针对农民、技术人员和学生的年度培训课程，学会科学家参加了拉丁美洲的硕士和博士培养计划。

该科学协会还出版有关气候变化、农业和性别问题等多个主题的出版物，并与西班牙穆尔西亚大学合作发行了期刊，探讨生态农业在政治、社会、生态和农学情况方面的问题。

拉丁美洲农业科学学会代表全球40%的生态农业学家，他们愿意与联合国粮农组织或任何其他组织共享工作，并就基本的社会和政治原则达成协议。

其中，一项名为REDAGRES的抗灾农场计划由来自8个国家的研究人员组成，他们访问了受极端气候事件影响的地区，以找出环境抵抗力最强的农场，从而确定脆弱性和韧性因素，并得出基本原理。然后将这些原理在农民网络中共享，并用于重新设计农场以增强他们面对此类事件的准备程度。

在该方案下，来自海地和波多黎各的农民将在2018年6月经受"玛丽亚"飓风后参观古巴农场，了解古巴农场恢复生态的管理做法，将此类做法复制在本国的农场管理中。

SOCLA认为，生态农业是一种变革性方法，强调重新设计农场和景观以增强其社会生态适应力。学会还认为，生态农业作为一种科学方法，正在服务于小农，以增强农场的适应能力和社区的粮食自给能力。

生态农业的作用可以通过SOCLA提出的两种方法来衡量：

（1）哥伦比亚El Porvenir和El Hatico的森林牧草系统。El Porvenir是结合饲用灌木、树木和饲草的一个农场多样化案例。该项目侧重关注2006年1月至8月农场生物量的增加以及2006年4月至2007年1月动物体况的改善。最重要的指标之一是其环境的承载能力，数据显示该地从每公顷1.2头牛增加到每公顷5.1头牛，每头奶牛每天的产奶量由1.7升提升至4.1升。

在Valle del Cauca部的El Hatico农场，集约化的牧草管理的方法使土壤水分蒸发蒸腾损失总量达657毫米/天，相对湿度增加了20%～30%。面对40年来最严峻的干旱——2009年干旱，以及随后几年出现的厄尔尼诺和拉尼娜现象，该农场数据表现都十分出色。尽管生物量严重减少，但牛奶产量在2007年至2013年保持稳定。

（2）哥伦比亚的生态农业荫蔽咖啡系统。国家咖啡研究中心长期支持生产转向高生产力的咖啡品种，这些品种需要较高的阳光照射和投入，特别容易受气候条件变化的影响。

相比之下，生态荫蔽种植的咖啡系统在整体景观规划及农场设计中引入了多种植物，提供了大量的生态功能。该系统在许多方面都有助于增强生态韧性，且提供了数百种潜在有用的植物物种和非木材产品，减少甚至消除了对外部投入的需求，并进一步降低了生态系统崩溃的风险。

分析和评估抵御能力的另一重要方面是农业社区根据耕作制度采取的不同社会组织形式。单一栽培制度往往与更薄弱的知识、社会凝聚力和能力有关，这意味着较低的社会资本和反应能力。

反过来，生态农业系统的特征是知识水平更高，社会网络更紧密，用共同行动来应对气候条件和其他外部压力威胁的潜力也更高。

与会者问题总结

（1）生态农业模式有助于提高农场韧性和景观水平。韧性不仅是针对环境的，还涉及技术和社会等方面。在将生态农业技术和其他因素（如经济、社会和环境适应力）考虑在内时，生产者组织将能更有效地获取可持续生产相关的信息、政策和食品系统。

（2）减缓和适应气候变化可以被视为两个不同的议程。生态农业模式的设计是减缓气候变化的一种常规做法，包括种植树木和豆科植物使农场多样化，来增加社会生态韧性和实现粮食主权目标。适应利用生态农业的变革性科学来解决工业单一栽培系统问题的根源，根据传统和农民的知识来重新设计农场。加强农业知识有助于确定哪种树木的遮盖对于某特定的生态农业系统有所裨益，以便利用这些树木和多年生作物为农民提供生态功能。

（3）世界已经生产了足够多的食物，而以提升生产力的名义阻碍生物多样性的做法却能得到资助和补贴。其实，多样化的农林系统既可以提高生产力又能保护生物多样性。

（4）强调生态农业的方法很重要，尤其是现在化肥的使用已经对环境产生了负面影响。关于减少化学物质使用量的国际协议中不仅应该提出使用"更安全"的化肥，而且还需要提出用生态农业的实践和方法来代替化肥及其他化学物质。

小组成员总结发言

拉丁美洲农业科学学会（SOCLA）

Clara Nicholls

要真正拓展生态农业创新规模，而不是气候智慧农业、可持续集约化和使用转基因等传统创新方式，必须认识到最相关的群体是从事小规模生产的农民。他们负责生产世界上80%的粮食，且他们多样化的农业体系已经被证明是非常有韧性的。我们已经有了足够的理由，现在是时候推动这个领域从理论转向实践了。

Via Orgánica墨西哥代表
Mercedes López Martínez

联合国粮农组织有义务在以下几方面支持各国政府：①执行有利于保护生态农业的公共政策，特别是有关减缓和适应气候变化的政策；②建立国际公约保护生物多样性，防止跨国公司掠夺土地；③支持中小型生产；④在维护粮食主权工作中重视妇女权益。

Biovision非洲信托（BvAT）
David Amudavi

联合国粮农组织和生态农业界应继续注重农业生产、可持续性和韧性。生态农业应被纳入所有公约的主要内容，并结合强有力的监测、核查、问责和报告制度，纳入各项方案。最后，必须持续通过调查与实践来收集支持生态农业转型的数据。

世界农林中心（ICRAF）
Dennis Garrity

世界各地农业用地上的树木覆盖率正在增加，有许多方法可以进一步加速扩大这些多年生树木的规模。这些系统对农民来说是有效的，农民对生态农业的支持可以成为我们提出倡议的契机，如在《巴黎协定》中增加碳中和内容的倡议和对于其他全球问题的倡议。

《生物多样性公约》
David Cooper

生态农业也必须要成为变革中的一部分。提高农业生产力和减少对当地环境破坏的关键是投资于小农，通过能力建设使他们更好地利用生物多样性。联合国粮农组织的农民田间学校项目及农场研究和参与式植物育种等可以在不依赖外部投入的情况下提高生产力，以更系统的方式实现农业转型，加强市场结构、激励机制和土地保有权。同样，应高度重视消费者需求，改良消费者饮食习惯，杜绝食物浪费。

4.2　生态农业政策和工具

小组讨论成员

1. 联合国粮农组织可持续农业战略项目负责人　Clayton Campanhola
2. 巴西家庭农业与生态农业协会（AS-PTA）执行主任　Paulo Petersen
3. 马里全国农民组织协调会（CNOP）主席　Ibrahima Coulibaly
4. 印度安得拉邦农业厅政策顾问　Vijay Kumar
5. 欧盟委员会国际合作与发展司司长　Leonard Mizzi

主持人

国际食物政策研究所（IFPRI）生态系统服务组组长　Wei Zhang

这次会议的目的是交流有关制定和执行生态农业的政策和方案的经验。专题小组确定了能够使生态农业在国家和区域各级农场取得成功的机构类型，以及在世界各地建立基于证据的生态农业政策和效率因素。

小组成员讨论了下列问题：

（1）生态农业需要什么样的机构？多大的规模？

（2）如何建立以数据为基础的生态农业政策和方案？哪些利益相关者应该参与，以何种方式参与？

（3）在国家和地方经验的基础上，制定生态农业政策和方案的关键经验是什么？

会议的第二部分包括与听会人员互动，以进一步了解将生态农业纳入法律框架和政策文件可能存在的差距以及FAO可以采取的行动。

4.2.1　发言人：Clayton Campanhola

联合国粮农组织可持续农业战略项目负责人

联合国粮农组织战略计划2——可持续农业项目，与技术部门、区域办事处、成员国和一些外部伙伴组织一起开展生态农业工作。目的是实现联合国粮农组织的愿景："粮食和农业有助于在经济、社会和环境可持续发展模式方面提高所有人，特别是最脆弱者的生活水平，从而营造一个没有饥饿和营养不良的世界"。生态农业可以使这一愿景成为现实。这是一种可以为农业粮食体系带来与时俱进的历史性变革的模式。

生态农业采用整体方法，可帮助实现经济、环境和社会目标，同时考虑营养、健康和文化价值等领域，符合联合国粮农组织关于可持续粮食和农业的共同愿景。

此外，生态农业至少可直接促进10个可持续发展目标，是公认的推动粮农系统有关的可持续发展目标的主要动力之一。2018—2019年，联合国粮农组织8%的工作将有助于促进可持续粮食体系的生态农业转型。

根据出版物《生态农业：可持续的粮食体系生态》，联合国粮农组织在农场、国家和区域范围内明确了向生态农业过渡的4个阶段：①提高实践和资源利用效率，代替外部投入；②转变农业生产系统，使其更具韧性和可持续性；③加强支持生态农业的市场；④为更可持续的粮食体系营造有利环境。

另一个工作领域是系统地收集生态农业实践数据。尽管人们对其积极的环境、经济和社会影响已达成共识，但由于实验方法和数据的多样性，其结果是零散且没有说服力的。

联合国粮农组织认识到，为了制定生态农业相关政策和方案，必须与农户、民间组织、政府、非政府组织、国际组织和其他相关机构合作，在农业、畜牧、林业、渔业和水产之间加强跨部门融合，共同支持生态农业。

为了做出更有效的决策，联合国粮农组织正在建立各种支持生态农业的机制，开发各种工具来评估生态农业生产系统的多方面影响：

（1）可持续农业粮食体系五项原则。

（2）《联合国粮农组织性别平等政策》。

（3）推动对于《国家粮食安全背景下对陆地渔业和森林保有权进行负责制管理》形成自愿性指导方针。

（4）粮食和农业遗传资源委员会以及动植物和森林遗传资源全球行动计划。

（5）《粮食和农业植物遗传资源国际条约》。

（6）《可持续土壤管理自愿性指导方针》。

（7）《负责任渔业行为守则》。

（8）《渔业和水产养殖业的生态系统路径》。

（9）《恢复干旱地区森林和景观退化的全球通用准则》。

因此，可以构建以实践和数据为基础的生态农业政策和方案。首先是汇编案例研究和成功经验，然后制定一种收集定性、定量和地理数据的方法，以评价生态农业在粮食体系若干方面的绩效，包括改善生计和生活水平等。

联合国粮农组织计划通过名为"全球知识产品"（GKP）的全球机制解决

这一问题。GKP将建立制定政策的分析框架和工具，将基于数据的信息从地方层面传达到最高决策层，并使这些国家和区域全球性政策得以实施。此类框架和工具基于GKP将确定可靠适宜的指标，不仅限于评估单纯产量，还要评估生态农业的经济、社会和环境表现。

联合国粮农组织认为，2018—2019年进一步向可持续农业粮食体系过渡仍有巨大潜力，跨农作物和跨畜牧、林业、渔业和水产等部门的一体化系统还将增强不同法律法规、政策框架间的一致性。联合国粮农组织等众多合作伙伴都看到了生态农业能带来的巨大效益，这些目标的实现很大程度上取决于合作伙伴的合作程度。

推广生态农业的进程必须是真正的自下而上、高度包容和民主的，并通过适当的补贴、信贷、保险和市场等激励机制得到支持。生态农业并不能为所有人提供食物的理念，应该被广泛知晓，通过强有力的多维证据说服会员国提高提供给生态农业的资金水平。考虑利益攸关方在生产、分配、消费和规范整个过程中对于各个方面的重要作用，在接下来的国际讨论中，联合国粮农组织将在促进宣传生态农业方面发挥关键作用。

4.2.2　发言人：Paulo Petersen
巴西家庭农业与生态农业协会（AS-PTA）执行主任

巴西过去的经验是本次研讨会的绝佳参考案例。在过去的40年中，为将生态农业的理念制度化规定到公共政策中，我们已经进行了几次尝试。因此，我们可以分享大量经验。

巴西的非政府组织AS-PTA成立于35年前，在以绿色革命为背景的现代化时期应运而生，其目标是将生态农业原则纳入公共政策。

应该承认，在讨论生态农业时，民主也应包括在内，因为生态农业应被视为"农业食品系统的民主化"。

在巴西的独裁时期，AS-PTA和其他非政府组织在捍卫土地方面发挥了重要作用。在此期间，建立了由不同团体、组织、社会运动和学术界组成的网络，讨论可持续的农业替代方案。

巴西生态农业协会和国家生态农业协会等平台就是很好的例子。前者是一个科学学术空间，它将研究人员和教育工作者聚集在一起。第十届巴西生态农业会议刚刚与第四届SOCLA大会共同举办，超过5 000名参会者进行了2 000项研究。后者包括社会运动、非政府组织、国家网络，他们也参加了第四届SOCLA大会，主题为"生态农业与民主：联合城乡"。

AS-PTA 与其他支持生态农业的组织一起，成功地将生态农业与有机生产政策联系起来，但是新出现的问题使我们思考该如何继续捍卫生态农业以及在民主程度较低的情况下扩大规模到底是否可行。

这就带来了一个问题，即需要何种类型的机构以及在何种规模上采用生态农业方法？如果认为生态农业是一种根植于社会和地域的进程，并且是领域内的共同利益联盟，因此需要采取自下而上的参与性方法来制定生态农业项目。然而，这些项目可能与同一地区内的其他项目冲突。这意味着生态农业是一场社会斗争，它在抵制某些土地建设用途的同时，为当地社区的可持续发展开辟了道路。

基于此，认识到该领域参与机构的核心作用后，该如何扩大生态农业规模呢？尽管这个问题与质疑国家或公共政策的作用同样重要，但并没有像"如何促进绿色革命"等问题一样有单一答案。参与机构与生态农业之间的关系处于不同的层次，参与机构关注多样性、异质性和内生价值，而非大众化和标准化。因此，必须重新评估和加强国家与民间社会之间的关系，以推进从上层到本领域参与性民主的有效实施。

同样需要重点纳入考虑的，还有以下问题：如一块土地不仅作为社会建设的空间，也是网络聚集在一起共享利益和创新的空间。作为一种跨领域的机制，其前提是政策不能完全分散，因为没有任何政策能完全影响农业发展和社会环境。这就是为什么必须承认生态农业能够调节本区域参与机构的利益。建立以生态农业为指导的新经济模式，就是要把粮食体系属地化、扎根化。

根据我们的经验，要解决最后一个问题的关键在于农业综合商业系统的去商品化，并建立共有产品。农民的意愿必须是去商业化的。PGS 政策通过将种子去商业化，允许农民管理自己的种子，通过"农夫"之类的网络将知识去商业化，允许免费知识共享，而非依靠专利和知识私有化。

制定政策工具以加强民间社会的作用，并支持建立共有商品的过程对于扩大生态农业发展规模至关重要，以此可实现农民自治和主权，使政府与民间社会关系去商业化，建立并加强农民关于粮食如何生产、转化、分配和消费的决策权。

要做到这一点，应该重新平衡权利关系。在巴西，《食品收购方案》是体现公共政策如何允许生产者和消费者直接获得政府支持的一个很好案例。其他例子还有，建设整个半干旱地区的社区种子库和雨水水箱系统，这是一个由民间社会管理的方案。该方案建设了 100 多万个农村水箱，促进了村民用水权利的实现。这一方案有助于通过赋权来改变农业食品的生产过程，反映出民间社会与国家之间权力关系的平衡与改善。

4.2.3　发言人：Ibrahima Coulibaly

马里全国农民组织协调会（CNOP）主席

　　生态农业需要一个法律框架并能够与大型利益集团共存的运行机制，而大型利益集团的政策往往牺牲了小农户的利益。

　　例如，在马里，农业法是真正以农民为中心的谈判结果，这转化为一个注重粮食主权的，有利于小农和家庭农业的法律框架。同样，该国有关土地法的谈判为小农获得土地提供了条件，这是生态农业得以推行发展的关键前提。

　　然而，只有在相互矛盾的经济利益持续存在，并有可能利用这些框架的潜力来实施政策时，才能建立基于实践和证据的生态农业政策和方案。例如，诸如CNOP之类的组织了解到，国家几乎不会支持他们，针对农民的培训和支助方案也被证明无法取得预期效果。

　　因此，该组织选择建立一种随着时间的推移也具有一定可行性的方案，满足农民和农业社区的实际需求。这项计划旨在将国际粮食主权论坛上建设的基础设施改造成一个培训中心，农民的孩子们可以在这里接受农业培训。经过几个培训周期后，受训人员能够在自己的村庄再次重复培训，该培训学校目前有来自全国各地的600名培训师。

　　生态农业是一场强大的运动，强有力地促进了政治进程，这在机构层面上几乎是闻所未闻的。因此，该问题可能不仅与力证生态农业益处有关，因为生态农业的主要受益者已经致力于追求生态农业的转型。相反，问题在于权力和经济利益的动态转变正在阻碍政策层面上的生态农业转型。如果政策的制定只聚焦于传统市场、化学投入市场和其他利益集团的利益，那么可以证明生态农业能够产生有益结果的证据将远远不够。所以，无论有没有政策的支持，生态农业运动都需要向前推进。

　　此外，生态农业产品市场是激励农民从事与传统耕作相比工作量更大的农业生产的关键。为此，CNOP与Urgenci合作发起了一项旨在改造生态农业产品，加强价值链并更好地将生产者与消费者联系起来的倡议。该组织还对全国范围内的举措进行了摸底，目的是使有益经验更有价值。在区域和国家两级的公共政策，如自由化和自由贸易政策的背景下，全国生态方案加强生态农业的努力特别重要，这往往违背农民的利益。

4.2.4　发言人：Vijay Kumar

印度安得拉邦农业厅政策顾问

2016年，印度安得拉邦农业厅实施了一项全州生态农业计划。该计划第一阶段依靠2亿美元的国家投资以及慈善组织阿齐姆慈善基金（APPI）额外提供的1500万美元赠款。在这一阶段，该方案将覆盖2000个村庄的约50万小农，覆盖约40万公顷的农业面积（人均持有土地为一公顷）。第二年，该项目将覆盖972个村庄和63000名农民。由于该计划一阶段的成功实施，州政府表示应将其扩展到全部的13000个村庄，计划在2024年惠及600万农民和800万公顷土地，并在2027年推动所有农民和整个农业领域转变为生态农业的做法。

值得注意的是，该计划是农民自发组织实施的，1000多名受过专业培训的农民负责传授知识经验。该项目采用的生态农业实践被定义为"零预算的自然农业"，由于降低了运营成本，农民不需要支付高昂的费用就可以保持农场的生命力。

通过这种方法，在增加产量的同时可以增强农场和村庄对气候威胁的抵御能力，并且通过女性农民运动提高了妇女在农业中的地位和话语权。

由于有效的社会动员，在印度，特别是在安得拉邦，基本所有村庄都成立了强大的妇女组织。

资料来源：由作者/组织提供

资料来源：由作者/组织提供

从以上经验中可以确定两类机构是生态农业出现和扩大的关键：

（1）支持农民的组织。包括对扩大生态农业规模至关重要的州、非政府组织和慈善组织，他们可以为该州创建模型，积累学习经验。国家、非政府组织和慈善家在利用社会力量建立知识传播平台，动员其他资源与市场建立联系以及制定适当的法律框架等方面发挥了重要作用。

（2）农民拥有的组织。他们倡导在社区内开展生态农业实践，协助建立和谐和具有凝聚力的集体，提供财务管理支持，提高财务透明度并产生社会资本。当农民组织承担了大部分责任时，该计划可能会持续进行下去。

综上两种组织机构，农民支持组织在开发外部市场方面发挥了关键作用，而农民拥有的组织则在培育本地市场方面发挥重要作用。这两个机构将经历以下3个阶段：

①入门阶段，旨在开发示范模式，建立社会资本和法律框架，明确发展路径。

②扩张阶段。

③稳定阶段，需要逐步扩大和合并被采用的模式。

4.2.5 发言人：Leonard Mizzi
欧盟委员会国际合作与发展司司长

在欧盟内部，特别是在共同农业政策（CAP）的背景下，有机农业法规和农村发展法规都可以被视为促进生态农业发展的工具。

他们的目标是制定促进农业农村可持续发展的法规。目前正在推广3种主要的绿化措施，即永久性的草地保护、划定生态重点地区和保护生物多样化以减少欧盟内农业生产活动对环境产生的负面影响。

制定此类政策是为了通过奖励措施来减少农业生产对环境造成的压力，同时增加对欧盟社会的公共产品供应，这一背景很大程度上取决于当地条件是否有利于生态农业实践。

因此，CAP与欧盟的研究与创新框架计划（Horizon 2020）的目标保持一致，这可以从 Horizon 2020 年明确提出为可持续农业和林业提供生态系统服务和公共产品中得到证实。被开发的许多主题都在促进生态农业方法上具有显著特征，包括多样性、韧性、效率、可回收和循环经济。

欧盟的创新伙伴关系是一项关键举措，旨在共同创造和共享知识，并将生态方法转变为创新行动。农业研究和创新战略方法的5个优先事项之一是促进从农场到景观综合生态方法的实现。换句话说，机构有时需要通过跨部门的方法来调解产生的矛盾，包括农业、环境管理、研究、教育和卫生等方面。

一方面，这需要部际努力和最高级别的协议，另一方面，需要采取自下而上的参与式方法，而这又取决于强大的农民组织的存在。例如，除CAP之外，欧盟的其他机构也采取了很多方法以应对农业景观层面和气候变化方面相关的可持续农业粮食体系的问题。

科罗尼维亚农业联合工作以及科学和技术咨询附属机构第四十八届会议（SBSTA）上介绍，这是通过《2030年欧盟气候与能源政策框架》实现的，该框架包括一项关于土壤有机固碳和食物废物排放条例的战略。欧盟委员会最近已将性别平等主流化概念纳入其农业投资组合。

参与机构的另一种重要类型是创新团体，包括农民顾问、研究人员、企业和非政府组织以及可以整合这些团体的平台，例如欧盟委员会的创新平台。

制定生态农业政策和方案的核心是需要找到能够解决日益复杂的城乡规模问题的方法。举例来说，设计出具有韧性的城郊农业粮食体系，对于应对人口不断增长和特大城市快速发展的问题至关重要。然而在决策中，农村发展地域性方法仍然被忽略。

需要解决的另一个关键问题涉及私营部门的问题。我们需要公平地思考哪种类型的私营部门最适合参与生态农业建设，以及如何为中小企业创造条件，提供与生态农业相关的工作并吸引年轻人参加。欧盟的外部投资计划解决了这些问题，但是由于缺乏完整的投资设想，这意味着不清楚价格透明度和价格信号将无法在价值链中发挥作用。这些信息将有助于解决过去非洲国家补贴制度失败的"后遗症"，并重新设计有利于生态农业的奖励机制。

与会者问题总结

（1）为了扩大生态农业影响，必须更改过去使用的指标，通过开发新的指标来有效评估生态农业的表现。在过去，联合国粮农组织在评估农业系统的权威性方面首屈一指，不仅是在评估生态农业系统，在评估所有农业系统时都是最权威的。这不仅仅是生态农业的方法，还包括所有农业系统。联合国粮农组织的方法将被作为决策的工具。

（2）生态农业是一种高效、节本、具有参与性的方法。在政府的充分支持下，利用当地的知识和技术可以确保粮食和营养的安全与主权。

（3）决定生态农业是否被选中成为运作机制，取决于权力、资金和政治的影响。具有利润驱动动机的跨国公司正在将议程推向较弱的经济体。我们有必要改变这些趋势以扩大生态农业实践。

（4）生态农业政策必须建立在可靠的事实基础上，才能够承受住政治上的压力，并且不容易受到农业综合企业和其他参与者的影响。

（5）在政策和计划中，决策者需要保护农村妇女的权益，在技术援助、集体土地所有权和信贷方面保障妇女的权益。如果妇女不被视为生态农业建设的重要贡献者，就不可能有民主的变革。

（6）生态农业转型需要资金支持。应改变多边开发银行的投资策略，使其在农业投资中减少对气候智能型农业的支持而转向生态农业。

（7）必须在联合国气候变化框架（UNFCC）谈判中以更为具体的方式来讨论农业部分，联合国粮农组织应确保将本次研讨会的成果传达给气候变化讨论组的代表。

（8）农民的知识和经验证明了生态农业的益处，应被视为重要组成部分。将所有利益相关者聚集在一起时，必须听取农民的声音，这样才能制定出真正民主的政策，将农民真正带进参与性的方法制定过程中。

（9）为生态农业发展创造有利环境的公共政策，应以公平稳定的报酬保护生态农业所涉及的投资和劳动。

小组成员总结发言

巴西家庭农业与生态农业协会

Paulo Petersen

当我们要说服对此持怀疑态度的人时，最重要的即为明确目标。生态农业不是说服个体消费者和生产者以不同的方式做事。我们的努力必须针对能改变国家发展策略的机制和环境。例如，减少或取消对农业有害的物质补贴，就表明了各国政府同意在发展农业方面有所改进。此外，卫生、环境、教育、公共采购、经济、市场和包容性农村发展等领域政策框架的同质化表明生态农业能够蓬勃发展。还应承认的是，没有妇女就没有生态农业，应该制定并承认妇女在农业中发挥作用的政策。巴西之所以制定支持生态农业发展的政策，原因是妇女社会运动，这是建设新型包容性社会的关键，将成为生态农业发展的基本动力。

印度安得拉邦农业厅
Vijay Kumar

妇女必须站在生态农业实践的最前沿。实际上，安得拉邦的这项计划大约是10年前通过农民妇女运动发起的。我们正是以此为基础获得了不错的效果，我们国家中大多数的资源顾问和培训师都是女性农民。我们认为这是一个男女共同参与的计划，因为每个人都发挥了重要作用，但我们需要以妇女为基础，实现良好开端。

联合国粮农组织
Clayton Campanhola

对于妇女和所有利益相关者的代表权，联合国粮农组织在制定生态农业政策和计划时，就已经纳入了关于妇女和性别平等的具体指标。但是，我们不能从粮农总部层面上解决妇女、青年和小农户农业代表权缺失的问题。这种改变必须在实地和国家层面进行。与此同时，我们可以继续创造平台，提高人们对知识交流重要性的认识以及提高对生产者、利益相关者和各年龄段、不同经济地位和性别的决策者贡献的认识。此外，我们需要鼓励通过多学科和跨学科方法的研究来支持不同类型政策的转型。如果研究人员和生产者故步自封，就难以实现知识和技术的创新，因此我们也只能在现有基础上继续"复制"。我们需要通过研究来验证我们已知的知识。在推动生态农业发展方面，我们正在尝试寻找科技外的其他益处，比如社会和环境方面。生态农业在缓解气候变化方面发挥了非常重要的作用。关于预算支持，我们需要说服各国政府制定生态农业预算，以推动生态农业产业向前发展，单靠联合国粮农组织是无法完成的。

联合国粮农组织将继续贯彻生态农业理念，确保本次专题讨论的结果引起社会各界的共鸣并广泛传播，吸引国家层面做出改变。关于评估方法，联合国粮农组织建议引入一项可持续发展目标指标来评估可持续农业，该指标由9

© 粮农组织/Giulio Napolitano

个社会经济和环境分指标组成，是一项非常全面的指标。我们正在与 IFPRI 合作撰写有关世界可持续农业状况的报告，能够提出相应对策解决核心问题。联合国粮农组织依靠各国的支持运转，各国也拥有自主决定权。

马里全国农民组织协调会

Ibrahima Coulibaly

参与机构的当务之急是重新定义公共行政部门的作用，使他们更有效地促进社会进步。我们经常发现制定公共政策时的良好设想会因为实施条件不充分而无法发挥效果。如何正确地使用公共资源是一个需要深入研究的重要问题。如果政策无法有效执行，那么继续与世界银行和国际货币基金组织制定政策是不合理的。十年前制定的《农业导向法》是一个很好的例子，它确定了所有机构的运营机制，我国农业支出基金来源于国家预算，并且已经实施了7年，但是我们无法调动这些资源，因此我们需要做大量工作来扭转这种局面。我们要提出真正的问题：是谁在阻止？为什么我们已制定好的政策和我们拨给农业发展的公共资金——用于小农户接受培训、组织市场、改造产品、销售产品和获得收入不能实现？此外，自由贸易协定和自由化政策允许过度竞争的产品涌入我国市场，严重影响了当地的传统产品和生态农业产品。发展生态农业是一种解决办法，可以生产出有识别度的产品，吸引消费者选择这些产品而不是进口产品。青年和妇女对生态农业的发展至关重要。我国部分地区青年处于弱势地位，局势可能发生激烈变化。这是因为我们没有为农村的青年创造一个美好的未来。在我们看来，唯一的解决办法就是利用生态农业的就业潜力，使青年和妇女重新融入社会。政府在预算拨款上很大程度忽视了青年和妇女，因此生态农业也可以成为保障基本生活需求的解决方案。

欧盟委员会
Leonard Mizzi

为了解决体制僵局，我们有包括调节预算支持等在内的若干手段，更重要的是，联合国粮农组织和农发基金等捐助方应发挥其实际作用。我们正在建设一个知识中心，该中心与联合国粮农组织相关联，欧盟委员会服务联合研究中心正处于起步阶段。为此，我们应当全力以赴，开发出一种稳健、不具争议且能够融入公共政策的最佳方法。

关于贸易问题，我们需要评估贸易在多大规模上会成为本地、区域和国际市场的不利因素。如果问题出在国际市场，我们就剖析是否能够通过政策制定来解决。关于生态农业在全球的地位，我完全同意瑞士常驻代表的观点。但是，我一直在关注非洲农业发展综合计划的进程，而我一次也没有听到生态农业的提法。如果"生态农业"一词没有包含在任何一项农业政策中，强行提出一项战略，那么我们的专题讨论会将不会产出任何成果。这就是为什么我强烈建议联合国粮农组织继续编写关于"推广生态农业倡议"报告的原因。我建议他们依靠短期的数据来设计生态农业政策。在联合国营养和家庭农业十年行动等时机上，我们可以继续巩固生态农业的相关结论。关于性别，我们需要将《性别行动计划》纳入生态农业的发展中。如果妇女都没有土地，仅在决策方面赋予妇女权力还有什么意义？农业生态学中对妇女权益的误解该如何与《土地权属自愿准则》和农业投资原则联系起来？所有这些问题都可以通过《性别行动计划》得到全面解决。关于农民的参与，在农场一级，我们有生态农业带来了积极影响的证据，但我们需要赋予农民组织展示这种证据的能力。代表团、我们的区域办事处以及其他支持生态农业的试点国家，需要与联合国粮农组织一起参与行动计划，以便与当地农民和民间社会部门进行互动，我们需要在更靠近生产的地方收集这些数据。

4.3　知识和创新的共同创造

小组讨论成员
1. 美国康奈尔大学副教授　Rachel Bezner Kerr

2. 墨西哥弗朗特拉学院教授 Peter Rosset
3. 森林和农业设备公司经理 Jeffrey Campbell
4. 农民田间学校高级顾问 Peter Kenmore
5. 全球农业研究论坛副主席 Raffaele Maiorano
6. 印度 Amrita Bhoomi 中心（助视会）协调员 Ashlesha Khadse

主持人

麦克奈特（McKnight）基金国际项目主任 Jane Maland Cady

本届会议的目标是分享在共同创造农业创新方面实施参与性进程的经验。小组成员讨论了以下问题：

（1）我们如何为共同创造知识构建安全的空间？在共同创造过程中，我们如何确保传统知识不被盗用？

（2）鉴于生态农业需要与当时实际情况相结合，如何改进农村教育和推广系统以支持生态农业知识的共享？

（3）联合国粮农组织"推广生态农业倡议"应侧重哪些具体行动来支持共同创造知识和创新？

会议的第二部分包括与参会者的互动问答，以求进一步发现问题，寻求联合国粮农组织加强农业研究和发展的可行方法。

4.3.1 发言人：Rachel Bezner Kerr

美国康奈尔大学副教授

正如在本次研讨会上所提到的，生态农业可以被称为"农业生产民主化"的一种形式。生态农业方法与农业的工业模式形成了鲜明的对比，尽管它们都起源于知识的积累，并需要密切结合当地特色传统和文化。因此，横向学习和互相交流是获得知识的核心要求。

得益于土壤、食品和健康组织的支持，我们在马拉维进行了一场参与式研究，首先是针对该国北部粮食无保障农民的最关切的问题之一：化肥补贴作为玉米生产的关键投入被推广了多年，但化肥补贴却在90年代末被取消了。玉米一直被作为主要粮食作物而被大力推广。在此之前，多年来一直被视为落后的传统施肥方法不再被使用，因此可用于替代商业化肥的技术已经失传。这种参与式研究模式涉及生产者、社区以及大量的生态农业实践中选择不同的策略来提高土壤肥力的测试。除了对农民开展实验，项目还与当地医院合作，研究造成儿童营养不良的原因。事实表明，生产只是问题的一个方面，这个问题背后是由于多种不平等造成的，其中性别不平等是一个核心原因。

一旦将性别平等和儿童营养不良联系起来，这个主题就随着参与研究的社区增多而变得显而易见。因此，在促进性别平等的同时，也改善了耕作方式。

鉴于传统的推广模式是建立在技术转让和等级制度基础之上，而且教育体系总体上是高度层级化且专制的，寻找新的创造性共同学习方式，无论是通过对话还是讲堂，都可以支持生态农业知识的共享。

利用创造力来寻找反思、对话和实验的机会，可以寻找消除层级学习模式的方法。在学术界，应该创建学者与农民共同对话的交流平台。此外，应该促进农民参加小组讨论，使他们的观点能够纳入科学和政策辩论。

4.3.2　发言人：Peter Rosset
墨西哥弗朗特拉学院教授

今天的社会运动是酝酿和产生新知识、新理论的主要来源。

真正的焦点不是寻找新的技术方法来研究生态农业，而是应该了解如何构建社会过程，并通过社会组织来扩大生态农业的应用规模。这就是为什么农民运动和南部边境学院都认为一些国家的农民组织是扩大生态农业方面取得极大成功的原因。农民运动是一项国际运动，汇集了数百万农民、中小型农民、无地者、农村妇女和青年、土著人、移徙者和来自世界各地的农业工人。南部边境学院是墨西哥的一个联邦研究机构，它拥有世界上最多高学历、高水平的科研人员，包括一个大规模的生态农业研究小组。

这两个组织通过"农民对农民"的方法成功地为共同创造知识提供了安全的空间。它们本质上是以农民为中心，在特定领域收集已经存在的关于如何推广生态农业的知识。此外，这两个组织确保传统知识在共同创造过程中不被盗用，因为农民组织正在创建他们自己的农民领导体系。

学生们是农民的子女，他们不仅参与生态农业实践，而且还在政治上动员起来，与正在破坏世界各地农村地区的犯罪化、土地掠夺、采矿特许权和农业综合企业做斗争，捍卫自己的领土。这些人正在推动社会发展进程，扩大生态农业发展规模，最终实现建立粮食主权的目标。

农民和社会组织是生态农业发展的文化媒介。任何扩大生态农业的支持政策都应该集中在这些关键因素上。

扩大生态农业进程的另一个关键因素是青年和妇女必须在这些进程中发挥领导作用。农民女权主义（大众和农民女权主义）已被证明在几乎每一个将生态农业规模化的成功案例中都是必不可少的。

加强妇女和青年农民在组织中的主导作用非常重要。生态农业发展过程需要激发农民青年的想象力，让他们留在农场，而不是涌入城市。这个方案是妇女和青年如何把控生态农业发展进程的完美案例，使他们能够保护自己的领土不受公司和农业综合企业的破坏。

推广服务体系可以在农民对农民的方法中发挥作用，然而，我们应该重点关注共同创造过程中的权力动态以及将其重塑为变革机会的必要性。例如，在古巴促进"农民对农民"方式的经验表明，推广工作人员的早期参与可能是不理想的，因为农民最初可能没有足够的自信来扭转自上而下的权力关系和参与到共同创造知识的过程中。

这些经验表明，一旦农民的分析能力和自信心得到增强，推广人员在若干年后加入横向动态，就会取得最佳结果。这种情况下，权力可能会发生极大转变，农民能够最大化地利用该项推广服务体系来填补诸如图书馆或互联网上信息的空白，从而解决特定环境下出现的各种问题。

4.3.3 发言人：Jeffrey Campbell
森林和农业设备公司经理

森林和农业设备公司同国际环境与发展研究所、国际自然保护联盟、联合国粮农组织都保持着良好的合作关系。森林和农业设备公司的工作旨在提高森林农业生产者及本地居民的福祉，改善生活水平，稳定生计，并在社区内提高生态农业景观方法的潜在影响力。

生态农业意味着在观点和行动上的变革，承认农民和土地共同进退，共同创造传统知识与额外知识的汇总融合。比如农学家建议清除葡萄藤或者清理树木周围的空间，这样有利于植物的生长。而对当地社区来说，葡萄藤是食物的来源，而树木周围的空间，如果不受影响，则是一个巨大的可食用蘑菇的滋生地。综合来看，当地实际情况和科学家之间有时存在着对立科学系统，应该先放低身段，找到共同点，但可能会打破原有的教条主义方法。例如，现在正在重新考虑被各国政府和发展机构否认的落后和有害的做法。

印度尼西亚的轮作耕作就是一个例子，它现在被视为一种综合的土地利用方法，它着眼于森林和农场之间复杂的相互作用，超越了传统的农田-森林独立利用法。建立强大的生产者组织是创造自我实现路径的关键，同时可以提高谈判的力度，并最终颠覆隐藏了共同创造知识和不同世代之间知识转移的权力框架。这种伙伴关系是一个安全的空间，在这个空间里，共同创造被解释为传统知识和额外知识的综合。当地居民经常采用与传统科学中相反的做法。

此外，生态农业知识应该在田野和景观中可见，而那些已经被破坏的景观中则难以寻觅。重新审视"科学没有偏见"这一概念也是有意义的。例如，林业并不是一门女性主义或女权主义的学科。许多农业和农业学派的思想和他们应该解决的问题是基于特定的世界观，这是一种固有的偏见。理解这一点可能会改变资源分配方式，有利于向共同创造转移。应该采用新的指标来评价生态农业研究的有效性，关注所产生的知识是否真正被共同创造。这可能意味着在专家小组中有更多有经验的农民，或者创造方法让老一辈对传统的科学研究进行同行评议。在科学和技术的外部支持下，由农民直接开办的农村学校的数量在世界各地均有不同程度地增长。然而，这些共同创造计划缺乏资金支持，因为整个经济系统都专注于单一产品的价值链，而新的农艺模型应通过景观方法来开发和应用，并重点聚焦于多维景观的多种产品。

我们应该认真思考一下，经济系统应该确保什么，才能把共同创造知识放在中心位置，而多样性是生态农业的核心，并成为知识系统本身的一部分。

横向学习是绝对的关键，南南合作为生产者组织、农民、同行和妇女倡导者之间的横向学习过程带来了新的资源和资金，而这些人则具有带动人民创新传统观念的潜力。

4.3.4　发言人：Peter Kenmore
农民田间学校高级顾问

农民田间学校采用一种横向的非正式的成人教育方法，很大程度上是受到了保罗·弗莱雷的启发。它在亚洲广受关注是因为人们认识到，绿色革命所推动的实践产生了一些无法预测的生态影响，尤其显示出运用替代推广和教育方法以确定适合当地农业实践的必要性。20世纪80年代，由于农民担心昆虫的影响，他们进行了实地调查，结果证明是因为使用了同样的杀虫剂，而根据所提出的模型，这些杀虫剂最初是为了控制昆虫数量。政府的最初反应是减少化学农药补贴，这给农民带来了很多问题，因为他们没有找到更优的替代方案。

这种情况明确表明，有必要在共同创造知识的基础上寻求可替代传统方式的办法，以便社区找到适合解决当地农业问题的方案。知识的共同创造不仅是通过农民知识与传统知识的相互作用来形成的，也可以通过对同一社区内不同群体的观察而产生。

20世纪90年代初，泰米尔纳德邦北部的一次有趣的农民田间学校的经历印证了这一说法。女性和男性的工作时间并不匹配，女性的工作时间平均比男性多50%，这就导致了在一天中不同时间段内进行实地工作的男性和女性形成了两个不同的"农民田间学校"群体。对这两组人之间的生态农业系统分析，即"男性和女性共同创造知识"，使生态农业系统的整体知识翻了一番。

这个例子展示了共同创造如何以非常具体的方式增加对复杂系统的理解。

然而，如果将这种创造知识的方式变为推广替代和教学引导模式，甚至是直接推行生态农业方式，从实际情况来看这些做法皆不可取，原因是它对机构管理和实践执行中已有的根深蒂固的规则形成了挑战。经验表明，在政府管理层面需要有引导者能够找到优化内部结构和推广使用新模式的方法。

Vijay Kumar 是 Andra Pradesh 政府出色的管理者和政策顾问，他的经历是一个很好的案例，说明机构工作人员的宣传工作可以通过替代推广模式，在机构层面促进生态农业实践的吸收和提升。

取消对化学投入物的不正当补贴也会促使推广工作人员寻找替代解决办法，使他们更倾向于采用适合当地的生态农业解决方案来解决问题。

4.3.5　发言人：Raffaele Maiorano
全球农业研究论坛副主席

全球农业研究论坛由联合国粮农组织主办，这是一个涉及多个利益相关主体的平台，目前已有 580 个合作伙伴参与，其中包括农民组织和大学。同时，全球农业研究论坛还是思想的孵化器，其可以通过项目监测参与者之间共享知识的应用来识别成功和失败的因素。

为确保在协同创造过程中对传统知识的保护，全球农业研究论坛证明，为了实现生态农业的挑战性目标，创新知识成员和传统知识成员之间必须遵从统一领导。

我们的目标是使创新和传统相互融合，因为包括传统知识在内的所有知识都不是静态的。这种共同进化和共同创造应该由农民组织、研究中心、大学和非政府组织组成的网络来培育和控制，从而为其用户和社区带来最大的利益。

联合国粮农组织的扩大行动可以根据农民支持共同创造知识和创新的具体需要，促进替代解决方案，以改善农业研究工作和农村教育之间的差异。例如，全球农业研究论坛自 2009 年以来在布基纳法索领导了一项实验，要求在论文写作中增加额外的问责制，从而超越了传统的学生 - 教授问责制，创建了一种由农民直接评价学生工作的形式。

4.3.6　发言人：Ashlesha Khadse
印度 Amrita Bhoomi 中心（助视会）协调员

Amrita Bhoomi 中心是一个生态农业培训中心，由卡纳塔克邦农民协会

（一个农民运动和La Via Campesina的成员）建立。该中心提供基于"农民对农民"方法的培训，内容涉及一系列与生态农业相关的主题，特别关注农村青年。事实上，印度很大一部分农村青年正在迁移到城市，造成了严重的农业和农村就业危机，并影响着整个国家，其他一些问题也使农村生活越来越不稳定。这些问题包括对知识产权缺乏监管、土地侵占、不正当的补贴制度和贸易协定等。

Amrita Bhoomi中心通过在中心校园的长期实习项目，为共同创造知识提供了一个安全空间，学员在该中心获得一块土地，参与组织的运作，参加各种培训活动。该组织的目标是为青年提供工具，使他们成为能够改变当前现实情况的主体。大多数学生加入不同的社区组织和农民运动，成为了动员他人将农场转变为生态农业农场的积极分子。

Amrita Bhoomi中心在农村青年教育方面提供了重要的工作经验。一个重要的教训是，生态农业教育不能只关注生态观念，还需要关注社会层面。Amrita Bhoomi中心提出了重要的生态农业教育概念，其中公平是最核心的原则。教育需要包括非农民化、资本主义、城市移民、土地掠夺等问题。Amrita Bhoomi中心的经验表明，当本地居民、农民、妇女和青年拥有所有权时，生态农业的扩大和群体创造的知识可以以更快的速度发展。此外，如果将一些资金从重点大学转移到生产者组织和农民学校，像Amrita Bhoomi中心这样的项目可能会进一步发展。通过在和大学研究学者共同工作，这些年轻人也可以树立成为科学家的目标。不同于老一辈的农民，他们中大多数人都具有足够的能力，足以开展科学工作。

与会者问题总结

（1）面对现代化的问题，以及生产和消费划分形成二分法后所造成的基于外部的知识和技术的依赖等问题，生态农业有潜力在共同创造和分享知识方面发挥更大的作用。我们需要启动一个以传统知识为基础的包容性创新实践过程，将"我们和他们"的对立分法转变为"我们和我们"的统一分法。

（2）东非的一个参与性研究项目已经证明，农民之间分享视听培训材料是促使小农采用生态农业一种有效的方式。与研究人员提出的压倒性做法相比，农民土地学校的农民经验和创新做法更能引起其他农民的共鸣。这些视听材料可以让农民按照自己的节奏消化内容，并在培训过程中进行更深入的探索。

（3）"共同创造知识"这个词意味着农民和科学家之间的智慧对话。然而，在某些知识可能流失的地区，我们仍然发现农民拥有重要的经验，因此加强农民和科学家之间的对话至关重要。这样的对话产生了生态农业的原则，然而不同地区的人们面临的地理条件不同，这些原则可能会表现出不同的形式。共同创造知识的目标是使农民能够重新设计他们的农场，使其更有能力应对气候、社会和经济威胁。

（4）关注和讨论共同创造知识的障碍同样非常重要，我们会错误地认为科学家和研究人员为农民提供了所有的答案和解决方案，所以不会再花费时间和精力从他们的传统知识和创新实践中学习。

（5）从世界各地的几个生态农业培训和知识交流项目中得到的经验证明，我们必须认识到农民已经拥有的知识。如果农民不参与和不被承认，我们就不能以集体的方式创造新知识。世界上大多数农民并不认为他们自己在知识创造过程中很重要，虽然这与事实相差甚远，但这是被广泛宣传的无知形象的一部分。尊重他们的工作，承认他们的智慧和技能，是迈出集体创造新知识的第一步。对于如何保护信息等问题也同等重要，例如通过技术的通用许可，需要重新考虑知识系统的产权。

（6）正如本次研讨会所强调的那样，生态农业正面临着许多挑战。我们必须继续推广生态农业，集中精力重建消费者和种植者之间的联系，质疑种子作为产权的概念，为知识创造出安全的空间，并停止以资本主义方式培养知识所有权体系。

小组成员总结发言

美国康奈尔大学副教授
Rachel Bezner Kerr

相比我们小组强调的其他观点，我支持推广生态农业的愿望是最强烈的，因为现存挑战都得到了强调。我喜欢这个想法，为了推动生态农业发展，我们必须致力于重建消费者和农民之间的联系，并对拥有种子作为财产的概念提出质疑。因此，推广生态农业并为共同创造知识提供安全空间的另一个具体行动是停止在资本主义制度下运作，因为资本主义制度在知识所有权方面会引发诸多问题。

全球农业研究论坛副主席
Raffaele Maiorano

关于科学家和农民之间共同创造知识的问题，我认为只要知识是开源的，双方的每个人都可以获得，这是可行的。一方面，每个农民都觉得自已是土地的真正所有者，这使得他们很难听得进去其他利益相关者的观点，因此找到双方都能被倾听和理解的共同点，这对向前发展至关重要。另一方面，科学家需要认识到倾听老一辈建议的重要性，因为他们成功地克服了土地上的挑战，他们需要将自己的实际经验和想法融入正在发展的创新实践中。

农民土地学校高级顾问
Peter Kenmore

在Raffaele Maiorano的基础上，我再补充几点。首先，我们需要认识到科学家和老一辈之间的知识共同创造已经发生了，它是发展新合作方式的起点。我所考虑的这些案例更多的是把大学教授和农民聚集在一起进行实地考察和实践。每当农民用他们的传统经验和知识挑战大学教授时，这些教授都会意识到当农民拥有传统知识和经验，并且也理解了生态系统的科学表述时，农村的共同创造就会发生，然后科学家们就会开辟新的研究思路。我们有一些出版物就是主要从农民对不寻常的生态系统行为的观察开始的，但是科学家们没有将这些行为纳入他们的研究模型。

印度Amrita Bhoomi中心（助视会）协调员
Ashlesha Khadse

我想就保护传统知识，特别是有关取消知识系统的国际保护权和种子法的议案提出我的看法，如果取消了这些，我们还应该消除在农业、土地掠夺、高成本等方面的不公平贸易协定以及多边机构和政府提供补贴以促进"现代化"农业。这些都是需要消除的具体行动，以便在支持共同创造知识和创新方面取得进展。

墨西哥弗朗特拉学院教授
Peter Rosset

我只想再次强调，社会运动是新知识和新理论产生的主要来源。农民社区和想要夺取其土地并推翻其领导人的农业企业或矿业公司之间不可能共存。我们必须重新考虑与我们利益相对的人开展多方对话的想法。相反，如果我们在农村居民（如农民、土著人民、手工艺渔民、游牧牧民）和城市居民之间建立联盟，"我们和我们"之间的对话是可行的。

森林和农业设备公司经理

Jeffrey Campbell

在我看来，首先应关注我们所认为的农场概念。如果我们不把森林包括在内，我们就不能完全理解它的意义。在世界上的某些地区，比如印度尼西亚，传统的老年农民会将他们的轮作耕作系统称为整个景观的管理，事实上轮作耕作是那些被忽略的传统做法之一，现在正在被研究。轮作耕作的实践有可能成为一种更加生态的农业生产方式，来处理我们目前所认为的景观的独立部分。这两个部分一个是森林，另一个是农场。横向学习具有关键作用，我认为我们南南合作中有很多机会带来新的资源和资金，把重点放在生产者组织、农民、男女之间的合作上。这对构建传统知识、激发人们的创新思想具有无限潜力。

4.4 创新型市场、粮食体系及城市建设

小组讨论成员

1. 西班牙巴伦西亚市（Valencia）市长 Joan Ribo
2. 意大利 Banca Etica 银行总裁 Ugo Biggeri
3. 粮食智库（Food Tank）总裁 Danielle Nierenberg
4. 意大利 NaturaSì 公司总裁 Fabio Brescacin

主持人

联合国粮农组织（FAO）新闻传播司司长 Enrique Yeves

本届会议列举了社会与体制创新的相关案例，有助于通过生态农业来实现更具包容性、公平性和可持续性的农业系统。参会专家讨论了以下问题：

（1）粮食体系及市场中的哪些创新促进了生态农业的发展？

（2）城市和地方政府如何帮助农业粮食体系转变以实现可持续发展的目标？

（3）我们应如何利用私营部门的力量来实现规模化变革？如何改善信贷和投资以推进生态农业转型升级？

会议的第二部分主要是与参会专家共同探讨制定以公民权利为中心的粮食体系和土地所有权方案的重要性，分析公共和私营部门的职能和相互作用。

4.4.1　发言人：Joan Ribo
西班牙巴伦西亚市市长

西班牙巴伦西亚（Valencia）粮食生产和出口历史悠久，已成为巴伦西亚主要的经济支柱之一。2016年，巴伦西亚成为首个与联合国粮农组织签署协议并拟定可持续粮食体系政策的城市，2017年该市入选为世界粮食之都，为创造一个有利于向生态农业转变的环境做出了卓有成效的努力。

市区已开始建设一个面向世界的可持续粮食中心，它将成为研究和交流可持续农业和营养学知识的枢纽。应用生态学视角分析粮食体系对于一个城市来讲十分必要，该系统可以为全球环境问题做出贡献或成为解决方案。

全球约1/3的温室气体（GHG）是在农业领域中产生的，其中70%产生于价值链后期的生产环节。因此，邻近性是可持续粮食体系的一个关键点，城市应该培育邻近市场和缩短供应链。

在巴伦西亚，Tira de Contar是中央农业市场的一部分，当地农民可以在这里将新鲜农产品直接销售给消费者。

市政府的另一个重要职责是教育，其活动管理范围包括从儿童和青少年的营养教育（这种教育对他们父母的认知也会产生积极影响）到创建学校花园，使教育更贴近粮食生产过程。城市花园可以帮助治疗精神疾病患者或残疾人士，城市在推进生态农业和可持续粮食体系的发展中发挥了显著作用。农业及粮食体系的研究与国际企业的利益密切相关，绝大部分的投资都转向了传统农业，而未用于真正具有变革性的可持续农业。此外，许多农民顾问往往兼任农业化工及传统技术的公司代理。

支持生态农业转型的一个重要方面是要加强对粮食体系的优点和对工业化农业不良饮食习惯危害的认识。巴伦西亚一直在积极倡导减少糖类和脂肪的摄入（同时通过税收的方式），并公开支持合理减少肉类消费等行为。可持续流动性、可再生能源、废弃物处理、污水治理皆是向生态农业整体过渡的组成部分。

巴伦西亚已经开始选择性收集有机废物用于堆肥生产。20世纪的农民就曾挨家挨户地收集有机物质来生产堆肥，市政当局通过当今的技术手段重新诠释了这种传统方式。此外，推广生态农业有利于应对劳动人口老龄化，改善劳动力结构。尽管巴伦西亚的大多数农民年龄都超过了60岁，但是参与生态农业的多为年轻人。

市政当局需要确保土地资源足够分配给农村项目，这有助于传统农业向生态农业转型。例如，处于郊区的大型生态农业专用区是市政当局特许给工会的土地，该工会与公立大学保持着合作关系。

4.4.2 发言人：Ugo Biggeri

意大利Banca Etica银行总裁

意大利Banca Etica银行拥有20多年的银行投资运营经验。该银行主要在意大利和西班牙开展业务，其职责是确保银行的投资和贷款对客户完全透明，这些投资和贷款大多用于具有社会效益的项目。同时，该银行长期为有机农业项目提供资金支持，并致力于扩展生态农业领域的工作。

Banca Etica是全球价值银行联盟（Global Alliance for Banking on Values）的重要组成部分，该联盟涵盖欧洲、拉丁美洲、亚洲和非洲在内的50个国家，加入联盟的各金融机构在营利的基础上还致力于社会和环境及公益事业。

大多数拉丁美洲和非洲的合作伙伴主要从事农村小额信贷，并且不断支持所在国家生态农业的转型升级。生态农业投资的一个关键方面就是长期性，这与现代金融环境的短期性形成鲜明对比。一项长期的农业项目需要一家能对地区创造价值并与当地社区建立相互信任关系的配套金融机构，这意味着社区本身具有良好的内外部环境来减少投资风险，消费者和私营部门在这种环境下能确保农业活动在经济上的可持续性。

城市在社会经济中发挥着关键性作用，比如通过支持本地市场，降低生产者的税收以及对教育进行投资。正如生态农业一样，银行也是以相互信任为基础。致力于完全公开经营活动并真正参与社区建设的银行可以创造牢固的客户与合作伙伴关系网，使银行更加可靠、更加灵活，相比传统的单纯以利润为导向的金融机构，更能获得优质信息。

4.4.3 发言人：Danielle Nierenberg

粮食智库（Food Tank）总裁

粮食智库是一个宣传和研究组织，旨在推广粮食体系中成功的具体案例，这些案例能够在保护环境的同时起到减少饥饿、肥胖、贫困以及食物浪费的作用。

作为生态农业的对话平台，粮食智库已经在70多个国家开展了相关研究，采访了数百名农民、政策制定者、学者、研究员、科学家、青年、妇女及倡议者。城市在促进农业生态转型方面可以发挥基础性作用，特别是当粮食体系可持续性问题缺乏国家领导的情况下。例如，美国联邦政府没有在气候变化和粮食政策方面起带头作用，而城镇的作用将在未来几年变得越来越重要。在规模扩大之前，需要先推动生态农业的发展，这意味着围绕生态农业的实践和政策不仅需要在农民之间传播，而且还需要在决策者和企业之间传播，这在一定程度上有利于兼顾规模化与农民的共同发展。

生态农业的推广过程中不能让农民落后。生态农业的规模不仅应发展壮大，还应适应当地情况。需要重新审查基础研究投资，确保投资真正用于社会受益的活动。这可能意味着重新分配资金，将不可持续的项目投资转移至可持续的粮食生产（如推广生态农业）。

虽然政府部门应努力加强农村建设，吸引更多的年轻人，但城市的作用也不容忽视，尤其是都市农业的发展不仅保护了环境，也提供了物美价廉的农产品。都市农业一方面为缺乏食物的城市居民提供了充足的食物来源，另一方面也为青年农民创业提供了机会，有利于经济的发展。

现代农业具有丰富的外延性和延伸价值，但这点在农产品价格和农业决策中尚未体现出来。

真正的成本核算意味着充分考虑粮食生产和消费的实际成本和收益，并尊重粮食体系中各利益相关方的工作。这些利益相关方的工作有利于解决一些关键问题，例如良好的水土管理、参与式研究实践、透明度、妇女对农业贡献的认可、青年参与、为土著和传统食品开拓市场等，上述活动可视为与生态农业相关的社会运动、科学和实践。

同样，对于以下行为也将设立惩罚措施，如砍伐森林、土壤退化、剥削工人和妇女合法权益，引发疾病造成粮食体系的不健康和不可持续发展。

关于粮食体系真正成本的核算报告，由生态系统经济服务部门、农业粮食生物多样性部门于2018年6月5日发布，这一报告将全面审查价值链粮食生产的真实成本及收益。

4.4.4　发言人：Fabio Brescacin
意大利 NaturaSi 公司总裁

EcorNaturaSi 是一家意大利公司，在意大利及许多欧洲国家（包括波兰、斯洛文尼亚和克罗地亚）经营有机生物食品的分销业务已有32年。公司建立了有效的生产供应网，可向意大利的各个超市提供食品。

在粮食体系历史性转折的时刻，NaturaSi 占据着独特的优势地位，可以洞悉生产和消费之间的相互作用及动态变化。凭借在该领域40多年的发展经验和长期的摸索试验，并借助生态农业的相关知识，公司在全国范围内建立起了切实可靠的生态农业农民社区。

具有可持续发展管理理念的农场不仅具有经济效益，同时也能产生社会效益和生态效益。农场是由相互联系的单元共同构成的农业景观，其可持续管理对区域及社区能够产生重大影响。农场是生机勃勃、丰富多彩的地方，应当为农业幼儿园或者居民区提供附加服务。

意大利消费者对绿色生态产品越来越关注并意识到其重要性。然而在当今的粮食体系中，不正当的激励措施和自由贸易协定导致了传统农产品和进口农产品价格的过度竞争。这对勤恳的生产者来说却是制造了一个非常恶劣的市场环境，价格并不能客观反映生产投入，他们需要与诸如此类的受外部因素影响的产品竞争。这些问题表明有必要在农民周围建立起强有力的后勤保障，促使社区产品获得正确的价格认可，也有利于农场吸引更多的投资，尤其是长期投资。

在农民、消费者和企业之间建立起集体意识，是为生态农业繁荣发展创造有利环境的关键。教育是实现传统农业向生态农业转型的重要方面，常规教育往往会忽视生态农业的创新，依旧主要关注传统的农业范式，因此，应该为感兴趣的青年提供教育和实践培训机会。EcorNaturaSi 在 2016 年创建了一个青年农民培训中心——Accadeimia Biodinamica，中心提供为期 3 年的免费培训项目，理论和实践培训交替进行，包括在意大利及其他欧洲国家的农场实习。

与会者问题总结

（1）以人为本的视角在讨论生态农业时至关重要。获取健康营养的食品是每个人应享有的权利。世界粮食危机主要是与粮食获取和分配有关，因此，要扩大生态农业的规模，就必须挑战"资本为上"的市场规律。此外，应遏制人口日益向城市集中的现象，要积极采取行动推动返村返乡的热潮，这个问题与土地所有权和获取权的相关政策都密切相关。

（2）要回顾作为买方的政府在创造市场以促进生态农业产品生产和消费方面发挥的重要作用。巴西的全国校园供餐计划（national school feeding programme）就是一个很好的例子，因为该计划要求各市政府给学校食堂提供的食物中，至少有 30% 的食物来自家庭农场，如果是生态农业农场还有额外的激励措施。同样，世界粮食计划署等国际组织可在为家庭农场和生态农业产品开拓市场方面发挥重要作用。

（3）需要承认来自传统生产系统的生态农业替代品，如大规模牲畜养殖，不使用杀虫剂和除草剂的橄榄果园和葡萄园。许多农民使用可持续的农业方法来生产更健康和更具营养的食物，在过去几十年里，西班牙农民为了减少水和其他农业投入的消耗做出了巨大努力。例如，在瓦伦西亚农业研究所（Valencian Institute of Agricultural Research）等管理机构的支持下，西班牙开发出不需要过多使用农用化学品的橙子等品种。

（4）需要注意发展地方经济和建立短分销链，并且要在生产者和消费者之间建立更密切的关系。

小组成员总结发言

西班牙巴伦西亚市（Valencia）市长
Joan Ribo

就大型食品分销连锁店而言，巴伦西亚的大型超市可向社区超市提供产品。与此同时，在这些大型配送连锁店之外，蔬菜和肉店等其他类店铺也逐步出现。我们与这些店铺保持着良好关系，他们虽然不是商业巨头，但也能满足居民生活需要。在服务城市居民方面，目前我们正在发展土地银行，主要是把土地集中到其他没有土地的青年农民手中。

的确，这个项目主要集中在大城市及周边城镇区域，但我们也正在尝试将其扩展到其他区域。关于政府创建市场，我们认为通过公共机构来扩大生态农业产品市场的决策十分重要。例如，我们已采取相应措施以确保在校学生每周可选一次含有当地生态农业产品的菜单，医院食堂也可参照这种做法。该措施是为了逐渐提高生态农业产品的需求来给生产者一定的适应期。最后，关于化学药品使用与否的严格要求，我更倾向于用"生态农业"一词来表示，因为我认为这并不意味着完全禁用化学肥料，而是在合理的范围内使用。然而，我想强调一个问题：那些协助农户进行农业生产经营的人同时也是化肥农药的代理商，这样通常会产生化肥农药使用过量等问题，在瓦伦西亚出现过类似情况，因此我们需要对可持续农业的发展做出更坚定的承诺。

粮食智库（Food Tank）总裁
Danielle Nierenberg

我十分认同基于权利分配的方法来解决生态农业问题的建议。当我们谈论土地或市场准入和分配原则、生态农业系统的经营成本以及生产负担能力等问题时，我们也在谈论人权。我也想强调通过土地获取对青年进行赋权的想法，除了对领导能力进行培训外，我们还必须确保城市和消费者之间建立良性关系，同时还要让青年农民能够以可持续的方式实现经济独立。

意大利NaturaSì 总裁

Fabio Brescacin

关于如何将食物获得与价格相联系有这样一种看法。例如，在意大利中部生产小麦的成本与在美国生产小麦的成本是不同的，但消费者为世界不同地区生产的小麦所支付的价格却大致相同。因此，如果我们设法创造一个社区概念，让消费者和生产者根据产品的原产地来支付不同的价格，我们将会提高获取食物的能力。关于土地使用，一方面，我们必须推动青年农民使用公共土地的权利，另一方面，我们必须为愿意从事农业生产经营的人免费提供土地，正如德国和法国的类似情况。

意大利Banca Etica 银行总裁

Ugo Biggeri

在考虑生态农业的同时，社会问题的讨论也不容忽视。在解决此讨论中提出的生态农业挑战之前，也必须披露社会和环境等相关问题。

4.5 包容性区域发展的生态农业

小组讨论成员

1. 牧场主兼克里斯滕森基金会成员 Hassan Roba
2. 国际印第安人条约理事会（IITC）外联协调员 Nicole Yanes
3. 联合国粮农组织项目官员 Bernadete Neves
4. 国际生态区域网络（INNER）主席 Salvatore Basile
5. 塞内加尔凯达拉学校农场（KSC）主任 Gora Ndjaye
6. 巴西农业研究公司渔业和水产养殖研究员 Andrea Elena Pizarro

主持人

治理创新研究中心（GovInn）联合主任 Bruno Losch

本届会议促成了关于可持续土地发展的经验交流，重新阐明了综合景观和社会的治理问题，重新探讨了农村和城市间的关系以及治理问题。报告还列举了土地开发方面的实例，作为利益相关方参与全球问题的解决。小组成员讨论了以下问题：

（1）应用地域性方法推广生态农业有哪些优缺点？生态农业如何促进地域

发展?

（2）我们如何保障妇女、青年和其他边缘化群体参与生态农业发展的权利? 如何将当地的利益相关方纳入其中?

（3）迄今所遇到的推广生态农业最优的治理方式或政策创新是什么? 在治理和政策框架方面的创新如何?

4.5.1　发言人：Hassan Roba
牧场主兼克里斯滕森基金会成员

畜牧系统是重要的生产系统，存在于全球大部分地区。该系统成本投入较低，能够快速地适应边缘环境。牧民拥有丰富的生态系统功能知识，包括植被、季节性变化、土壤变化、牲畜品种变化和气候变化。世界各地牧民帮助开发了新的牲畜品种，因为他们生活条件恶劣，无法进行其他活动。因此，畜牧生产系统具有高度灵活性和适应性，应成为推广生态农业促进区域发展的重要议题。牧民活动建立在对生态系统非常精确和深入的了解之上。然而，他们面临着扩大所需土地规模的相关限制，往往导致冲突。虽然这些生产系统已历经几代人，但却从未被真正视为全球粮食生产中的重要生产系统。现如今，应该让这些边缘化群体参与到环境政策的讨论当中，努力扩大生态农业的影响力。因为干旱地区农业往往优于牧业发展，造成牧民的土地被掠夺，导致牧民流离失所。东非支持畜牧体系发展的政策很难转化为具体行动。联合国粮农组织发布牧场治理的自愿准则是重要的一步，但仍需努力，要真正意识到畜牧系统是重要的生产系统并充分发掘闲置土地的价值。

4.5.2　发言人：Nicole Yanes
国际印第安人条约理事会（IITC）外联协调员

生态农业包括恢复重建生态系统，使其恢复至原始状态并重新引入土著农业技术使生态系统回归自然状态等方面。自由、优先权以及知情权应成为所在地区发展的核心。推广生态农业代表当地农民的权利，并得到《联合国土著人民权利宣言》（简称《宣言》）和其他若干条约的支持。

《宣言》（第26条）还规定，原土著居民对其传统上拥有、占有或以其他方式使用或获得的土地、领土和资源，依然享有使用权。基于上述理由，是否将土著居民纳入多方利益相关者的讨论显然不应该是协商，而是同意。

在推动生态农业发展方面，我遇到的最令人振奋的治理或政策创新是

2002年在危地马拉阿蒂特兰举行的土著民族粮食权全球协商会议。此次会议发表了一项宣言，即对土著民族来说，土地、水、土地权以及自主权对于充分实现其粮食和主权安全至关重要。土著民族的权利（特别是粮食主权）以及妇女青年的重要作用都是生态农业的关键方面。妇女是世世代代传播知识的使者，青年则是承担持续推进生态农业工作的群体。他们不仅应该参与讨论，还应该一同掌控资源、土地及社会发展进程。同时我们还必须承认原住民、农民、渔民、牧民及其组织的传统做法，并加强他们在保护、获取和利用自然资源和土地方面的作用。许多国际文书、政策和法律已经存在，付诸实践，将更快实现真正的生态农业进程。联合国粮农组织也应继续开展生态农业工作，并与国际气候变化土著民族论坛开展合作，建立传统知识交流平台，并与土著民族开展合作的联合国其他机构进行合作。

4.5.3 发言人：Bernadete Neves
联合国粮农组织项目官员

推广生态农业意味着重新设计农场和土地景观。联合国粮农组织水土资源司旨在创造有利条件支持生态农业推广举措的落实。这意味着首先鉴别出阻碍农民推广生态农业的不利因素，并找到解决方案。这种方法不同于传统的理解，农民要可持续管理土地，如保护森林和河岸、恢复土地肥力，因此要给农民提供具体可操作的方法，同时减少保护和土壤恢复的机会成本。

不同资金流之间缺乏整合，往往会阻碍景观管理的进程，所以应整合资金流，这样可以使方案和项目之间更加协调一致。绘制某一地区的发展措施图可以为不同机构之间的协同增效提供多种机会，并有可能合并资源和整合议程，为受益者提供更全面的综合行动方案。

联合国粮农组织提供了用于绘制不同供资选择的工具，例如用于中和土地退化和恢复退化土地的资金、养护、采用或放弃某些补贴、绿色公共采购、农业企业发展和农村信贷方案。每个供资机会本身不一定包括环境标准，但这些标准仍将纳入综合行动方案，将更好的政策与自愿激励措施结合起来。

十多年来，《生物多样性公约》一直很正式地在整合各种行动方案，这意味着在生物多样性保护层面采用整合且多维度的方案是全球性的要求。在全球范围内积极推广生态农业本身就是一项多维度任务，这在很大程度上依赖可用资金的整合，总结出切实适用于区域发展的推广方法。

4.5.4　发言人：Salvatore Basile
国际生态区域网络（INNER）主席

人们生活在一个相互联系的地域。生态区是一个充满活力和吸引力的地方，生产者、消费者、公共管理部门及各类行为主体在这里都达成了协议，社区与生态区相互融合。生态农业的推广意味着在不同规模上协调国际、国家和地方的工作。生态区的发展历史始于2004年的意大利南部，从早期阶段开始，农民就被放在了中心位置。该地区的初步调查确认了400名具有有机认证资格的农民。通过进一步研究可以发现其他4 000位农民虽然没有获得认证，但在农业生产经营过程中仍然坚持采用相同的做法和原则。生态区支持和协调所有有兴趣参与农业生态转型的当地农民。生态区的建设是一种地方举措，可融入国家和国际网络，以便在全世界范围内分享知识、扩大影响和分享成功经验。生态区就是一个典型案例，说明一个地区内各行为主体所采取的地域性方法如何能够极大地推广到生态农业发展当中。农民、消费者和公共行政部门之间的协调工作创造了许多机会，包括绿色公共采购、为学校食堂和医院提供健康营养的食物等，这是能够依靠生物多样性来创造工业化农业的有效替代办法。为实现粮食自主权，当地人也运用生态农业原理去决定生产内容，缩短供应链，增加当地生产者的收入，促进弱势群体参与生产活动，从而实现社会融合，产生附加值。

4.5.5　发言人：Gora Ndjaye
塞内加尔凯达拉学校农场（KSC）主任

KSC农场成立于2003年，旨在解决塞内加尔青年失业问题。按照当时的理解，农业可能是青年和妇女融入社会的唯一选择。

此举面临的第一个障碍是如何展现该方法的潜力。农场是在一个废旧的足球场上建造的，这里的土壤极其贫瘠，储水能力及有机物含量极低。因此，主要挑战就是如何恢复土壤肥力，并向当地人民表明，即使土地退化也足以保障人民基本的生活需要。唯一的好消息就是地下4～5米还存有水源。

恢复土壤肥力的过程始于椰子树种植，这种培养基适合树木生长，因为椰子树的根系非常密集，具有巩固土壤、增强储水能力等优势。香根草，作为堆肥和腐殖质的添加物，有助于向土壤补充矿物质和有机质。3年后，土壤状况得到了充分改善，已经可以建立农场并开始招募年轻人了。经过3年的保护与恢复，这片土地变成了绿洲。这一改变引发了全国关注，地方市政当局表示有兴趣在一个52个村庄组成的地区中复制这种经验。地方政府也承诺，如果产生显著效果，并在选举中获胜，会将生态农业纳入地方发展计划，并为青年提供土地，生产生态农业产品。

该委员会培训了20名年轻人，并开始在参与该项目的村庄里建立农业生态农场。该项目的成功使市长成功当选，范围也扩大到市一级，并为每个年轻学员分配了3公顷土地。这些成果引起了另一地区市政当局的关注，在联合国粮农组织的指导下，市政当局、省政府以及地方首长之间签署了伙伴关系协定，土地所有权成为农村发展的一个关键。

该地区的土地极其脆弱，受到沙漠化和盐碱化的威胁，土壤越来越贫瘠，只有30公顷可耕地。为了在村一级创建生态农业示范标兵，市政当局与当地酋长商定，在每个村庄分配1公顷土地用于建立生态农业示范农场。农场必须由受过专业知识培训的青年人管理，并加大资本投资力度，建立商业经营模式，确保经济利益。农业活动包括花卉栽培、种子生产和育种、畜牧业、培育植物、树木栽培以及园艺。

除了建立以生态农业为基础的可持续发展中心外，该项目还提升了村庄和社区内部吸纳社会资本的能力。参与该项目的社区已组织起来，建立了一个村庄和社区网络，这些村社正在合作执行一项地方集体发展计划。

从该农场的发展经验中可以总结一个重要教训：鉴于根本问题仍是土地所有权问题，因此从地方精英群体入手着手解决问题是很重要的一步。尽管地方政府可以通过向年轻人提供土地，但民选官员对土地使用权问题非常谨慎，因为占领土地的人归属于他们的选区。

因此，尽管市长拥有分配土地的合法权利，但与当地精英群体合作是很重要的，因为他们是传统意义上决定土地使用的人。还应当记住，并非所有青年都对农业感兴趣，这就是为什么我们设立了一个农业机械讲习班和一个合作社，在那里开展食品销售、组织和转化活动来供应旅馆及餐饮活动。

4.5.6　发言人：Andrea Elena Pizarro
巴西农业研究公司渔业和水产养殖研究员

在过去10年中，为了满足人们日益增长的需求，水产养殖业在粮食生产中取得了最显著、最迅速的发展，已成为一个全球性的重要产业。

水产养殖已经成为人类消费鱼类产品的主要形式，就像捕鱼一样，水产养殖也有可能对环境和社会造成严重的负面影响。

水产养殖系统通常在海岸线、内陆河流或池塘附近作业，往往会破坏自然栖息地，造成氮污染，对饲养的鱼类种群造成巨大生存压力。

为应对不利制约因素，联合国粮农组织制定了《水产养殖生态系统方法》，这是一项将渔业养殖活动纳入更广泛的生态系统战略，以促进社会生态系统的可持续发展、公平和复原力。

为了实现这些目标，利益相关方的积极参与成为该战略的核心部分。在巴西，鱼类养殖的供给与需求正在迅速增长，这种生产性变革需要以低收入群体利益为导向并进行结构性改革。

巴西农业研究公司主要为渔业和水产养殖的发展提供可行性方案，包括提高其出口潜力。巴西水产养殖的主要品种是罗非鱼和坦巴基鱼，规模都很小。大部分依靠内陆淡水养殖，而海产养殖并不发达，产品主要涉及虾类和少量牡蛎。小型养鱼场，特别是土池养鱼场，对粮食安全极为重要。巴西农业研究公司的一项举措是推广一种名为Sisteminha的系统，一个可容纳30千克罗非鱼或坦巴基鱼的小水箱被整合到小规模农业中。该系统最初的设想是使农业生产多样化，并改善农业社区的粮食安全和营养，现在它正在农村社区、定居点和学校被广泛应用。巴西农业研究公司还发起了一项倡议，旨在让小规模渔民向学校提供当地养殖的鱼，该方案与学校厨师开展合作，创建新的食谱，并在儿童饮食中添入或增加鱼类产品的比例。这些举措只有在多个利益相关方的参与下才能得到落实，其中包括政府、捐助者、市政当局、服务推广机构与民间社会组织。此外，巴西农业研究公司通过提供关于"如何向水产养殖过渡"的培训来保障渔民生存，这些渔民因鱼类资源急剧减少而被迫放弃捕鱼活动。培训之前进行参与调查，一方面查明机会、制约因素和具体的培训需求，另一方面提高对社区的认识，提高对领土及其资源的赋权程度。

与会者问题总结

（1）生物文化社区协议可以帮助社区加强与土地和治理体系的联系，并实现社区之间自然资源的有效利用。因为缺乏监管，自然资源往往成为冲突的根源，并且这些协议并不总能对政策起到推动作用，它们仍然是社区层面的协议，应该通过社区协议让政府积极参与，特别是要阻止破坏性开采资源的行为。

（2）生态区的实践证明了从部门扩大到区域的可能性。但是，只有在公共和私营部门的支持下，地方一级制定的发展战略才有可能实现。单一的生态区几乎没有谈判权，但是30个生物区联合起来便可以大大提高谈判力，并且可以影响到生态农业发展的政策。例如，生态区中的绿色公共采购政策对于建立短供应链十分关键。

（3）虽然部分生态区域面临着土地缺乏管理的挑战，但仍需率先在地方层面开展工作，然后在国家层面开展工作，最后在国际层面开展工作，以推动生态农业的发展。

（4）同样重要的是，要思考政策层面可能存在问题的国家，特别是非洲国家，如何才能让农村青年参与土地开发，这不仅仅是当地实施区域发展规划的问题。在这种情况下，应从当地社区及其代表入手，提高其认知能力，倡导青年获得土地，同时考虑到他们本身也是选民。然而，这并不是解决年轻人失业问题的唯一方法，应该提议补充开展其他农业活动，因为有些年轻人对耕种土地不感兴趣。例如，农场机械培训讲习班汇集了对农业机械感兴趣的年轻人，同时也是妇女和青年农民的合作社。其他活动涉及"喂养系统"——受过培训的年轻人在该区域发展种植业，同时将种植农产品供应给以下"外部因素"：转化农产品的价值链、市场、旅馆、餐馆等。

小组成员总结发言

Nicole Yanes
《国际印第安人条约》理事会

生态农业属于一种生活方式，土地是生态农业的基本支柱。没有原住居民和社会组织、农牧民、妇女和青年的支持，就没有生态农业。我们促进可持续粮食体系的发展，并积极推进关于社会和环境问题的公共政策、法律和金融框架的构建。我们需要审查公共政策，特别是有关气候变化的政策，积极推动原住民和小生产者组织在这些公共政策对话空间里的广泛参与。

Bernardete Neves
联合国粮农组织

生态区赋予农民权力，以可持续的方式改善土地。生态农业不应该成为另一个封闭的谷仓，我们可以通过综合性方法来展示生态农业的效果。

Hassan Roba
牧场主兼克里斯滕森基金会

我们有机会重新考虑包括边缘化在内的发展范式，重新评估我们如何将不同类型的实践和文化联结起来，由于绿色革命和现代农业系统的建设往往忽视其他类型的农业生产系统，而将这些被忽视的、各类型的农业生产系统纳入未来农业发展规划也很重要。

Gora Ndiaye	
塞内加尔凯达拉学校农场	

生态农业是生命的起点，是生活的伦理。我们需要找回属于自己的文化，追溯到我们的根源，使精神非殖民化。因为在开始任何新事情之前，必须要改掉已经存在几个世纪的殖民主义。这将使非洲青年充满信心，他们将承担起自己的责任，不再将自己归属其他文化，而是扎根自身文化并向全世界开放。

4.6　生态农业、健康与营养

小组讨论成员
1.国际可持续粮食体系专家小组（IPES-Food）成员 Emile Frison
2.美国加州大学旧金山分校医学博士 Daphne Miller
3.印度慢食厨师联盟（SFCA）厨师 Rajdeep Kapoor
4.无国界农艺学和兽医组织（AVSF）项目官员 Hervé Petit
5.联合国粮农组织粮食及营养司高级官员 Florence Tartanac
主持人
联合国粮农组织粮食及营养司司长 Anna Lartey

在可持续发展目标的框架下，联合国大会于2016年宣布了"联合国营养问题行动十年"（2016—2025年）。会上，为积极响应这些全球目标，与会人员就"推广生态农业实现全民健康和营养"开展了充分的交流。在会议的第一部分，小组成员回答了以下问题：

（1）生态农业、营养和健康之间的相互联系是什么？

（2）文化和饮食传统如何增强或削弱粮食体系的可持续性？有哪些例子？

（3）粮食体系内最有效的变革杠杆是什么？他们如何实现生态农业转型？

会议的第二部分是互动环节，与会者进一步提出问题，并与小组成员交换了意见。

4.6.1　发言人：Emile Frison
国际可持续粮食体系专家小组（IPES-Food）成员

国际可持续粮食体系专家小组是一个独立的智囊团，如主题报告"从统一到多样性——从工业农业到多样化农业生态系统的范式转变"中所述（IPES，2016），其目标是在支持全球粮食体系向可持续粮食体系的转型，以实现经济、环境、营养、健康、社会公平和可持续发展。

国际可持续粮食体系专家小组坚信，生态农业是人与人之间、农业环境与更广阔环境之间的和谐问题，而人与小农是生态农业的核心。

一方面，工业化的农业生产方式正在给环境和人类健康带来巨大损害。每年有20万人死于农药中毒，其中99%发生在发展中国家。数十万人因中毒而遭受疾病折磨，常常沦为终身残疾。另外，农药也被认为是内分泌干扰物，会对身体健康产生负面影响。这些负面影响往往被忽视，但又带来了十分沉重的健康负担。

生态农业是解决这些问题的良方。例如，未使用农药的植物中抗氧化剂含量较高，有机肉和牛奶中的omega-3脂肪酸含量较高，这都是生态农业带来的益处。在评估粮食体系和粮食安全状况时，这些方面都应被纳入考虑范畴。事实证明，鉴于发展中国家目前的生产水平，生态农业可以在不使用农药的情况下产量翻一番，可应对健康和营养危机，并满足"在最需要的地方生产更多粮食"的需要。

另一方面，当今传统农作物提供多样化饮食的潜力经常被忽视或利用不足。例如，过去肯尼亚的传统饮食中包括约200种野生和栽培的绿叶蔬菜。这些蔬菜品种含有人类不可或缺的微量元素，然而由于饮食结构的变化，这些品种逐渐消失，直到21世纪初，内罗毕等城市才重新收集到大部分品种。

为了解决此类问题，国际生物多样性组织与妇女团体、非政府组织及当地餐馆在内的许多伙伴进行合作，开展了一个复兴项目努力将这些品种引入内罗毕市场。该行动计划面临的主要障碍之一是城市居民对这些品种的负面印象。比起看似现代和越来越受欢迎的垃圾食品，这些传统品种却被认为是劣质、不合时宜的食品。因此，在推广生态农业的背景下，除了与当地农民合作重新将这些品种引入市场之外，该项目还致力于恢复和培育其良好形象。厨师参与了食谱创新的精心制作，这些食谱将被引入城市最受欢迎的餐厅，议会食堂开始供应绿色蔬菜，议员们开始通过国家电视台对其进行正面宣传。时至今日，这些绿色蔬菜品种已回归市场且供不应求。

在探讨文化和饮食传统如何增进或削弱粮食体系可持续性这一主题时，需要正确理解传统与文化。在东部和南部非洲，农民通常将玉米称为传统作物。事实上，玉米是一种从拉丁美洲引进的谷类作物，最近才代替了高粱和谷子等传统谷类作物。农业系统的变化导致饮食习惯的改变，重要的一点是弄清楚传统饮食习惯与新饮食习惯之间的差异，通常这些改变是由技术普及以及超出实际需求的利益驱动的。

农业食品行业生态系统与生物多样性经济学实施项目（TEEB-AgriFood）在全球粮食未来联盟和欧盟委员会等机构的支持下，制定了一个综合框架，对农业系统进行综合评估，向决策者提供参考信息。目前关于生态农业的论述更多地关注环境方面，而非健康和营养。这一框架的制定有助于确定和量化积极和消极的外部因素，并影响生态农业相关政策的实施。此外，还需要增加对生态农业的研究和投资。现如今，大多数农业投资仅限于几种主食谷物，这些谷物能量丰富但缺乏营养，这一现象也引起了全球关注。尽管欧洲建议每天摄入5种水果和蔬菜，但很多农业项目基本上都在支持能量丰富但缺乏营养的主食。因此，我们的发展规划则需要更加注重营养均衡。

4.6.2　发言人：Daphne Miller
美国加州大学旧金山分校医学博士

地球上大多数可预防的慢性疾病，无论在何处，都可以追溯到我们的农业生产系统。部分疾病直接与食物本身有关，但也离不开其他因素的影响，包括空气和水污染、工作条件和生计恶化。这显然需要一个替代系统。生态农业涉及许多要素，包括生物多样性、养分循环、土壤保护、遗传物质保存等。每一个要素都与人类健康息息相关。例如，如今人们普遍认为最健康的饮食结构是多样化饮食。越来越多的研究表明，饮食从宏观层面（季节性和多样性）到微观层面（土壤中的营养物质和微生物）都应向多样化方向发展。一方面，微生物可"清除"土壤中的养分，使养分更好地供植物吸收利用；另一方面，全球莱姆病或血吸虫病等传染病的出现或加剧也与粮食的多样性有着直接联系。

生态农业可提供丰富的食物种类，这些食物含有丰富的营养成分和较低的热量，这一点得到了广泛的认可。虽然全球生产的食物以卡路里计算是过剩的，但在营养方面并不过剩，地球上一半人口存在着一种或多种营养的缺乏。美国政府采纳了世界卫生组织的建议，鼓励人们每天至少食用5种水果或蔬菜。有趣的是，美国实际果蔬产量比这一标准的需求量低20%。因此，美国人口为摄取足够的营养必须高度依赖进口，导致美国粮食体系极度不安全。"三姐妹"或"三兄弟"（来自西班牙语翻译）的园艺方法是生态农业增强粮食体系可持续性的典型案例。"三姐妹"即玉米、南瓜和大豆的协同种植，这种方法可以追溯到1 000多年前的美洲土著文化。这种组合，一方面从农艺学的角度来看是高效的，另一方面在营养摄入层面也代表了一种高度健康的饮食。这些植物具有很强的象征意义和文化价值，经常出现在一些仪式和典礼上，这是生态农业、粮食体系和文化以及人类健康相互联系的一个典型案例。

粮食体系内最有效的改变是引入足够量的水果和蔬菜，而这与国家和国际关于果蔬每日建议摄入量相矛盾。此外，还需要额外的资源和有效的配套政策来支持农民生产健康和营养的食品。这需要公共部门和私营部门相互协作，在积极推广生态农业的同时，改变传统消费模式。

一些跨国公司虽资源调度能力较强，但生产的所谓"有机食品"质量远不如传统方式生产的产品质量。介于消费者和生产者之间的中介机构和企业巨头，成为了阻碍生态农业向健康饮食和健康社会过渡的瓶颈。一些种质遗传资源的缺失也引起了一场严重的危机，这些遗传资源与现代全球粮食体系密切相关。

世界卫生组织每年在预防慢性疾病方面的投入高达2.5亿美元，而全世界每年Ⅱ型糖尿病的患者人数超过4亿人，治疗费用接近1万亿美元。Ⅱ型糖尿病病因也与单一的饮食结构有关系。因此，在面临是否向生态农业转型的选择时，这些触目惊心的数字也要考虑进去。

4.6.3　发言人：Rajdeep Kapoor
印度慢食厨师联盟（SFCA）厨师

印度慢食厨师联盟（SFCA）旨在接受优质、卫生的食物，并向所有年轻厨师推广慢食的概念。恪守传统，尽可能接近大自然，这些都是通向健康生活的小步骤。

厨师在烹饪时，必须知道购买的是什么，农民是如何种植农产品以及投入了什么。所有用于生产农产品的材料，厨师都必须有所掌握。厨师必须将优秀传统理念与现代烹饪手法相结合，实现当地产业复兴，并与农民和渔民建立良好的关系以了解环境和生物多样性。最终，这些知识需要通过烹饪技巧来加以利用和诠释。最重要的是，农民必须达成协议：农民和消费者之间的距离必须缩小，允许大部分的产品价值留在它应该在的地方，这才是回馈农民在土地上的辛勤劳作。

哪里有文明，哪里就有文化，就有传统。进入烹饪领域的厨师们正在磨练他们的美食技能，他们必须了解当地的文化和传统，这将有助于促进天然动植物生长，享用果实，同时还保持了生物多样性。传统知识正在作为全球优先事项重新出现，并日益被认为是人类有形和无形遗产的组成部分。

然而，传统知识的重要性需要在一个复杂的现代世界的背景下进行批判性评估，因为这个世界是由全球化变革及影响所塑造的。全球社区正在经历传统知识和价值观的丧失，这与文化多样性的下降和社区意识的淡化密切相关。

这种传统的贫困化过程体现在当前的全球粮食体系和以下理念中：当地农业必须为全球市场服务，将粮食转化为纯粹的商品并迫使人们遵循单一的粮食生产和消费方式。在这种情况下，文化、社会和环境的成本都极高。为了消除这种现象，必须开展旨在收集、加强、保存和促进传统物质和非物质遗产的项目，这些遗产必须被视为每一个社区的基本要素。

此外，我们也必须认识到将生物多样性的概念与民族多样性结合起来的重要性，宝贵的地方遗产使各民族特色鲜明，也唯独通过传统文化的交流才能使宝贵的地方遗产变得更加丰富。地方粮食生产必须被视为社区的一种文化形式和身体营养来源，因此必须予以支持和鼓励。

尽管妇女为当地粮食生产做出了不可或缺的贡献，但由于缺乏经济来源、教育以及医疗等资源，在许多情况下妇女都属于弱势群体。针对这一情况，必须制定相关政策来认可妇女的地位——妇女是每个社区的重要组成部分，也在社会、政治和经济生活中处于核心地位。可持续性发展理念重视传统知识的价值，并将其作为智慧来源，传统知识如果得到适当保护则可以变成技术和科技学习的核心。可持续发展理念和传统知识可成为一个地区经济体系的核心元素，也有利于推广环境友好型的粮食生产和消费方式。

资料来源：由作者/组织提供

4.6.4　发言人：Hervé Petit
无国界农艺学和兽医组织（AVSF）项目官员

无国界农艺学和兽医组织（AVSF）是一个非营利组织，致力于通过农业和畜牧生产、动物卫生及动物福利等数百个项目来为全世界的小农提供支持。

AVSF在非洲、亚洲和拉丁美洲等30个国家和地区开展工作，助力实现粮食安全和粮食主权。"一体化健康"是一个整体概念，关注人类、环境和动物的健康问题。

过往几代，小农一直在选择最适应当地的做法，生态农业十分认可和重视这些宝贵的努力。保护传统农耕文明有利于维持粮食体系的稳定，传统农耕文明的丧失可能对人民、经济和环境造成负面影响。

蒙古国的游牧民族世世代代都依赖于一种农耕制度，这种农耕制度建立在各类牲畜平衡的基础之上，其中包括绵羊、山羊、牛、马及骆驼。但由于全球化引起市场剧烈变化，为应对全球对羊绒日益增长的需求，动物之间的微妙平衡被打破。大多数牧民开始几乎只饲养山羊，导致严重的过度放牧危机。这种现象印证了传统农业生产方式的丧失会造成潜在的破坏性影响，但传统农耕生产方式有时也会导致发展的不可持续性。例如，在许多农业社会中，家禽或猪等小型牲畜在提高社会地位方面没有任何作用，一般而言，其饲养管理多由妇女负责。

然而，这些传统习俗会适得其反，因为家禽养殖只需要少量的育种资金就能提高生产力，并且生产周期较短。因此改变小农户牲畜饲养的固化思维，有助于提高牲畜物种的养殖潜力。

4.6.5 发言人：Florence Tartanac
联合国粮农组织粮食及营养司高级官员

我们的工作侧重于如何改善小型生产者的市场准入规则以及消费者怎样才能获得健康可持续的食品等问题的研究。为实现这一目标，最近联合国粮农组织与国家农学研究所（INRA）共同出版了一本名为《打造生态农业市场——生态农产品市场多样化选择分析报告》的刊物，通过多种方法研究了生态粮食的定义。在相关案例研究中，消费者、生产商、贸易商和中介机构均对该术语进行解释。由此得出的定义是，生态粮食是有机、健康、安全、不使用农业化学品进行生产的粮食，此定义的确定是为改善人类健康提供一个解决方案。刊物还表明，生态农业市场增加了与传统饮食有关的多样化食品供应，特别是当地品种。因此，消费者应该进一步认识到饮食多样化的重要性及其对身心健康的影响，以及可持续和传统消费对社会、经济和环境部门的积极影响。

联合国粮农组织目前与生物多样性国际协作组织共同实施"生物多样性促进营养"的项目，其目的在于研究未能够得到充分利用的农作物，特别要关注粮食结构，并在当地市场上推销这些未得以充分利用的农作物。该项目涉及厨师、学校餐饮计划、传统市场和节日等各个方面。联合国粮农组织还致力于研究、保护和支持当地粮食体系，此类系统是将生物多样性和文化融合在一起的天然生态系统。

生态农业转型过程中要尤其注意供应链和市场的变化。生态农业价值链的特点是由生物多样性农场和景观生产的一系列多样化农产品。地域性方法是处理生态农业市场和价值链问题的最适合方法。地域方法重视不同参与者之间的互动，在生态农业中这些互动体现在互惠、接近、知识共享、粮食和农业传统的价值化。这些因素是建立稳定、包容、持久市场关系的关键条件。

在生态农业价值链中，社区农业、农贸市场、生态博览会以及餐馆和酒店都可以与农民建立直接供应联系。自愿、基于信任和参与性的认证体系发挥着重要作用，可为生态农业的市场繁荣创造有利环境。

生态农业价值链越关注营养，生态农业市场就越受益。在认识到这一点后，罗马三机构（联合国粮农组织、国际农发基金和世界粮食计划署）相互协作，积极推动生态农业价值链的发展，寻找方法解决粮食体系的多维复杂性，确保多样化和营养丰富的食物供应。

与会者问题总结

（1）在过去的20多年中，全世界消费了大量使用化学物质生产的转基因食品，这些食品背弃了提高生产力和农产品质量、减少农药使用和减少森林砍伐的承诺。

（2）饥饿属于政治问题，涉及获得土地和水以及通过有尊严的工资来获取食物，单靠技术手段无法解决饥饿问题。

（3）应该注意味道和口感，因为更健康的可持续替代品可以补充现代食品。

（4）生物多样性是生态农业的重要组成部分。它依赖于种子，有必要确保获取和利用的种子未受污染。

（5）随着定价体系透明度的提高，很明显，工业化农业总是比生态农业生产的成本更高。同样，只要改变饮食习惯，同样的预算也可以维持健康饮食。

（6）就消费者行为而言，五岁以下儿童过去十年间陡峭的肥胖曲线已经开始趋于平坦。对此情况的一种合理解释可能是儿童正处于生态农业的环境中，另一种可能是学校食堂发生了一些变化。随着营养的微小变化，体重指数似乎有所变化，这带来了极大的希望。

小组成员总结发言

Florence Tartanac	
联合国粮农组织	

作为建议，我希望国家和地方政府更多支持本地市场，而不是过于强调

出口。当我们开展项目时，政府不要总是过多关注贸易出口，而应当加大对当地市场的关注度。

Hervé Petit

无国界农艺学和兽医组织

非政府组织、国际组织及在座的绝大多数，我们多年来一直在收集经验、开展项目试点，证明生态农业是合适的、有益的。不幸的是这一目标尚未实现。如果没有强有力的政府和农业政策支持生态农业，就无法进一步推广。为什么大力支持生态农业如此重要？因为生态农业是唯一适合且能够提高小规模农业生产力的模式。

Rajdeep Kapoor

印度慢食厨师联盟（SFCA）

今天，我呼吁大家做出一个承诺：不论是厨师还是就餐人员，当我们一起做饭和吃饭的时候，我们应该记得感谢农民，祈祷上帝帮助他们，因为他们维持了农业的生产经营，他们的辛勤工作和奉献维持了国家的繁荣。我们祝愿彼此能够可持续发展，与大自然和谐共处，共创美好未来。

Daphne Miller

美国加州大学旧金山分校

生态农业群体应该坚定立场，将发展生态农业作为解决困扰世界"慢性病"的整体方案。

Anna Lartey

联合国粮农组织

可持续粮食体系的所有关键原则都包含在生态农业中。今天我们需要解决廉价但不健康的食品问题。我来自一个国家，那里一瓶含糖饮料20美分，一个中等大小的西瓜2～3美元。当一位母亲不得不花2～3美元买水果时，你如何说服她给孩子们提供有营养的食物？我们没有过多谈到的另一件事是基础设施。如果我们想帮助小农发展，交通设施建设的不完善难以将小农户与市场相联系。他们能够生产和提供食物，但却因基础设施的不完善难以运到市场

上进行销售。另外，教育孩子正确饮食是至关重要的，否则就会害了孩子，也会害了自己。如果我们真的想要在解决营养不良和健康问题上取得重大进展，生态农业就是解决办法。通过联合国十年来对营养学的研究，我们有能力做到这一点。我们是客户，是消费者，我们需要食物及健康食品。所以，为了保持健康，我们有权利选择吃什么，没人能夺走这个权利。

Emile Frison
国际可持续粮食体系专家小组

　　关于有机食品价格的问题，如果我们改变了饮食习惯，我们可以用同样的预算拥有健康的饮食。以哥本哈根为例，在同样的预算下，通过增加季节性食品并减少肉类的摄入量，其公共食品的采购已转向90%的有机食品。在种子问题上，多样性是生态农业的重要组成部分，是种子生产的可靠保障。我想请在座各位关注"种子复原"这一倡议，此倡议得到了全球未来粮食联盟的支持，该联盟希望能将解决种子问题的行动者聚集在一起。

© 粮农组织

© 粮农组织

第 5 章

"生态农业推广举措"下的伙伴关系：促进农业粮食体系转型，支持可持续发展目标

5.1　联合国粮农组织与主要联合国伙伴共同提出 "生态农业推广举措"

小组讨论成员：

1. 联合国粮农组织（FAO）植物生产及保护司司长　Hans Dreyer

2. 联合国环境规划署（UNEP）生态系统司司长　Mette Løyche Wilkie

3.《生物多样性公约》（CBD）副执行秘书　David Cooper

4. 国际农业发展基金（IFAD）副总裁　Paul Winters

5. (驻罗马机构)世界粮食计划署（WFP）/世界粮食安全委员会（CFS）主任　Stephanie Hochstetter

6. 联合国开发计划署（UNDP）生态系统和生物多样性区域技术顾问 Phemo Karen Kgomotso

主持人

世界农林业中心（ICRAF）高级助理　Barbara Gemmill-Herren

此次会议由联合国粮农组织（FAO）、联合国环境规划署（UNEP）、《生物多样性公约》（CBD）、国际农业发展基金（IFAD）、世界粮食计划署（WFP）和联合国开发计划署（UNDP）联合发起，共同提出"生态农业推广举措"（简称"举措"）。组内成员代表其所在组织支持此"举措"，并承诺通过加强伙伴关系与协同合作，积极采纳并落实此"举措"。

5.1.1　联合国粮农组织

Hans Dreyer，联合国粮农组织（FAO）植物生产及保护司司长

联合国粮农组织总干事在本次专题研讨会开幕式致辞中提到，当前应巩固和加大生态农业推广力度。这是过去3年在拉丁美洲、亚太、欧洲、中亚和非洲举行的区域多利益相关方专题研讨会取得的一项重要成果。本届研讨会期间，我们了解到许多国家已取得了众多具体而又卓有成效的生态农业推广经验，并且这些模式具备巨大的推广潜力。本届研讨会的一项重要成果是发布了"举措"，这项"举措"不仅着眼未来而且以行动为导向。

此"举措"的提案是几家联合国合作伙伴共同制定的，主要是总部设在罗马的几家机构，其中包括：联合国粮农组织（FAO）、国际农业发展基金（IFAD）和世界粮食计划署（WFP），此外联合国环境规划署、《生物多样性公约》和联合国开发计划署也参与制定。我们非常高兴上述合作伙伴能参与此次

发布会。众所周知，有关此"举措"的资料已在联合国粮农组织网站上发布：该"举措"正处于落实和不断完善阶段。该"举措"的任务宣言即本着《2030年可持续发展议程》的改革精神，我们将同粮食生产者、政府相关部门和其他利益相关方一道加强生态农业管理。加强生态农业的方法充满前景，通过采取一系列可持续的手段，制定相关政策，运用相关知识，在机构联盟间实现公平和可持续发展的粮食体系，以支持可持续发展目标。

事实上，该"举措"与可持续发展目标是相辅相成的，为共同行动提供了框架。我们重点关注以下3个工作领域：第一是知识与创新领域；第二是转变农业粮食体系的政策制定过程；第三是建立各方联系，加快改革进程。

联合国粮农组织于2014年在首届国际研讨会上展开了以生态农业为主题的研讨。此后，联合国粮农组织共召开了七次区域多利益相关方专题研讨会。本届国际研讨会首日展示了这些区域研讨会的主要成果，并在不同组会期间进行了深入讨论。最近，联合国粮农组织对2018—2019年工作计划进行分析，并在粮农内部对生态农业的立场进行了评估。我们发现联合国粮农组织2018—2019年度预期成果构成中，生态农业权重占比为8%，这为联合国粮农组织覆盖区域内78个国家的可持续粮食和农业转型提供了支持。尽管还有许多工作正在进行，但我们仍具备巨大潜力来创造至少50%的实质性成果来推广生态农业。然而，这需要所有伙伴及成员国做出承诺，并有意愿将生态农业推广作为一种有前景的做法，以实现农业粮食体系的可持续发展。

2017年初，联合国粮农组织建立了"生态农业知识枢纽"的网络平台，用以分享生态农业推广中的最佳实践案例和有关政策。过去4年中，我们定期提请主管部门（如农业委员会和联合国粮农组织理事会）关注生态农业。在主管部门的支持下，我们获得了加强各级生态农业工作的授权。因此，联合国粮农组织将继续加强生态农业有关工作，并准备在相应的工作方案和项目中重点发展生态农业。但是，推广生态农业这一复杂任务不能仅靠联合国粮农组织来独立完成。在联合国系统内，我们将会同其他致力于推广生态农业的伙伴共同完成这项任务，看到越来越多的伙伴加入我们的行动，给我们带来了希望。我们还需要各国政府、公共机构、私营部门以及民间社会组织共同推进这一进程。因此，密切配合的伙伴关系是这一工作取得成功的关键，我们甚至比以往更加需要加强伙伴关系，因为《2030年可持续发展议程》倡导运用综合、全面的工作方式，肯定粮食与营养安全之间的相互依存关系以及可持续农业、农村贫困、生物多样性和气候变化之间的相互依存关系。

此"举措"提出了3种类型的伙伴关系：①在联合国机构和主体内的伙伴关系；②与政府的伙伴关系；③与非国家行动方的伙伴关系。所有这些都在文件中进行了详细说明。因此，这项"举措"非常令人期待，并且联合国粮农组织也坚信，推广生态农业需要合作伙伴与行动者和相关机构之间广泛开展合作。在制定生态农业联合工作方案期间，最佳参与方式就是与合作伙伴展开讨论。我们十分清楚，此项任务极具挑战性，需要做大量的工作。

联合国伙伴国需要深刻认识到生态农业对可持续农业粮食体系的重要性。我们也都知道，只有成功地调动资源，才有可能推广生态农业。因此，推广生态农业意味着增进伙伴关系、加强合作与资源调动。

5.1.2　联合国环境规划署

Mette Løyche Wilkie，联合国环境规划署（UNEP）生态系统司司长

联合国环境规划署很高兴与联合国粮农组织和联合国其他有关机构结成伙伴关系以共同推广生态农业。这次研讨会和"举措"都强调了当务之急是改革农业和粮食生产体系。在过去两天的研讨中，我们发现农业和粮食生产体系在世界范围内已积累了丰富的经验，这些经验有助于我们完成推广生态农业这一变革。就如主席所言，现在需要采取行动了。

我代表联合国环境规划署主要谈以下几点：首先，我们的角色定位是为整个环境发出倡议，通过不断审查环境问题以及说服各国政府、非政府组织、私营部门和个体采取行动，为我们生活的地球及其生物多样性呼吁。我举例说明此观点：我们每隔两年举办一次联合国环境大会，大会参与者包括世界各国政府代表以及各利益相关方。上一次会议于2017年12月举行，经各方代表谈判，首先会议通过了一系列决议，旨在消除对赖以生存的空气、饮用水和耕地的污染。我希望在座的各位与会者关注并运用这些解决方案帮助推广生态农业。其次，我们需要反馈粮食体系的全部成本和收益。农业和粮食生态系统及生物多样性经济学（TEEB‐AGRIFOOD）的重要研究正处于收尾阶段。该研究旨在阐明当今粮食体系的复杂性，以及我们做出选择的隐性成本和收益。例如，如果塞内加尔将其所有低地水稻灌溉系统改为节水生产系统，那么在与水有关的健康和环境成本方面，社会每年将节省约1 100万美元，同时还能提高粮食产量，增加农业收入。

这个关于生态农业的商业案例清楚地表明，我们需要的是有意愿的投资者。这是我即将阐明的第三点，也是最后一点。在环境规划署，听见一些投资者有意愿加入生态农业推广举措，我们与法国巴黎银行和荷兰合作银行都建立了合作关系，这两家银行是农业领域的主要贷款机构。他们已同意拨款110亿美元用于可持续农业发展以及土地利用方案。我们与世界农林中心、美国国际开发署共同在印度尼西亚建立了一个可持续景观融资机构。目前已签署

了约 9 500 万美元的第一期协议。我很高兴地告诉大家今年六月初我们将在印度安德拉邦签署第二期协议，该项协议旨在推广"零预算自然农业"。昨天，维贾伊·库马尔维（Vijay Kumar）介绍了这一体系，该体系旨在未来几年内将小规模农场主的人数扩大到 600 万人，同时覆盖 800 万公顷的土地。联合国粮农组织也是这项协议的参与方，并为协议提供技术支持。我们希望这将成为美好友谊的开端，安德拉邦也将会成为一个推广生态农业的创新实例，并激励其他政府、投资者以及小规模农场主在生产和消费粮食方面进行改革，从而造福全人类和地球。

5.1.3 《生物多样性公约》

David Cooper，《生物多样性公约》（CBD）副执行秘书

过去几天的研讨使我们认识到变革的重要性。各国政府已就《2030 年可持续发展议程》、可持续发展目标以及农业粮食体系进行变革的必要性达成了一致。在《生物多样性公约》中，我们既要研究如何推进现有"爱知生物多样性目标"的进程，也要探索如何建立 2020 年以后所需的发展框架。显然，管理农业体系和粮食体系的方式可能是影响未来生物多样性发展的唯一最重要问题。

我们从各机构根据《公约》所做的情景分析中了解到，这种变革必须动员全球力量。现在面临的一个挑战就是如何能够利用全球 5.7 亿农民的技能和经验，用民主和全民参与的方式促进这些变革。在过去的几天里，我们听闻许多农民与社区正努力改善农业管理方式，令我们深受鼓舞、充满希望。我们坚信"生态农业推广举措"是我们向前发展的主要推动力，很高兴能与在座的其他联合国伙伴一起参与此项"举措"。

最近在坎昆举行的第十三届缔约国会议（COP）肯定了生态农业的作用。事实上，长期以来生物多样性公约组织同联合国粮农组织一直与其他伙伴合作，解决一些密切相关的问题，并依据"农业生物多样性工作方案"（1996 年根据《公约》，该方案得以采纳）着手开展工作。此工作方案是由生物多样性公约组织和联合国粮农组织共同设计，包括双方密切合作的一些重要倡议，并建立在生物多样性和生态系统服务政府间科学政策平台评估的基础之上，该方案强调了授粉者和授粉服务对农业、人类健康和营养的价值。同样，我们正在与联合国粮农组织就土壤生物多样性问题进行合作。

在《公约》范围内，我们将有机会讨论缔约国会议和《公约》附属机构的政策进程，同时也在与各国和缔约国进行合作，以探究如何将这些措施纳入未来国家生物多样性战略和行动计划中。我们非常高兴加入这一"举措"。

5.1.4　国际农业发展基金

Paul Winters，国际农业发展基金（IFAD）副总裁

我们需要适当干预，以改变现有农业粮食体系。国际农业发展基金（以下简称农发基金）为农民投资，贷款平均在3 000万～3 500万美元，这对粮食体系发展具有深远影响，而且投放贷款的方式也很重要。我们曾经的关注点是推广单一作物耕种系统，这在以前还是可行的，但鉴于目前农村经济正在转型，气候也在发生变化，因此，必须改变工作方法。为实现这一目标，我们重新审视了工作重点，并更多地关注了工作环境。通过研究价值链投资，为家庭农场主带来更多机会，以促进作物多样化。我们通过《小农户农业适应发展方案》增加投资，优化自然资源库，以加快应对气候变化的步伐。现在，我们需要做的就是突破以往工作范畴，在粮食体系转型上增加投入，这包含生态农业中所发现的多样性和环境可持续的基本原则。

农发基金在项目推广层面有着悠久的历史。每一个项目中，我们都描述了未来对项目实施干预的办法，在投资前充分考虑项目实施的可行性非常重要，这关乎到生态农业推广工作能否顺利开展。同时还必须考虑是否有可能在未来扩大规模以及是否有事实依据确保其可以扩大规模。我们需要推广成功的经验，而不是失败的经验。我们需要广泛收集证据（农发基金的另一领域正在收集证据），建立数据库，对此我们也欢迎大家献计献策。我们需要开展广泛研究调查，以利于更好地了解当下情况，摸清投资方向。我们也需要审视自己的工作，在项目实施中积累证据，以便这些项目结束时，了解其可行性和拓展空间。我们应确保拥有强有力的证据证明自己正在做的事情有可能会取得极大成功。我们将侧重这两个领域：确保投资有利于粮食体系转型；确保与研究人员共同收集证据，建立数据库，以便在正确的项目上投入资金。

5.1.5　世界粮食计划署

Stephanie Hochstetter，（驻罗马机构）世界粮食计划署（WFP）/世界粮食安全委员会（CFS）主任

世界粮食计划署赞同"生态农业推广举措"中所包含的理念、准则及总体方案。我们认为，这将有助于各成员国实现可持续发展目标，特别有助于增强农业和粮食的恢复力、包容性、效力和可持续性。

根据2017—2021年战略规划，世界粮食计划署继续推行"双轨"发展路线，以应对某些地区因冲突和其他突发事件而导致对粮食和营养的迫切需求，

同时为解决饥饿的根源问题奠定基础，这也符合《2030年可持续发展议程》。该议程中的第三条"实现粮食安全"的目标与我们的奋斗目标密切相关。该目标包括粮食安全和小农户营养水平目标，以及提高粮食体系的可持续发展性目标。这些方面往往存在漏洞，也容易出现中断。根据战略规划取得的战略性成果，世界粮食计划署致力于实现粮食可持续性，利用弹性的实践方法维持生态系统稳定，帮助加强资本能力，以提高对气候变化、极端天气和自然灾害的适应性，不断提升土地和土壤质量。世界粮食计划署近期所颁布的企业战略和政策，采纳了该"举措"的各项内容，其中包括有利于小农户的粮食援助战略、环境政策、气候变化政策以及防灾减灾政策，其目的是解决小农户和粮食体系所面临的一些与可持续性有关的问题。

多年以来，世界粮食计划署针对小农户面临的粮食援助问题，提出了一系列倡议，并不断取得新进展。当前，这一系列倡议已经具备一定的广度和深度，覆盖了世界粮食计划署的大部分成员国。这一系列倡议的实施体系也逐步一体化，并在促进经济、社会、环境可持续发展以及家庭和小农户生活水平方面十分有效。例如，世界粮食计划署在采购范围、深入实地考察、主食行业市场的专业知识、物流以及产后加工等方面发挥了杠杆作用，以帮助小农户提高作物产量及其销售量，并鼓励农业市场发展，这些工作通过购粮发展计划得以实现。

世界粮食计划署一直致力于拓展地方、国家和各大区域生产商销售商在采购粮食和专门营养产品中的市场机会。通过结成购粮发展计划合作伙伴关系，世界粮食计划署支持政府实现小农户和企业项目人员之间的对接，如学校餐饮、医院餐饮和粮食储备。世界粮食计划署也与其合作者共同努力改善人民生计、提高恢复力、增强粮食安全与营养、提高其气候变化适应性等。尽管主要的限制因素和分歧仍然存在，问题不仅包括企业和农场缺乏资源、意识和能力，也包括结成伙伴关系等方面，"刚果民主共和国的粮食援助框架和购粮发展计划"已经用实例向我们展示了应该如何克服这些困难。接下来的工作重点是向成员国详细阐述"生态农业推广举措"中的概念、范围和方法，包括制定切实可行的工作方案、指导方针、授权成员国政府落实"举措"等。加强利益相关方的能力建设也是"举措"得以落实的关键。

5.1.6　联合国开发计划署

Phemo Karen Kgomotso，联合国开发计划署（UNDP）生态系统和生物多样性区域技术顾问

联合国开发计划署支持此项"举措"，因为我们认识到了生态农业对于实现《2030年可持续发展议程》和可持续发展目标的重要性。该"举措"要求我们采取综合方案解决与低效农业形式、粮食不安全和浪费有关的问题，并满足小农户，特别是女性农民的需求，因为她们仍然是社会中最边缘化的群体，最容易受到气候变化和粮食不安全的影响。

根据《2018—2021年战略计划》，联合国开发署通过以下方法支持各国实现可持续发展目标：消除一切形式和规模的贫困、加速可持续发展结构转型以及增强抵御风险和危机的能力。在该战略计划中，我们围绕6个有代表性的解决方案开展工作。我将着重介绍其中两个：第一，帮助人们摆脱贫困。农业和生态农业将对此目标的实现发挥巨大作用；第二，为了地球的可持续性，促进以自然为本的解决方案。这与联合国粮农组织在落实"举措"中所做的工作极其吻合。我们的思路是：必须解决资金、保有权、水和土地权利相关问题，同时需要明确，在落实以自然为本、实现可持续发展的解决方案中，女性和男性、原住民和社区居民的不同作用、参与程度以及贡献差异。

当前我们已经认识到推行这一做法所面临的不同形势，有些是处在转型期的国家环境；另一些则是发生危机或冲突后的环境，因此，我们需要采取不同方法解决不同问题。特殊情况下，我们还需要加强生态系统管理并寻找基于自然的解决方案，切实帮助人们保障可持续民生所需的粮食安全和水安全。另外，我们需要帮助各国政府确定其利用新的融资倡议和机会，以促进自然资源管理政策的一致性，并帮助各国经济向更加环保的方向转变。在后危机和后冲突时代背景下，努力促进可持续恢复以保护自然资源、生物多样性和生态系统，不仅可以促进社区的可持续发展，还能促进生态系统的健康发展，从而确保人们获得更多改善民生的机会。

我们已经与在座的许多伙伴开展了合作，通过专题研究和融资促进国家层面相关问题的解决，并为落实《里约公约》专门成立了几家融资机构。特别是我们与全球环境基金（GEF）有着25年以上的合作伙伴关系，尤其是最近，在绿色气候基金会的帮助下，我们通过提高工作强度来应对和减缓气候变化，并帮助许多国家获得了金融资源，以推动国家层面解决方案的落实。

5.2　多方利益相关者对话及合作

小组讨论成员

1. 国际生物多样性中心总干事　Ann Tutwiler
2. 法国国家农业科学研究院院长　Philippe Mauguin
3. 生态农业基金组织执行董事　Daniel Moss
4. 全球环境基金首席环境专家　Mohamed Bakarr

5. 国际有机农业运动联合会主席 Peggy Miars

6. 欧盟委员会国际合作与发展总局总干事 Leonard Mizzi

7. 意大利农业研究和农业经济分析委员会机构关系代表 Michele Pisante

8. 中国农业农村部农业生态与资源保护总站副站长 高尚宾

9. 拉丁美洲和加勒比生态农业运动南锥体区域协调员 María Noel Salgado

10. 世界农林中心高级研究员 Dennis Garrity

11. 乌干达里拉综合学校创办人 Beatrice Ayuru

12. 意大利农业联合会主席 Dino Scanavino

13. 全球农业研究论坛主席 Bongiwe N. Njobe

14. 意大利银行商务主管 Gabriele Giulietti

15. 可持续粮食体系国际专家小组成员 Emile Frison

主持人

联合国粮农组织战略和筹资发展特别顾问 Roberto Ridolfi

本届会议的主题是众多组织参与构建推广生态农业的倡议框架，各与会成员介绍其组织如何支持生态农业并回答了以下问题：

（1）您的组织正在以何种方式扩大生态农业规模？

（2）您认为扩大生态农业规模应该优先做些什么？

（3）您的组织如何协作支持推进生态农业倡议的实施？

发言摘要

从推广生态农业过程中面临的主要挑战、机遇和相关需要的角度，主持人强调了报告中存在的几个主要问题：①生态农业必须在多重背景环境中达到一定规模；②应合理考虑生物多样性指数；③需提供更多科学证据并扩大农民关系网；④通过合作扩大融资是关键，同时转变观念，将生态农业原则纳入农业融资方案，包括与小农户密切相关的融资体系；⑤从土壤到餐桌，农民和消费者之间的联系至关重要；⑥在资金方面，让私营部门参与是关键，确保其获得技术，为农民提供创新和商业机会；⑦欧盟正在创建知识中心来跟踪生态农业转型过程；⑧欧盟层面的粮食体系政策过程需要进一步纳入研究议程；⑨根据欧盟上限框架的经验，存在合作机会；⑩生态农业不是从零起步，而是有例可循，有成功案例可供借鉴；⑪妇女必须成为推广生态农业系统的中坚力量；⑫将普通农业与生态农业结合起来非常困难；⑬需要加强儿童和教育之间的联系；⑭生态农业研究资金投入非常有限，亟须改变；⑮全球农业研究论坛正在建立新的共识建设方法，其中包括除产量和生产力之外的新指标，作为其他方面的衡量标准；⑯土壤覆盖、土壤有机质、土壤保护也有可能成为农业企业的强大推动力；⑰对于采纳倡议使生态农业成为日常活动的一部分而言，与土地、环境协会、非政府组织和农民的联系非常重要。

本次参会组织包括：国际生物多样性中心、法国国家农业研究所、生态农业基金、全球环境基金、国际有机食品协会、欧盟委员会、意大利农业研究和农业经济分析委员会、中国农业农村部、拉丁美洲和加勒比生态农业协会、世界农林中心、乌干达里拉综合学校、意大利农业联盟、全球农业研究论坛、意大利竞业银行和国际可持续食物体系专家委员会。会议成员代表各自组织表示支持推广生态农业倡议，并承诺通过加强合作关系，共同参与采纳和实施该倡议。

5.2.1　国际生物多样性中心
Ann Tutwiler，总干事

国际生物多样性中心从农业生物多样性的角度研究生态农业，认为农业生物多样性是基于实证的生态农业实践基础，没有农业生物多样性，粮食体系就无法得到可持续发展。为了推广生态农业，需要扩大农业生物多样性的利用规模。国际生物多样性中心就如何利用农业生物多样性建立可持续、有弹性、适应性强的生产系统等问题寻求基于实证的解决方案；探讨如何利用农业生物多样性来改善饮食习惯，以满足对农场产品的需求；还研究了如何确保农民获得多样化的种子，以便能够建立更加可持续、更有弹性且适应性强的产品系统。在回答有关创新和合作的问题之前，我想先分享几点看法。

首先，必须承认，达到更加具有生态农业多样性的途径有很多，没有一个放之四海而皆准的方案。其次，必须承认，粮农体系各部门及其各方面在这条路上所做出的努力。还必须承认，多年来许多投资伙伴采用的线性解决方案似乎在非常有限的标准下取得了一些具体结果。我们欢迎投资伙伴投资一些更系统化的、能够传达出联合国发展目标中多个目标的方案。同时，还需要关注包括传统农业系统在内的产业链中的所有参与者，进行大规模改革。在此次转型过程中，如果只关注小农户，无法获得成功。因此，必须保证这些方案在不同范围、不同环境中皆行之有效。最后，必须确立目标，将农业生物多样性具体运用到农业生产系统中。如果不能对生态农业系统进行量化，就无法管理农业生物多样性。国际生物多样性中心制定农业生物多样性指数之前，政府、私营部门等决策者并没有统一的方法来评估和跟踪可持续粮食体系中的农业生物多样性。

最近，在欧盟委员会和意大利政府的支持下，生物多样性中心推出了一款操作性强、长期有效的工具，即通过饮食体系、市场行为、生产产品、生态系统、遗传资源来测量和管理农业生物多样性。我们一直在与全球环境基金、《生物多样性公约》、联合国开发计划署、联合国粮农组织、世界银行等众多参与者合作，共同制定这一指数，并计划由政府、公司、开发银行和金融机构使用该参数来改变农业经营方式，并在各生产系统中加强对农业生物多样性的利用。

生物多样性中心坚定地致力于推出基于实证的解决方案和创新方法。我们的研究涉及这几天研讨的生态农业的许多要素，包括提高土壤质量、病虫害管理、授粉等生态系统服务，以及提高和稳定产量等诸多主题。我们与世界各地的伙伴、公民社会、非政府组织、政府、国际组织、农民组织、企业和研究机构合作。作为一个全球性的研究机构，生物多样性中心随时准备在实证研究、寻找解决方案和支持"生态农业推广举措"等方面发挥主导作用。

5.2.2　法国国家农业科学研究院

Philippe Mauguin，院长

多年来，法国国家农业科学研究院一直致力于生态农业方面的研究。研究院的一万名研究人员、工程师和技术专家中，约有半数在从事生态农业领域的研究，研究内容包括农业、粮食体系及生产、生物多样性、气候等相关问题，以及改善粮食产品的营养性与多样性等各个方面。我们鼓励跨学科研究项目以及开展国际合作，例如，最近与来自中国和印度的同行们合作创建以生态农业为中心的国际联合实验室。

关于推广生态农业的优先发展事项，我们认为在3个层面可以采用3种重要手段。其一是在研究人员和科学家支持下，建设应用生态农业的创新型农场网络。其二是在法国、美洲和亚洲开展研究，通过"生活实验室"（一个用于实验的开放创新中心）将农业生产多样化项目中的不同利益相关者（包括研究人员、农民、公民社会等利益相关者）调动起来。其三是开发开放式合作平台，例如开发在线平台以共享知识和实践方法，同时可与研究人员、农业从业人员和农民等众多参与者合作，支持知识和科学的发展。

法国国家农业科学研究院愿与联合国粮农组织及其感兴趣的利益相关者在技术上支持合作平台的发展。该平台还可以作为联合国粮农组织生态农业知识枢纽的补充。除研究机构外，我们还鼓励所有合作伙伴积极参与，并为该合作平台贡献自己的力量。法国国家农业科学研究院可以推进的第二个领域是支持"生活实验室"的项目，我们正致力于在印度开展试点项目，同时我们非常有兴趣关注印度南部安得拉邦建立的生活实验室，像"生活实验室"这样的创新型方案可以作为开放的科学工具被广泛复制应用，与当地环境相适应，为在不同国家推广生态农业做出贡献。

最后，我呼吁国际科学界加入我们以及联合国粮农组织共同支持这一重要倡议。

5.2.3　生态农业基金组织

Daniel Moss，执行董事

我们是一个由众多捐赠者组成的联盟，致力于支持生态农业的发展。捐赠者之间的通力合作促进了生态农业的发展。感谢大家提供这个机会，使我们今天能针对研讨会及相关活动的一系列座谈进行汇报。我们的目的是加深捐赠者之间的关系与合作，从而增加生态农业基金组织的捐赠数额和质量。并非所有生态农业的基金资助都有帮助作用，生态农业基金常常不能支撑系统性的粮食体系措施，因为它只追求非常微小的成果，因此也会导致捐赠者和受赠者之间的权利失衡。基金资助者的关系网建立在一系列价值观基础之上，包括提升自我更新能力、促进健康、提倡平等、提升恢复能力、增加生态农业的多样性和互联性。就如同我们与自己资助的组织所建立的牢固关系，我们通过辩论达成共识，共同推行这些价值观。

我们代表生态农业基金组织、全球粮食未来联盟、麦克奈特基金会，同时也代表私人基金会。人们普遍的认知是除了公共筹资外没有其他方法可以有效地推广生态农业，而我们所做的工作与这种认知不同。诚然，公共资源和公共投入非常重要，但同时，我们坚信慈善事业的支持也可以作为公众支持的重要补充和催化剂。例如，基金会支持的农民组织会给政府、双边和多边捐赠者施加压力，从而增加对生态农业的基金投入。当受赠者向代表施压使补贴方案与化学品投入脱钩或摒弃不公平的种子法规时，慈善事业的支持也有助于为生态农业创造有利环境。既提供充分支持又不增加受赠者过重的负担，慈善家之间的合作变得至关重要。捐赠者和被捐赠者将通过不断学习使支持更加有效。为了加深对联合资助的认识，4位创始人于5年前创办了生态农业基金会，旨在集中各种资源支持生态农业的实践和政策的执行。

生态农业基金组织致力于支持可行的粮食体系，从而提高人们的生活水平，保障小农户及其所在社区的经济福祉和人权，同时也通过可持续利用土壤和水资源为特色的低投入解决气候变化问题。我们力求将各组织机构和行动规划联系起来，在地方、区域和全球范围内推行生态农业解决方案。如今，生态农业基金会召集了来自美国、欧洲和亚洲的21个捐赠者，通过与8位非常了解社会活动的基层顾问以密切对话的方式开展工作。

我们寻求支持四个战略导向：①转变和利用重大金融资源支持生态农业发展；②巩固有利于生态农业发展的环境；③转变叙述方式，运用沟通策略将解决全球饥饿和气候变化问题的方法真正植入生态农业方案中；④共同创新生态农业知识并分享生态农业实践做法。

我们与全球粮食未来联盟密切合作。全球粮食未来联盟是众多慈善基金会与其他基金会共同组成的战略同盟，他们彼此合作，与其他各方一起为后代改造全球粮食体系。该联盟利用资源和网络，将可持续粮食体系列入政治、经济和社会议题。最近，他们要求工作组研究种子和恢复力，进行生态农业生物多样性的汇编工作，同时致力于推动共享行动框架的发展。

我们也意识到还需要更多的资金和合作。寻求与更多的公共投资者和私人投资者合作，扩大生态农业的规模。我们非常激动，也很感激联合国粮农组织让我们汇聚一堂，倾听彼此的心声，期待未来的生态农业论坛会有更多的捐赠者继续支持生态农业的发展。

5.2.4　全球环境基金

Mohamed Bakarr，首席环境专家

全球环境基金是一个由若干多边环境协定组成的金融组织，包括联合国《生物多样性公约》《联合国气候变化框架公约》《联合国防治荒漠化公约》，即"里约三公约"。全球环境基金通过向受援国的项目提供资金来服务上述公约。这些项目将帮助受援国根据巴黎会议上做出的决定履行其义务，还将服务于最新通过的《化学公约》。我们融资的目的是赢得全球环境效益，而且融资会不断递增。我们提供的投资必须在符合条件的国家发展框架下进行。

如何参与农业发展，尤其是生态农业的发展？我们的任务是帮助应对与每一个发展行业有关的环境挑战，这些行业都是各国正在寻求推进发展的。农业虽然是导致环境退化的主要驱动力，但也是机会。我们支持国家进行创新和实践以推动农业部门的可持续性发展。在这方面，生态农业显然激发了我们的兴趣。作为一个资金管理组织，首要任务是向国家提供资金赢得环境效益，这一前提贯穿所有既定的发展议程。由于意识到国家需要获得知识、工具和实践做法，我们也推动创新，国家之间也需要互相学习。

伙伴关系是工作的重要组成部分。我们非常荣幸能与包括联合国粮农组织和总部位于罗马的国际农业开发基金会等18个机构合作，我们也与区域发展银行等联合国机构进行了合作，其中包括联合国工业发展组织、联合国环境规划署和联合国开发计划署，所有这些机构都以某种机制或形式与各国开展合作，实施资助项目，我们坚信联盟的力量。除了国家政府部门和18个机构外，也意识到并且重视私营经济实体在赢得全球环境效益中所发挥的作用。

我们也与社会民间组织进行合作，其中，生态农业给我们提供了机会，

使我们可以朝着这样的方向共同努力，即推动金融机制改革、为农民提供商业机会、促进政策实施、创造有利的环境来帮助土地使用者接受创新。支持实证研究是关键，因为这些措施都是知识导向型，需要促进知识的生成以获得更多的佐证。我们感兴趣的另一个领域与私营产业融资有关，我很高兴看到本次研讨会提出了这个问题。

5.2.5　国际有机农业运动联合会

Peggy Miars，主席

国际有机农业运动联合会和可持续有机农业行动网络制定的这份具有里程碑意义的文件（包含许多个体、组织和全球有机运动提供的内容）被称为"有机3.0"。这是因为它建立在20世纪早期的有机先驱者们（我们称为"有机1.0"）的成果之上，也建立在和目前我们所处的管控良好的环境标准（我们称为"有机2.0"）之上。全球"有机3.0"的目标是提高真正可持续的农业系统以及市场的吸收能力。"有机3.0"的核心是农民和消费者之间的关系。众所周知，在政策和实践方面，生态农业以人为核心。"有机3.0"具有六大特点，我认为这六大特点都符合"生态农业推广举措"的要求。

（1）创新文化。这与"举措"的工作领域（一）相符合，即"可持续农业粮食体系的知识和创新"。

（2）继续推行最佳实践做法。有机标准和方针确定了最低认证标准，农民必须将多样性纳入当前持续改进的系统中。

（3）采用多种方式确保信度的透明。通过做到透明和诚信，赢得消费者的信赖，有助于可持续性生产。

（4）可持续性利益的广泛包容性。希望在健康、生态、公平和关爱的有机原则基础上，与具有共同目标的运动合作，以增加可持续性耕种土地的数量。

（5）从农民到最终消费者的授权。提倡让农民作为变革的动力。公平和合理的原则要求"有机3.0"积极解决性别平等问题，这关系到"举措"工作领域（三），即"为改革构建联系"。

（6）真正的价值以及成本计算。必须公平地解释并传达环境、生物多样性、人类健康和社会所付出的代价和所获得的收益，以便人们能明白食物的真实成本。

"有机3.0"包括一项号召，即呼吁各国政府采取行动，审视其农业政策并采取新的战略以支持可持续农业。这涉及"举措"工作领域（二）："农业粮食体系改革的政策过程"。

推广生态农业号召每个人都做改革的推动者，国际有机农业联盟被称为有机变革促进剂，这并非巧合。我注意到该"举措"呼吁民间社会组织在地方、国家、区域和国际等各个层面开展活动。120个国家设有分支机构，在国家和区域层面有自己组织的团体，在国际层面也有"国际有机农业联盟"，我们完全有条件在各级别开展活动。"有机3.0"将有机农业定位为解决目前面临的环境和社会问题的办法，如气候变化、水污染和土壤退化等。"有机3.0"是以成果为基础，不断适应当地情况的倡议。正如本周所讨论的那样，开展文件中所列的大规模行动，都需要进一步扩大规模。我认为国际有机农业联盟目前和未来的工作十分符合"生态农业推广举措"的要求，并且期待继续与生态农业运动展开合作。

5.2.6　欧盟委员会

Leonard Mizzi，国际合作与发展总干事

推广生态农业，需要应用方法论来跟踪推广成果。在欧盟委员会的服务范围内，我们运用"气候变化里约指标"的跟踪工具作为代理工具，以确定在设计方案里是否将气候变化和可持续性结合在一起。事实上，合作与发展部门所采纳的大多数措施不仅有助于适应和减缓气候变化，而且有助于提高土壤肥力、改善土地退化和提高生物多样性。因此，可以相信，对粮食和营养安全及可持续农业的发展合作支持所占的份额已被确定为与气候相关，同时，这也是在解决环境可持续性问题。2007—2013年这一份额约为13%，2014—2016年已增至38%，在2016年的最新数据中，升至47%。在不久的将来，我们将与联合研究中心合作，共同创建一所全球粮食和营养安全知识中心，该中心将和其他机构一起致力于跟踪记录工作组合中出现的生态农业问题，也将提出新的行动举措，为2020年后的生态农业方案以及源于《巴黎协定》的农业研究做准备。

解决农业可持续性环境维度的实例包括：①在东帝汶，投入3 070万欧元用于建立可持续农林业合作伙伴关系，旨在发展可持续、以市场为导向、有竞争力的繁荣的农林业，恢复生态系统的生产力，消除气候变化所带来的有害影响并增加农村地区的就业和收入；②在利比里亚实施了一个规模达3 000万欧元的项目，旨在通过建立一个营养机敏型生产系统并提高农业适应气候变化的能力，持续提高农业小农户和渔业团体的生产力、收入并加大进入市场的机会；③在安哥拉实施了价值6 800万欧元的项目，旨在通过使用技术创新进行实践，增强气候变化和环境退化背景下家庭农场生产的恢复力，从而降低其脆弱性并提高生产力，同时更注重水土保持。

我很高兴能看到，在彻底改变粮食生产方式、环境退化的局面、应对气候变化和确保人人享有健康粮食的问题上所达成的明确共识。然而，也必须认识到推广生态农业所遇到的挑战。我想分享以下5个关键信息：

（1）生态农业过渡需要为激励农民提供有利的环境，并帮助他们渡过改革体制所需要的过渡期，进而实现体制的可持续性和盈利性。

（2）需要制定政策推进重点研究工作，以支持生态农业和其他可持续农业。

（3）为推广生态农业、农村教育及推广体系，需要从注重单一学科、提高单一商品产量和自上而下进行技术转让的方式，演变为以科学和农民的知识为基础共同创造知识。

（4）需要重视地方和地区生产及消费的多样化市场，从而鼓励多样化生态农业生产，并将重点放在短期供应环上。

（5）生态农业过渡需要各部门、各学科和各参与者加强合作，以实现不同规模的多重目标，特别是需要将景观治理和土地治理结合起来。

5.2.7　意大利农业研究和农业经济分析委员会

Michele Pisante，机构关系代表

意大利农业研究和农业经济分析委员会（以下简称CREA）是意大利最大的公共实体，在农业、农业粮食生产和工业、渔业、林业、粮食和营养以及农业经济等领域具备一定科学能力。CREA的工作重点包括下列领域：①进行科学研究并提出技术方案。在可持续生产和健康生产的前提下，加强对自然资源、农业、林业和渔业生态系统生物多样性的保护和保存，提高农业、农产品以及林业的盈利能力和竞争力；②提高"意大利制造"的产品在农业粮食和工业系统之间的竞争力；③促进和发展与公共、私人、国家和国际研究机构的关系；④推进与意大利和欧洲农业利益相关的科学课题的研究；⑤相关领域的认证、测试并得到认可。

CREA由分布在全国各地的12个研究中心（包括6个交叉学科中心和6个基于"价值链"的中心）组成。CREA与中央行政机构、地方和区域机构、公司以及各种贸易、工业和法律协会合作。

关于"生态农业推广举措"，CREA参与生态农业研究的主题包括：①土壤健康可持续性；②气候变化适应性；③生态农业实践对生产力的影响；④农业环境指标。推广生态农业的优先行动，可以持续巩固农民对生态农业举措的进一步认识；可以通过个案研究阐释生态农业耕作的含义，提高自然资源资本的利用率如土壤、生物多样性、水资源以及生态系统的功能性。可以通过传播创新知识、实施解决当地问题的方案来推动粮食和农业体系改革政策，

CREA能够支持"生态农业推广举措"的实施。

5.2.8　中国农业农村部

高尚宾，农业生态与资源保护总站副站长

中国在生态农业发展方面已经取得了长足进步。近年来，中国一直在生态农业建设上进行投资，同时，中国农业农村部也一直致力于提高资源利用率，减少农业投入、污染和生产成本，促进农业废弃物再利用。

自20世纪80年代以来，农业农村部（原农业部）与其他有关部委一起为国家级示范县制定了两项预算。第一项是"生态示范县"。目前有100多个"生态示范县"。第二项涉及作物轮作和休耕示范区，通过采用作物轮作的方式使粮食产量达到3 000万公顷，目前休耕土地已达到80万公顷。我想强调的是，生态农业在中国有着广阔的前景。毫无疑问，中国有非常强烈的政治意愿来解决水、空气、土壤和生物多样性等环境问题。

在专题研讨会背景下，我想提出4点建议：①需要与其他国家交流政策，例如纠正措施计划（CAP）为绿色支付或碳支付提供政策改变方面的支持，中国的农业发展十分迅猛，我们需要从中国的经验中吸取教训；②为了推动技术变革，需要设立标准制定指标和评估方法；③需要进行重点研究，我们需要来自不同国家的专家和机构的帮助，对不同地区的研究水平进行评估，不断完善政策；④需要与私营企业建立伙伴关系，在中国，中产阶级收入的增加为绿色和可持续发展的产品创造了巨大市场。我建议私营企业、联合国粮食及农业组织和其他机构为农民建立一个分享经验的平台，特别是分享技术、政策和市场方面的经验。

5.2.9　拉丁美洲和加勒比生态农业运动

Maria Noel Salgado，南锥体区域协调员

首先，我很高兴看到，现在似乎有很多人和合作伙伴对生态农业的工作和合作表现出了兴趣。我代表小规模粮食生产者组织进行发言：这些组织包括以农业为生的渔民、农民、原住民、牧民和妇女协会。我们是该地区的生态农业研究者。就在几年前，我们还是唯一一个致力于发展生态农业的国家，通过土地改变社会，努力实现更大的粮食主权。这就是为什么我们赞同联合国粮农组织提出的"举措"，因为这一"举措"可以把众多参与者聚到一起，只有这样才能共同发展生态农业。

推广和发展生态农业需要什么？首先，进入生态农业领域的新人需要有一个明确的认识，即生态农业不是简单地重组我们的投入和工具，也不是继续作为与原来相同的制度，只为产生更多利润，而不顾及农民生产与生活。生态农业是一个范例式的转变。粮食不是商品，生态农业也不需要通过考核来证明它的生存能力。多年前就已经在极其恶劣的条件下证明了这一观点。我们这些小规模的粮食生产商积累了经验和知识并已经证明，知识及地方知识是推广生态农业的关键。我们不是从零开始，而是在已有的基础上展开，我们在世界各地和各协会中也是这样做的。

我们需要转型以便其他小农户粮食生产商可以一起开展生态农业工作。我们还需要为公共政策决策者的转型过渡开辟一条道路。这条道路需要农户和农民的参与，而不是简单的技术过渡。还需要确保知识的发展不仅是学术或研究机构的成果，也是不同形式知识之间对话的结果，这些对话是通过利用生态农业进行工作和生活的原住民、小规模生产者、青年和妇女所获得的知识来进行的。

妇女一直都是生态农业的灵魂，如果没有妇女加入，就得不到足够的重视，就无法推广生态农业。公共政策要尊重不同地区与不同工具和方法之间

© 粮农组织/Giuseppe Carotenuto

的差异性和自主发展性。各协会制定了生态农业工具和方法支持和发展生态农业。

考虑制定支持生态农业的政策时，人们往往认为需要投入大量资源。我们认为有一个更简单的方法：如果从农业企业转移资源，就会有更充足的资源发展生态农业。

最后，倘若没有生态农业实践者即我们这些小规模粮食生产者的参与，那么生态农业公共政策就无法实施。只有我们参与进来，生态农业才能顺利开展。

5.2.10　世界农林中心

Dennis Garrity，高级研究员

我在全球虚拟联盟担任主席，与其成员即大型非政府组织合力创造常青农业，并致力于与世界各地的小农户一起推广常青行动，常青行动本质上来说就是推广农林业。该伙伴关系动员了众多国家级非政府组织以及国家级以下的当地非政府组织，共同与政府推广机构、政策制定者和研究开发参与者推广这些举措。农业系统逐步持续化是生态农业系统的根本。我们旨在大规模扩展这些系统，从而为生态农业的整体发展做出贡献。我们正在以农民的知识和经验为基础，并且，最近实施的推广方案得到了欧盟委员会的资助，该方案代表了我们正在实现的美好愿景。

我们参与了非洲干旱地区8个国家50万农户的常青农业规模推广行动。这是一项伟大的行动，但这项行动还只是个开始，预计未来几年参与人数有望达到5 000万人。

在考虑要做什么事的时候，第一，分享成功的实践经验。在许多国家，数百万农民通过采用这些做法取得了成功。尼日尔的农业转型就是标志性的例子。2017年，美国地质调查局绘制了尼日利亚田间树木自然再生分布图，旨在恢复土地、牲畜和饲料的健康，同时获得燃料木柴、生物肥料、蜂蜜和木材。结果发现，在世界上最贫穷的国家竟然有超过700万公顷的土地得到改造。这种做法在马拉维流行开来，并推广到许多非洲和亚洲国家。第二，需要凝聚力量，与政府和投资者们建立伙伴关系，共同合作。第三，需要传播这样的知识，即世界范围内农业用地的树木覆盖率实际上正迅速增加。未来几年继续加快这一进程，农林业将有望成为2050年农业零排放的能动点。换句话说，为了实现《巴黎协定》中规定的农业零排放，我向大家提出一个倡议：倡议扩大树木覆盖率，鼓励农民这样做，并使他们看到好处，这是实现农业零排放的关键。因此，常青农业合作伙伴关系能够为扩大生态农

业的规模做出巨大贡献。我们期待与您的合作，共同为这一伟大的努力注入活力。

5.2.11　乌干达里拉综合学校

Beatrice Ayuru，创办人

里拉（Lira）综合学校于2000年在乌干达成立。我们希望为学习者提供优质且能负担得起的教育，并确保把创业精神和非正规技能纳入正规教育中。因此，当完成所受教育时，他们不必到处去找工作，这得益于我们给他们提供的全面的教育，他们将成为就业机会的创造者。从幼儿园到小学，再到中学，我们共有750名儿童。因为我之前有过类似的经历，所以我很高兴成为儿童教育的倡导者之一。过去20年圣灵抵抗军的入侵使我确信：儿童和青少年受到了忽视包括孤儿，尤其是青少年孤儿，遭受着痛苦和被抛弃的境遇。因此，我们学校致力于为这些有需要的孩子提供100%的支持。另外，我们还有正常交学费的孩子。

维持学校运转的唯一途径是农业。当我们产生"农业应该可以支持学校运转"的想法时，感到非常不可思议。不幸的是，我们采用的是单一作物的栽培方式。找到有效的解决办法之前，我们一直采取单一种植方式。结果并不乐观，我向银行借了一笔贷款，银行不断追债，威胁要出售我的不动产。各大报纸也刊登了这一消息，我受到极大打击。同时，我的婚姻出现了问题，面临离婚的困境。我还有6个孩子和700多名学生"嗷嗷待哺"。此时对于我来说异常艰难，而在这一节骨眼上，我很感激2014年联合国粮农组织伸出援手，我不用出售学校。我很高兴第一次有人打电话给我并叫我"甜心"。这个人是安娜·梅内斯，她说"比阿特丽丝，有希望了"。

我很高兴，联合国粮农组织不仅支持了我，还给广大农民们提供了支持。我们几乎都接受了培训，主要是在水产养殖方面。在照顾孩子们的同时，我们还引入了其他农作物。我很高兴联合国粮农组织在农业和综合农业上给了我们支持。不仅引进了养鱼业，还落实了养蜂业、园艺业，建立了香蕉种植园，引入豆类、大豆和其他蔬菜。有了营养丰富的食物，孩子们都能吃得饱。他们开心欢笑，比其他吃不饱饭的学生更加聪明了。有人说我们在改变这些孩子的智力方面创造了奇迹。我们没有创造奇迹，而是在满足他们的温饱需求。感谢联合国粮农组织的帮助，我们正共享这些信息。我们得到了农具和设备上的支持，所以今天我们能加工并出售鱼类产品。学校经费的70%来自我们的农产品销售，25%来自正常付费的学生。

所有这些都极大地改变了我的生活。社区的妇女得到了充分的支持。当你支持农村妇女时，你就是在养活一个国家。我是一个自立自强的女性，我的成功源于我能够维系这个项目。同时，我为能让孩子们吃饱饭而感到自豪。感谢联合国粮农组织改变了我们的生活。

5.2.12 意大利农业联合会

Dino Scanavino，主席

为了迎接当今时代的巨大挑战，为了满足即将达到80亿人口的世界消费者需求，我们必须关注粮食安全、环境问题和更加公平的资源分配等问题，还应该为良好的农业活动投资。在此背景下，《2030年可持续发展议程》及其17项目标为我们指明了发展的道路。

这条道路不会一帆风顺，它基于一项复杂的战略，其中农业和农民发挥着关键作用。在主要目标框架内，生态农业是确保所有地区粮食安全和主权的首选模式。我们必须再次促进生产力、可持续性和竞争性相结合的农业生产过程。为此，我们必须进行创新，把位于现代农业核心的领土和供应链连接起来。生态农业包括：促进与该地区气候、自然和文化特征有关的综合生产系统的发展，促进生物多样性，确保微生物健康、土壤结构良好及其长期肥力。综合农业系统也对缓解气候变化具有重要贡献。如今，人们认为农业对温室气体排放负有责任，尤其是在发达国家，因为7%的温室气体都源于畜牧业和氮肥。然而，农业和林业可以是大型的碳汇，具有生物量生产、良好的土壤管理、植物覆盖、轮作、有效利用灌溉、维持和增加土壤有机质等优点。这些优点都在巴黎举行的第21届联合国气候变化大会上得到了认可。

通过运用生物和信息技术以及机器人技术，可以将创新应用于生产过程中。例如，网络和卫星的使用可以减少控制植物病害产品的使用并降低成本。所有这些创新都应该为农业、各个国家，以及致力于保护和促进乡村景观的社会团体之间提供更好的联系。

意大利农户联盟致力于促进可持续的土壤管理、灌溉水管理以及改进生态农业系统服务。该联盟与意大利环保组织以及各研究中心和地方当局共同发起了一个名为"以土壤为生命"的计划：我们正在意大利全国范围内推广联合国粮农组织的《可持续土壤管理自愿指导方针》，预计将至少有5 000家农业企业会采用良好和创新的可持续土壤管理程序。在农村地区，我们将看到《2030年可持续发展议程》中的大部分难题得以解决。农民将是实现17项目标的主要参与者。国际农业委员会将通过直接参与的方式在意大利、欧洲和国际层面实现这些目标。

5.2.13 全球农业研究论坛

Bongiwe N. Njobe，主席

全球农业研究论坛是一个富有创新力、自愿加入、涉及多方利益的平台，目前已覆盖500个成员组织。早些时候，Hans·Dreyer提到有必要吸纳更多的成员。据此，我认为应该提供不同类型的集会场所供大家合作、讨论和辩论。这些场所应该提供信息共享和双向交流的机会，这样我们能够最终将生态农业应用到所需环境中。

本质上来说，对会议开始时提出的3个问题，全球农业研究论坛的回应可看作是一场能够促进和重构生态农业的辩论。这场辩论围绕生态农业的平行性立场展开，目的是推动生态农业成为与绿色革命截然不同的选择。探讨重新构建这些立场以及生态农业所面临的挑战和机遇，需要改变那些据此达成共识和实施集体性方案的过程。为此，全球农业研究论坛起到了一定的援助作用即通过营造有利的环境确定各自的角色、生态农业观的价值和应用性，以及为把小农户放在创新动力的主导位置而实施的行动。全球农业研究论坛有助于实现具体情况下的对话平等和对话透明。

我们认为，推广生态农业应该是与持续开放和包容性的对话联系起来的优先行动。这种对话有利于开拓集体视野，并为农业的未来发展开辟新的前景并形成相应的备选方案。考虑创新的作用，提供经验教训以及可操作性评估标准，来评估利于扶贫创新的研究型伙伴关系，这也十分重要。

全球农业研究论坛如何为"生态农业推广举措"的实施做出自己的贡献？第一，我们已经着手落实上述具备前瞻性和评估性的举措。我们参与土地评估和认可，以及在几个主要领域进行农民主导的实验和研究动态，给予小农户作为知识生产者充分的尊重。这些举措包括现有的生态农业解决方案，具体涉及被遗忘的作物和农民的种子。第二，我们参与大学及其课程的改革，以利于培养新型专业人员，使他们具有与农民共同创新的软实力。第三，我们参与制定新的衡量标准，引入替代指标、标准和激励措施，鼓励生态农业生产系统在产量之外的表现，由此，我们在定义和应用新的衡量标准时，考虑了不同组织的情况。

我们还参与了提高小农户、市场和中小企业发展能力方面的工作。在"联合国家庭农业十年"（2019—2028年）的框架下，通过与实际农村合作论坛和其他伙伴的合作，我们正在发起一项倡议，旨在激发农民主导的参与式家庭农业研究的潜力，我们期待提出新的举措，以解决消费者对健康饮食需求增长的问题。

5.2.14　意大利银行

Gabriele Giulietti，*商务主管*

意大利银行开展业务的土地饱受黑手党管控。意大利有两项法律规定：黑手党占领的所有土地应由政府交给那些为残疾人或家庭困难的人进行服务的社会合作社来管理。因此，政府在意大利南部地区没收了至少 1 000 公顷土地。作为银行，我们支持这些合作组织。

30 年前，我们开始在巴勒斯坦、非洲和拉丁美洲开展与公平贸易有关的小额信贷活动。2002 年，我们开始在黑手党经营的社会合作社的土地上提供贷款服务。如今我们取得了成功：业务总额大约达 10 亿欧元，其中 20% 来自在巴勒斯坦、拉丁美洲、非洲和东欧开展的与生态农业有关的金融服务。我们的银行网络（全球价值观银行联盟）基于这样的价值观，即与那些"不被银行接受的"人们合作。

如果此时我谈论的是一段长达 30 年的历史，那么就意味着这些人实际上是"可被银行接受的"。在意大利，有 50% 的人在进行投资组合时会被其他银行拒之门外。当我谈到科莱奥内、圣朱塞佩和其他小村庄时，我们与那些致力于打造一个不同凡响的世界的人们一起工作。我是地中海董事会的成员，这是一个在被没收的土地上进行工作的合作组织组成的联盟。简而言之，我们在黑手党占领的土地上从事有机农业，我们将意大利生产的优质产品销往国际市场。

我们的主要业务是提供信贷服务。我们未来的工作是在巴勒斯坦、东欧、非洲和拉丁美洲地区扩大小额信贷服务的规模。我们为自己的工作感到自豪，认为可以通过融资来创造一个更好的世界，因为这是人的权利。正如我们过去 30 年所做的一样，意味着我们未来将和其他面向小农户的银行一起为非洲、马里和巴勒斯坦的人民服务。

5.2.15　可持续粮食体系国际专家小组

Emile Frison，*专家小组成员*

可持续粮食体系国际专家小组是一个独立的智囊团，致力于支持转变可持续发展粮食体系，从而实现经济、环境、营养、社会公平和文化等方面的目标。几年前我们就开始行动了，并发表了多份报告。第一份报告与本次会议息息相关，题为《从统一到多样化：从农业产业化到农业生态系统多样化》。最近的一份报告探讨了健康方面的问题，题为《揭示食物与健康的关系：探讨实践、政治经济与权力的关系以建立更健康的食物系统》。同样在2017年，我们发表了一份题为《大而难养》的报告，探讨农产品部门的大规模合并、权力联合和集中现象产生的影响。

我们也参与提出了一些倡议。第一，在欧洲推动共同粮食政策向真正的综合性粮食政策转变，这本质上仍然着眼于生产力，以及上述提到的所有方面。其次，在非洲西部地区发起倡议，寻找现有生产模式的生态农业替代选项，并与那里的农民组织一起工作，支持他们在该地区将生态农业纳入主流。

第二，要考虑的问题，作为一名研究人员，我务必要强烈呼吁人们对生态农业系统研究进行投资。迄今为止，大多数国家以及大多数发展投资组合对生态农业研究的投资不足1%，我认为务必彻底扭转这种局面。从国际层面来看，世界上没有专门的生态农业研究中心；在国际农业磋商组织层面，生态农业尚未得到该有的重视，对此，我深感遗憾。因此，我呼吁捐赠者共同投资生态农业的参与性研究项目。当然，国际多样性组织用其在农业生物多样性的经验，在主办这样的项目中将处于有利地位。我很高兴听到安妮·图维勒女士做出的表示：如果有人提供支持，她愿意担任这个角色。

关于今后的进一步贡献，粮食可持续发展系统国际专家小组将继续提供政策信息简报，以各种方式改变关于可持续粮食体系和生态农业政策的叙述。包括继续努力在非洲（非洲西部以外的地区）和其他地区（如果资金充足的话）寻找生态农业型替代选择项。

最后，我真诚地希望本次研讨会将成为一个里程碑，在转变粮食体系的发展模式和生态农业常态化的工作中发挥巨大作用。我真诚地期待与各位的合作，让我们共同努力，推动"生态农业推广举措"成功实施。

5.3　全体讨论，听取与会者意见

本届专题研讨会与会人员就如何加强协作及伙伴关系，以及如何落实"生态农业推广举措"展开全体讨论。

小组讨论成员

1.联合国粮农组织计划支持及技术合作部助理总干事　Roberto Ridolfi

2.世界农林中心高级助理　Barbara Gemmill-Herren

主持人

国际生物多样性中心副主席兼理事会主席　Braulio Ferreira de Souza Dias

全体大会摘要

与会者就"生态农业推广举措"框架中应予以考虑的挑战、缺陷和特殊机遇等方面提出了各自的建议和解决方案，其中包括：①各国政府应以跨专业的方式实施一套强制性标准；②应关注转基因产品、农业有毒物质的使用量和土地征用情况；③应明确生态农业的准则及说明；④青年的参与至关重要；⑤研究群体应包括未接受过教育的人（当地社区人群和土著人）；⑥科研人员应意识到需要改变以往的高投入做法；⑦进行研究时应确保采取保护农业环境的方法；⑧应停止对工业化粮食体系的补贴和政策支持与管理；⑨联合国及其成员国应在积极加强推动生态农业发展的同时，消除极具危害性的农药残留；⑩生态农业基金应直接惠及农民、组织和社区单位；⑪在转变市场体系的同时，应加强消费者意识，提高其受教育程度；⑫良好的生态农业示范可作为扩大生态农业规模的基础；⑬欧盟委员会的主题中心可用于生态农业协同创新；⑭应采取措施来衡量超出基本产量的变量（包括修订解释家庭农场业绩的指标）。

与会者对"生态农业推广举措"表示赞同，并承诺通过加强伙伴关系与合作来积极采用和实施该"举措"。

全体大会

Mercedes López Martínez
Vía Orgánica

为了能参与到该"举措"的实施工作中，应该制定一套严格标准，由各国政府采取多种方式加以实施。例如：①城乡社区必须参与所有生态农业项目；②妇女工作必须落到实处且得到认可；③生态农业项目应涉及流动人口；④适用于国际贸易的法律、立法和条约应保护和促进生态农业。此外，也应关注转基因产品和含有农业有毒物质产品的使用问题。这份清单对于各国来说十分重要，正如人们一再强调的那样，留给我们的时间不多了。

中央农业研究院（CARI）
Patrice Burger

我们认识到生态农业的推广并非孤军奋战，但是依然面临诸多挑战。每个人都在生态农业这条路上不断前行，所以不应忽视生态农业存在的现实问题，以及如何使生态农业成为未来农业发展的中坚力量。我们需要保持开拓性思维，吸引对此有共识的各界人士。

国际可持续粮食体系专家委员会
Emile Frison

评估已经完成的和正在做的工作是件好事，我们应围绕今天的议程展开深刻讨论。

美国沃茨水工业集团
Clara Nicholls

我高度赞赏来自民间社会组织的贡献。沃茨水工业集团现拥有1 200多名员工，其理念是专门与小农户进行合作，尤其在生态农业发展初期研究、教育和培训等领域。我们支持民间团体提出的倡议，也愿意支持联合国粮农组织的提议，该条款对生态农业的方针和概念阐述得十分清楚，但其中不包括智慧型农业、可持续集约化等概念，因为那些只是解决农业企业问题的一种简单方式。如果我们拥有同样的目标，即民间团体与小农户合作的研究人员/科学家所拥有的共同愿景，那我们随时可进行合作。

西非小型渔业协会
Lucie Attikpa Epouse Tetegan

我们需要在青年群体，特别是儿童中采取相关行动，需要推进学校餐饮等行动。为了实现转型和做法的转变，需要与青年人合作。之前已有先例，使用当地产品提供学校餐饮。我们需要研究如何让那些从未接受过学校教育但实践经历丰富的人参与进来，因为我们需要向这些人寻求帮助。不能忽视调查研究的作用，但我们需要确保在研究过程中将当地社区的本土因素考虑进来。当国家推行农业企业时，需要明确联合国粮农组织的责任。对于各国在实现变革时所遇到的重重压力，联合国粮农组织的责任十分重大。

蒙得维的亚乡村
Isabel Andreoni

因不同的价值观、耕作方法和生态农业伦理学，生态农业对经济模式提出了挑战。生态农业引发了许多不同的问题：第一，土地、生产资源、知识和技术的私有化。我们要讨论并且要认识到粮食不是商品，而是一种基本需求。第二，我们需要跳出城市生活范式的思维模式，重点关注农村生活。第三，我们需要考虑这种由主导文化强加的范例，必须对霸权主义的发展理念发起挑战。

国际农业研究磋商组织
Rodney Cooke

国际农业研究磋商组织的使命宣言是建立"一个没有贫穷、没有饥饿、没有环境恶化的世界"。在过去的七八年里，体系发生了巨大的变化。我们不能重蹈覆辙，以自然资源、环境和人类健康的不可持续性为代价，过少、过多或错误地食用粮食。在15个交叉项目中，至少有5个项目与生态农业问题有关。整个研究界非常清楚地认识到目前需要摆脱过去那种高投入、高耗能的模式。

小型咖啡生产商协会（ASOPECAM）
Daisy Liliana

我认为重点是要仔细研究每个国家对公共资源的保护情况。例如，在哥伦比亚，没有同当地社区协商就发放采矿特许权证而导致了水资源私有化。一些自然保护区，如帕拉莫·桑特班（Paramo Santurban），正在遭受露天采矿的侵害，因开采时并未考虑对水资源的保护，使用了汞等有毒物质，导致当地社区水资源遭受污染。我们有必要对此进行研究，以确保在处理农业问题时能够像我们祖先那样采用传统方式进行。考虑到世代更迭，还必须请妇女、青年和儿童参与进来。

印度尼西亚农民联合会
Zainal Arifin Fuad

生态农业是从农业企业、自由贸易、新自由主义和出口导向等方面进行转变，我们需要转向相互支持的经济模式。与世贸组织签署的自由贸易协定以及许多投资项目中发生的情况令人感到担忧。此外，在国土和生态农业建设方面，需要谨慎对待土地特许权和土地征用问题，印度尼西亚就曾发生过这些问题。与气候变化项目有关的土地征用造成了多次巨大冲突。与土地的另外一个联系是：生态农业分布区跨度小，一般都是短距离和中距离，而不是长距离跨度。为什么要以出口为导向？我们发现越来越多的有机作物来自国外。最后是关于此前道德银行干预的看法：他们在非洲和拉丁美洲运转，并没有在亚洲启动，他们需要在亚洲扩展业务。

国际开发协会
Stefano Prato

当我们在大力推广生态农业时，重要的一点是明确联合国粮农组织的立场，即它与生态农业的践行者们站在一起，包括农民和其他群体。这意味着，当我们谈到要开展的活动和要找到的资源时，首要问题不是考虑做什么，而是考虑停止做什么。特别是，我们要停止那些有利于工业粮食体系的补贴、政策激励和政策管理。在这方面，一部分小组成员今天上午提出的资源问题的表述是错误的。这不是一个产生新资源的问题，而是停止把资源放在错误地方的问题，这样做的最终结果是为了实现净效应。我们要清楚应停止和中断什么事情，这对开局是很重要的。

非洲农药行动协作网
Diene Ndeye Maimouna

我代表国际农药行动协作网进行发言，这是一个农民自己的协作网，特别是女性农民，她们是最容易接触到化学产品的群体。据证实，亚洲一些国家，有超过70％的农民和家庭成员出现过农药中毒症状。在非洲，农用化学产业十分强大，他们所生产的危险和有毒产品通常为半文盲农民所使用。因此，生态农业就是该问题的解决方案，也是一个强有力的解决方案。该方案对因使用非常危险的物质而造成的重大农业和健康问题做出了回应。生态农业为我们粮食和农业生产的社会和政治改革提供了真正的机会。它可以确保粮食生产者，特别是农户、妇女和青年农户有一个美好的未来。目前，联合国粮农组织正在与各国合作，致力于禁止使用最具危害性的杀虫剂。然而，从最近国际上使用化学产品的情况来看，人们认为若要禁止使用非常危险的杀虫剂，就必须有力地强调生态农业。我们需要在这两个领域进行密切合作。因此，我想强调联合国粮农组织所做出的努力，它鼓励在联合国层面推广生态农业的做法，并将生态农业作为一种方式纳入各个方案和政策中。我们请求联合国及其成员在加强生态农业的同时，禁止使用危险性极大的杀虫剂，这将有助于粮食体系向绿色体系的真正转变。

意大利常驻联合国粮农组织、国际农发基金和世界粮食计划署代表
Pierfrancesco Sacco

意大利向这次研讨会取得的令人振奋的成果表示祝贺，我们赞赏联合国粮农组织的组织能力和领导能力。我们认为，联合国粮农组织成员和其他总部设在罗马的机构将发挥关键的战略作用，总干事提到的生态农业小组的伙伴组织也将发挥作用。我们希望联合国粮农组织的理事机构能够将这次专题研讨会的卓越成果应用在日常工作中，作为联合国粮农组织的成员，我们期待着今后的工作。

土地健康国际组织
Stephen Sherwood

纵观全球，在过去半个世纪里，我们并没有正视粮食、家庭、市场和环境的发展现状，特别是国家主导的农业和粮食现代化问题，我们要注意到生态农业和农业生态之间存在的根本区别。尽管生态农业可以由一个家庭或一个行业来推广发展，但对于生态农业而言，最重要的是建立在家庭基础之上。我担心的是，我们未必理解这一点，就是说，如果没有家庭，就不可能有生态农业。我所说的家庭，是指农民家庭，但也包括城镇家庭、富人、穷人、北方人、南方人。生态农业是民主形式下的必然产物，它不是抽象的。生态农业是人民的粮食，为人民所拥有，靠人民来创造。科学家们和普通人一样，也有家庭生活，也需要吃饭。他们是其中一份子，必须通过实践参与其中，这并不抽象。他们通过直接的而不是代表性的民主形式参与其中，由食用者本身控制并负责监管至关重要的食物。当生态农业能够进行实践时，那么从根本上说，它是农业、粮食和生活的自组织的、生动的、集体的体现。然而，我的关注点和建议是，这种需求应通过国家或科学机构进行协调。

欧洲农林联合会
María Rosa Mosquera Losada

在此项"举措"中，应对欧盟提出的一些倡议加以考虑。例如，主题网络与欧洲委员会提供的资金相关，该资金旨在推动研究人员与农民合作。这一网络十分重要并极具创新力，有利于推动基于传统知识和研究成果的

创新发展。我是欧洲委员会农林创新网络附属项目的协调员。在这些专题网络范围内，我们将创建一个中心，这对在联合国粮农组织创建的生态农业中心非常有利。我们还和利益相关者进行网络合作，欧盟12个国家进行了一项关于农民使用农林复合经营模式的调查。在调查反馈中，寻求更多教育机会，这不仅是为他们自己，也是为消费者。城市居民并不了解农业用地状况，这对生产者来说是个问题，当他们试图用不同的方式生产时，他们的产品价格不能与在集约模式下生产的产品价格保持一致。此外，他们要求制定更适合执行生态农业和农林业的体制机制。关于需求问题的一个例子展现出了最佳的实践范式，因为他们想知道与自己农场相关的问题的解决方案。

约隆博妇女组织协会
Sonia Cárdenas

我有两个关注点：一个与融资有关，一个与研究有关。我相信，在数据库和虚拟平台上，我们已经充分掌握了这次研讨会分享的信息，在数据库和虚拟平台上可以找到。信息证明绿色革命已经结束，继续这样做可能会导致地球上的生命终结。我认为不需要更多的证据，因为生态农业已经给出了足够多的证据。然而，为了推广生态农业，我们需要收集更多的资源进行研究，但这并不是为了证明其可行性。大量的证据证明生态农业具有可行性，是一种能扭转文明灾难的方法。公共资金不应用于维持一个不会对我们产生任何帮助的系统，而应该用于保护生命，用于以生命为导向的农业，这就是生态农业。此外，需要有充足的资源来确保生态农业建设，这一做法赋予了妇女权力，使妇女不再只成为推动生态农业成功的工具。妇女在获得公共资源或自身的资源方面常常被边缘化，因此，在政策制定、研究和资源分配时必须考虑这一点，并将其作为决策的核心。我们制定的公约和条约，并没有涵盖必要的资源或没有达到所需要的程度。农工业需要转型，但是要利用自己的资源，而不是以牺牲公共资源为代价来进行转型。农业综合企业有强大的游说能力，甚至可以左右政府。

实际行动组织
Maria Goss

从推广生态农业的活动来看，显然不能采用"一刀切"的方法。我们需要审视标准和文化差异，需要在特定的地理区域内建立传统的、本土的知识体系，这是必须强调的一点。这些群体中的妇女已经在从事生态农业的工作，我们需要在她们的倡议基础上再接再厉，倾听她们的声音并看到她们的努力。

法国国际农业研究中心
Pierre Marie Bosch

为了改变和扩大规模，我们需要评估现有情况，衡量在全球范围内处于农业生产核心地位的男性、女性和家庭农场主。我们必须使用测量系统和适应性强的指标来完成，这些指标可以准确地了解有多少个家庭农场。同时，还需要一套工具来测量变量，这些变量不单指产量，而是指超出这个单一产量的数字。我支持全球农业研究论坛的提议，该提议要求对反映农户绩效的指标进行审查。关键在于，要认识到目前农业和家庭农场主的信息系统还不能正确反映相关情况。我们需要将信息系统可视化，需要一个全球规模的观测工具来呈现信息系统并使大部分不可视的信息系统变得可视化。

国际行动救援组织
Tauntin Bernard

众所周知，小农户在各个层面都处于生态农业研究的中心地位。要确保资金能到达他们手中并用于生产活动，但在大多数情况下，资金发放的指导纲要十分严苛并且标准极高。即便有需求，小农户农民也无法拿到相关资金。因此，他们需要人员进行评估并代表他们进行申请，但在多数情况下还是得不到专款。为推广生态农业，重新权衡资金发放条件和标准是十分重要的，同时寻求调整这些准则的方法，确保小农户农民及其生产活动能够直接获得资金，并在农民及其社区中促进生态农业的发展。

加利福尼亚大学
Miquel Altieri

讨论生态农业时，我们应该感谢农民和原住民对生态农业长达几个世纪的实践，认识到这一点非常重要。另外，非政府组织的代表，特别是来自拉美地区的代表，在40年前就对此项工作展开了研究，其中一些人来自学术领域。我支持拉丁美洲农业科学学会（SOCLA）的参与，也支持将生态农业视为人生奋斗目标之一的其他女性。生态农业是一种新的发展模式，不能完全制度化。少量用于推广生态农业的资源无法通过常规机构进行分配，正如支持生态农业发展的一些农民组织以及科学社团组织，帕尔维兹·库哈夫坎提出了一项名为全球重要农业文化遗产（GIAHS）的提议。该提议确定了经得起时间考验的制度，这些制度是值得恢复的真正有复原力的例子。确定拉丁美洲和非洲农民的成功范例，他们中的一些人已经付诸实践并取得了成功，我们将其称为"灯塔"，从中可以得出扩大规模的方法。在拉丁美洲农业科学学会（SOCLA）中有一个项目，该项目把加勒比海岛与海地和波多黎各等地遭受飓风影响的农民送到古巴有恢复力的农场，在那里农民们成功地改造了农场，资源得以利用。我们需要在正规教育和非正规教育上进行投资。讨论生态农业的时候，包括我所在学校以及其他高校，正在传授绿色革命的方法。我们需要培养年轻人，使其在未来成为生态农业领域的专家。目前，学校没有或很少开设生态农业相关课程。一些研究人员高度称赞了"希腊国际文学艺术与科学学院"（IALAS）。这是由农民创立的新学校，在全球范围内培训生态农业领域的农民。作为高校，这样做并不是出于自己的需求。就转变全球粮食体系而言，我们需要另辟蹊径，不能继续在市场逻辑下思考。我们还需制定出替代性的市场机制，很多范例表明，消费者、贫困消费者和贫困农民之间的共同利益引发了粮食主权问题。在政策方面，我们有巴西、厄瓜多尔的先例，但他们的言行之间存在很大距离，我们需要行动起来。

生态农业农场

Johannes Goudjanou

感谢大家就青年人事宜展开讨论。我们现在必须向青年人提供支持，支持他们在数字领域的创新，以及生态农业农场和企业管理创新方面所做的工作。现今，非洲做出了很多创新，但取得的成果并不显著。所有与会者都必须考虑到青年群体，这一点非常重要。传统农业在农业有关战略、农业研究、农业管理等方面都积累了丰富的经验。然而，当今社会，消费者极易受广告和营销手段的影响，要让我们的农产品在市场上具有竞争力，我们应该怎么做呢？这些方面始终没有得到生产者的重视。我们需要同时具备生态农业农场经营和企业管理的能力，这是我们推广生态农业的关键。我已经意识到了青年，特别是非洲青年，以及世界其他地区的青年，都是未来的希望。并且我深信，我们能够和青年共同应对挑战。

挪威生命科学大学

Idil Akdos

看到这里的年轻人和学生如此少，大学也是如此少，令人感到难过。他们在哪里？我们一直在讨论为何有必要进行研究，以及我们如何在农民和研究人员之间共同创造知识。我认为大学是研究的首要地点，但是我在这里没有看到很多大学参与其中。都说要给予青年人权利，那么请允许青年人加入其中。

海水稻

Nori Ignacio

感谢联合国粮农组织召开此次专题研讨会，让我们能够参会并展开热烈讨论。这些提议为生态农业注入新的活力，并且也引起了关注。诸多发言都令人印象深刻，围绕生态农业的重要性，包括其基本原则和关键要素，发言者做出了具体阐释。问题仍然在于如何将生态农业的理念落实到具体行动中。当今时代，粮食体系深受全球贸易影响，要解决这一问题仍然是一大挑战。尽管我们都认同有必要对农业系统进行变革，但同样不能忽视这样一个事实，即在各种贸易协定的推动下，国家往往既要制定新的法律法规，又要修改现有法律以满足企业的利益追求，因此各国都面临诸多压力。目前，许多国家至少亚洲国家正在修订相关法律，以更好地保护农业创新方面的知识产权。例如，对种子资源进行的保护的法律，使农民沿用以前的种子贸易行为受到更严格的限制。这一举措有效遏制了农民在市场上进行种子交易。这两天来，还有人提出，需要说服农民把农业实践活动向生态农业方向转变，我们认为农民并不需要我们来说服，根据我们与亚洲至少8个国家的几个农业社区合作的经验来看，小农户在多数情况下并无其他选择，某些情况下，他们被迫放弃农耕。对于谁真正需要被说服，谁又能带来切实改变和真正的转型，我们必须有清晰的认知，倘若我们致力于为小农户提供切实的生态农业支持，他们必然会继续完成解决世界粮食问题的崇高使命。

卡西西农业培训中心

Paul Desmarais

各政府与组织应停止那些促进和资助工业农业的资助机制。非政府组织

和民间社会组织需要资金支持。我们通常致力于促进生态农业发展，我们努力
维持生计，为小农户支付工资，加大研究和提供培训。

© 粮农组织/Giuseppe Carotenuto

© 粮农组织/Giuseppe Carotenuto

第 6 章
高级别会议及最后全体会议

6.1　全体会议及未来方向："生态农业推广举措"及"主席概要"

专题研讨会主席介绍了"主席概要"①（以下简称"概要"）的草案框架和主要内容。该概要详细阐述了与会代表的讨论内容以及来自各行各业的768位代表的丰富讨论内容和提议。这些代表包括72位各国政府代表、350位非国家行动方组织代表（如：高级官员委员会、学术和研究机构、生产组织以及私营部门）以及6个联合国组织代表。此概要还吸纳了联合国粮农组织区域会议就生态农业讨论的成果以及生态农业推广举措所需的关键要素。

此概要包含了专题研讨会期间达成的主要共识和协议，并指出了当前加强农业可持续发展所面临的机遇和挑战，即减小对环境、土壤和水的影响，增加生物多样性，减少自然资源的消耗，以及增强应对气候变化的适应性。此概要指出了如何把生态农业原理和实践作为推动全世界农业可持续发展的途径。生态农业也是落实《2030年可持续发展议程》的方法之一，特别是支持实现可持续发展目标2，即"消除饥饿、实现粮食安全、改善营养状况和促进可持续农业"以及其他可持续发展目标。

此概要指出将生态农业实践者群体团结起来的重要性，以及在过去的三年半中，联合国粮农组织在促进生态农业发展上所发挥的作用。以更好地协调并支持"生态农业推广举措"的深入发展，概要还指出了一些可行的举措，例如与伙伴政府和联合国机构，特别是与国际农业发展基金、世界粮食计划署、《生物多样性公约》成员国、联合国环境规划署等机构共同协作应对机遇与挑战。"未来方向"还涉及"联合国家庭农业十年"（2019—2028年）和"联合国营养问题行动十年"（2016—2025年），它们为联合国粮农组织同世界卫生组织合作推广生态农业提供了机会。

概要还强调了非国家行动方组织在推广生态农业发展方面的重要作用。这些非国家行动方组织包括民间社会组织、学术界和研究组织、基金会和资助机构，以及世界粮食安全委员会及其粮食安全和营养高级别专家组。

本"概要"所含的附件分为5个部分，列出了在不同的研讨会上提出的具体问题、解决方法和行动举措。

在介绍性说明之后，专题研讨会与会者们通过全体讨论的方式对该"概要"提出了具体的意见。在经过充分且深入的探讨后，主席发布通知：为了充

---

①　本概要是主席对研讨会期间不同利益相关方和专家大量发言的概述，不一定反映出每个参会者或每个与会成员的观点。附录C为"主席概要"全文，亦可登录以下网址在线获取：http://www.fao.org/3/CA0346EN/CA0346EN.pdf。

© 粮农组织

分展示讨论中所涉及的主要问题、挑战和关键内容，与会者的发言将被收录到本概要中。本概要还即将提交给农业委员会作为讨论的参考文件。

6.2　民间组织代表宣言

Mariam Sow

第三世界环境与发展主任(ENDA Pronat)　民间组织代表

我们是来自小规模粮食生产商的社会运动组织代表。在我们当中有农民、渔民、渔业工作者、当地居民、传统民族、牧场主、游牧民、农业和粮食工作者、无耕地者、生活在贫困及无粮食保障情形下的城镇居民和郊区居民、消费者、年轻人、妇女以及非政府组织代表。

我们不能将生态农业只理解为一套简单的技术或生产性实践。生态农业是我们各民族与大自然的语言和谐相处的一种生活方式，也是我们在各国领土范围内处理社会、政治、生产和经济关系的一种转变模式，其旨在转变我们的生产和粮食消费方式，并恢复被工业化粮食生产所破坏的社会文化现实。生态农业创造了本土知识，促进了社会公平、身份认同和文化发展，并提升了城镇和农村地区的经济活力。

2015年，在涅雷尼（Nyeleni）举办的"国际生态农业论坛"上，我们就生态农业的愿景、原则和共同价值观达成一致。基于生态农业粮食的实际产量，根据不同的现实情况和我们的世界观、文化、经济和当地粮食体系，一并对这些愿景、原则和共同价值以各种方式进行了不断地丰富、创新、修改、增减和实施。

各民族和组织机构是历史的主体。他们通过先人留下的生产系统和自己的努力在塑造生态农业和维护粮食主权上取得了进步。换言之，生态农业并不是新兴产物，而是祖先们集体智慧的结晶。今天，生态农业这一智慧结晶通过以下活动不断得到巩固：恢复传统农业生产实践、新型农民创新实践、关爱地球、生产出充足健康的口粮等。

一些政策并没有赋予妇女们权力，但我们妇女却是生态农业活跃的主体和生物多样性的捍卫者。我们希望大家关注并认识到妇女在粮食生产和孕育生命以及家庭和社区经济生活中的核心地位。生态农业意味着我们作为妇女的权利得到了保障和实现，我们不再只是母亲，不再只负责照顾家人。生态农业使我们充分参与到所在社区的社会和政治生活，并确保我们在土地资源、水资源、种子资源和生产方式等方面拥有自由和自主权。在决策时，保证妇女拥有平等的参与权十分重要。通过集体建设、联盟发展以及不同部门、几代人之间的知识对话，我们的人民和组织拓展并深化了认知。

对我们而言，推广生态农业意味着会有越来越多的小规模粮食生产者获得更好的发展，并且扩大规模的核心要素是我们所在地区的社会组织。也就是说，无论男性生产者还是女性生产者、工人和消费者所构成的组织本身，推动形成了社会、政治、经济和文化结构，促进了生态农业发展的公共政策须在中心主体的参与下才能得到建设和实施，而小型生产商在经过富有成效的培训过程后，构成了这一中心主体。

生态农业不能仅是工业化农业生产模式扩展的另一个工具。一方面，我们缺少针对农村年轻人的公共政策，而年轻人代表了受农业危机、土地蚕食和城市化影响最严重的群体之一。另一方面，作为推动农业转型和社会公平的工具，生态农业的兴起将会保障年轻人的权利，以确保他们能在农村地区拥有体面的生活。

为了确保上述措施得到落实，并且考虑到小生产商是作为生态农业依赖的一个基本支柱，因此必须保障为全球供应粮食的生产商们的权利，此外，保护种子、生物多样性、土地、水、知识、文化和公共领土也极为重要。

　　我们为此感到高兴的是这一专题研讨会已经在加强人们对生产农业的了解和促进生态农业的发展上向前迈出了一步。面对由不对称性、长期危机、土地蚕食、土地冲突、土地占用和战争导致的紧急情况，特别是歧视和暴力镇压土地保护者和小农生产者的惊人浪潮，通过引用《食物权》《任期指南》《小规模渔业准则》《国际劳工组织 (ILO) 第 169 号公约》《尊重自由自愿、事先知情的认可权》《消除歧视妇女委员会及其通过的一般性建议》（第 34 条）以及"联合国农民和其他农村劳动者权利宣言"，我们号召实施多项立足于人权的举措，这是联合国尤其是联合国粮农组织的基石。

　　我们很高兴看到了此次专题研讨会是政府间组织、各国政府、各大高校和研究中心在认可并推动生态农业方面所迈出的崭新一步。联合国粮农组织和联合国其他机构必须继续加强在生态农业方面的工作。这要求联合国的管理机构采取适当的措施来实施差异化的市场政策，如政府采购和其他一些提供培训、资金和技术支持的政策，从而向小型农业生产商提供帮助，并推动其在地方、国家、区域和国际层面开展工作。

　　如果我们的权利得不到保障，那么生态农业就不会存在；如果没有女权运动，那么生态农业就不会存在；如果没有人民的参与和支持，那么生态农业也不会存在。

6.3　关于生态农业未来发展的高级别专题研讨会

小组讨论成员

1. 安哥拉环境部部长　Paula Francisco Coelho
2. 布基纳法索环境、绿色经济和气候变化部部长　Batio Bassiere
3. 哥斯达黎加农业与畜牧业部部长　Luis Felipe Arauz Cavallini
4. 法国农业和农产品及林业部部长　Stéphane Travert
5. 匈牙利副国务卿、农业部部长　Katalin Tóth
6. 中国常驻联合国粮农组织、国际农发基金和世界粮食计划署代表　牛盾
7. 伊朗常驻联合国粮农组织、国际农发基金和世界粮食计划署代表 Mohammad Hossein Emadi
8. 罗马教廷大主教　Silvano Maria Tomasi

主持人

国际生物多样性组织受托管理委员会副主席兼研讨会主席　Braulio Ferreira de Souza Dias

6.3.1　发言人：Paula Francisco Cohello

安哥拉环境部部长

安哥拉现面临着许多挑战。我国环境部已将工作重点放在干预国内气候变化上，国内用于生产农作物的耕地面积有5 750万公顷（占安哥拉国土面积的47%）。

我国目前正在制定部分关于将生态农业列入国家主流发展方向的政策。在整体制定过程中，我们已经建立了部分相关文件和平台，例如：①国家发展计划（2018—2022年）；②《国家防治荒漠化行动方案》；③全国委员会和指导委员会，包含与生态农业工作相关的各个部委；④生物多样性、气候变化和荒漠化技术委员会；⑤《国家适应行动方案》，该方案是农业部门的中期战略方案（2018—2022年）；⑥安哥拉和联合国粮农组织联合制定的国别规划框架。

我国已制定出一种"生态农业的方法"，用来提高当地人口的恢复力，增加农业生物的多样性，增强可持续性，从社会文化方面实现环境保护和修复，保证粮食安全以及经济的发展。该方法考虑到了各种政策、指导方针、程序和标准，并且是在小农户的积极参与下，结合他们的实践经验所制定的。

安哥拉在生态农业上面临着许多挑战，如：土壤侵蚀、生物生产力下降、土壤退化、不适宜的土地权、自然资源过度开发、技术和制度的落后、农村地区的粮食安全和贫困问题以及主要与适应性有关的不同层面的气候变化的影响。安哥拉拥有丰富的自然资源，生态农业是吸引小农户和民间社会组织参与进来的一个途径。自然资源压力的增加和农业所造成的影响是经济荒漠化的主要原因之一。因此，我们需要提升技术能力并完善法律框架，使用生态农业方法，并考虑环境、社会、文化、生产及经济等多维度以实现土地和病虫害的可持续管理。

2006年在安哥拉中部高原地区实施的"农民田间学校"被纳入了生态农业的方法和土地项目之中（在联合国粮农组织的支持下设立于20世纪90年代）。该方法加强了农民和机构改善可持续土地管理、发展生态农业的能力。

在安哥拉，目前实施的几个与可持续农业生态方法相关的项目：

（1）RETESA方案侧重于2014—2018年的安哥拉南部和东部小型农牧交错区生产系统的土地恢复和牧场管理。

（2）遵循生态农业原则制定的可持续土地管理国家政策。

（3）项目通过农民田间学校，在重点生产地区和脆弱地区进行土壤肥力管理，将气候变化适应性指标纳入农业和农牧交错区生产系统中。通过这一项目，11.5万名农民采用了适应气候变化和可持续的土地管理实践，并把国家和地方各级的环境、农业政策和项目结合起来。

我们最近制定了两个项目，分别侧重于：①在安哥拉东南部施行可持续土地管理，该项目将生态农业践行区的恢复计划与经济、金融发展目标相结合，同时支持可持续发展目标；②可持续土地管理项目将气候变化适应性和可持续土地管理与治理、能力建设和加强机制结合起来。

根据整体性做法，我们需要把各相关方组织起来，包括环境部、农业和林业部、社会行动部、妇女和家庭部、商业部、土地部、地方和省级政府、非政府组织和媒体。在安哥拉南部实施生态农业所获得的经验可用于在国家层面推广生态农业。可以说生态农业代表一个整体的跨领域议程，其中包括从事农业、渔业和湿地工作的民间组织。我们也可以考虑与化学药品使用、生物安全和土壤管理相关的问题。

安哥拉政府正在开展与私营部门和民间组织的合作，继续加强政策实施和公开对话来确定前进的方向。农村社区严重依赖自然资源，而由于安哥拉经济多样化的需要，自然资源又承受着额外的压力，那么通过提高技术和改进制度，提升战略规划和分享尚未被广泛推广的有效措施，生态农业就可以成为一个推动农业部门发展的好方法。安哥拉依靠联合国粮农组织和包括民间组织在内的所有伙伴来提高自身能力，同时，根据可持续发展目标，结合良好的实践做法，将生态农业和可持续土地管理纳入我们的主流工作。

6.3.2　发言人：Batio Bassiere
布基纳法索环境、绿色经济和气候变化部部长

布基纳法索位于西非中部，人口约900万，其中女性占52%。布基纳法索的生态系统相当脆弱，承受着人类活动和气候变化的压力。本国农业人口占比为70%，农业占本国国内生产总值的30%。农业家庭通过提高产量和生产效率来获益，而这也是我们不断寻找解决办法并继续推广生态农业的原因。

在布基纳法索，生态农业已经推行了数十年。我国早在20世纪80年代就引入了生态农业。在托马斯·桑卡拉当选后，农业实现了长足发展。他激发了农业领域的活力，号召农民独立自主、自力更生。推广生态农业不仅可以促进本国的就业，还能推动粮食生产实现自给自足。桑卡拉政府实施了一项国家战略，即全国范围内推广生态农业。这使得本国3年内就实现了粮食的自给自足，同时还对邻国给予了支持。在布基纳法索培训中心的推动下，生态农业一体化继续发展，旨在培养农民的生产能力，并展示了一个干旱国家如何利用简单却高效的方式来生产粮食。

如今的布基纳法索大约有10万农民在进行生态农业的实践和环境保护。这些农民主要分布在本国的东部地区。在布基纳法索，生态农业有着良好的实践基础，这些实践经验可以用来提升人们关于有机肥料应用、农林业以及微型土地管理的认识，同时可以与国家发展愿景结合在一起。

自2015年罗克·马克·卡博雷（Roch Marc Kabore）总统上任以来，人们认识到本国需要依靠自身力量进行发展，其中的做法就包括依靠农业。这也正是本国向绿色经济体转变的原因。该转变需要我们对自然资源进行可持续管理、提高生产力、扩大公平、促进消费可持续发展、关心后代以及避免给未来造成消极影响。在这方面，我们在四大国家战略（环境、粮食安全、有效治理、可再生能源）的框架下，建立了200个符合可持续发展标准的生态村。这种做法保障了这些生态村的健康福利，特别是位于农村地区的生态村，同时，也减缓了农村人口向城市迁移的进程。在此方面，布基纳法索采取绿色经济的国家战略，该战略旨在通过生态农业和其他与环境相关的因素来提高生产力。

世界人口预计到2050年将达到90亿人，因此我们需要将生产力提高至110%。为达到这一目标，我们需要确保能够在我们本国生产出足够的粮食。鉴于自1980年以来积累的经验，我们相信在布基纳法索的生态农业实践是有效的，并且从农业经济角度来看可能也是行得通的。生态农业是未来具有生产性和可持续发展性的模式，它可以解决粮食问题，同时还可以保护环境和自然资源。

总之，面对粮食主权所带来的挑战，发展生态农业是唯一的解决办法，我们必须意识到现有以及潜在的挑战。我们需要了解生态农业的理念，并在所有想要发展生态农业的国家之间达成共识。

此外，我们还需要防治荒漠化并解决水资源短缺问题。自20世纪80年代以来，布基纳法索就一直在通过发展生态农业解决水资源短缺这一问题。相信我们一定能够在尊重和关爱自然资源的同时实现这一愿景。

当后人回看我们这一代的时候会问："他们做了些什么？"而是他们了解到我们的努力后就会承前启后、继往开来。

6.3.3　发言人：Luis Felipe Arauz Cavallini
哥斯达黎加农业与畜牧业部部长

发展生态农业能够帮助我们解决目前农业所面临的一些迫切问题，例如：生物多样性减少、土地荒漠化、环境污染和气候变化等。这就是我们需要推广生态农业的原因，即实现可持续发展，并从可持续农业转向可持续粮食体系。

联合国所制定的17个可持续发展目标是相互依存的关系：如，目标3（良好健康与福祉）依赖于目标2（零饥饿）、目标4（优质教育）、目标6（清洁饮水和卫生设施）、目标8（体面工作和经济增长）以及其他目标。因此，要实现粮食体系的可持续发展，我们不仅要注重负责任的消费，还要注重负责任的生产（目标12）及农业的可持续发展，在气候变化的环境下尤为如此。在考虑粮食安全、农业与气候变化3个要素时，我们需要弄清它们之间的相互关系。

农业与气候变化之间有着三重复杂的关系：①由于温度与降水变化所带来的影响，农业是气候变化的受害者；②农业也影响着气候变化，因为10%～15%的温室气体都是在农业生产过程中产生的；③因为农业有助于减少温室气体排放，所以农业也是解决气候变化的途径之一。

农业与粮食安全的联系不仅仅局限于粮食生产，由于粮食产量会受到气候变化的影响，因此气候变化与农业之间也存在着相互关系。

如果我们从根本上落实改革，那么农业在养活全世界的同时还可以为改善环境做出贡献。在环境治理方面，有不少气候智慧型农业解决方案：①采取一种行之有效的方法来降低农业对气候的影响；②采取一个以生态农业和智慧型农业为基础的更为复杂的解决方案。我们更赞成第二种方案，原因是气候智慧型农业可以通过生态竞争力来解决生产力、适应力和缓冲力等方面的问题。为了实现这一目标，我们需要了解生态农业的潜在运作方式，这可以帮助我们实现真正的气候智慧型农业。

以下是提升应对气候变化适应力和缓冲力的概念框架，作为运用生态农业方法的补充：

（1）缓冲战略可提高对气候变化的适应能力。显然，水资源管理是一种适应性策略，同时也是一种缓冲性策略。它是一种有效的用水方式，可决定土壤的有氧和无氧情况。微气候改变（如：牧场的树荫面积）就是一项适应性举措，它可以降低温度和牲畜应激反应；通过在牧场栽种树木增加此地树荫面积也有助于提高碳捕获能力，它是生态系统最重要的能力之一。营养管理可提高植被碳吸收能力，减少可产生温室气体的废弃物。提高土壤有机物的使用率是一种适应性策略，可改善植被根系健康，提高植被吸收水分与养分的能力，同时有助于其捕获土壤中的碳。

（2）农业生产活动产生的温室气体是系统效率低造成的。有效利用农业中的氮元素可以帮助植物产生蛋白质，从而提高其生产率。而氮的滥用则可能会造成另外的环境问题，例如：农业生产活动所产生的一氧化二氮是构成温室气体的主要成分之一。这种氮并不会提高生产率，只会加剧气候变化。因此，减少温室气体的排放可以提高效率，同时还可以降低成本并提高生产率，不过要实现这一点，掌握生态农业的相关知识是基本前提。

（3）农业体系为树木和土壤的碳封存提供了机会。我们已经构建了一个低碳畜牧方案，其主要组成部分是活动围栏、合理放牧，改进放牧模式，提高土壤肥力。实践证明该方案非常有效，如畜牧养殖密度和生产率得以提高、牧场空间得以有效利用、树木数量及树荫面积得以增长、牧场环境得以提升、畜牧饮食得以改善、产能与生产效率得以提升、牧场中二氧化碳排放得以减少、一氧化碳捕获能力得以加强，同时牲畜粪肥甲烷释放量也在减少。该方案还有一些其他好处，如保护生物多样性、提高土壤质量、增加牛奶产量、提高景观连接度、改善水质。我们已经利用生态学原理设计出更好适应气候变化的生态农业体系，使养牛业在生产率和可持续发展方面都通过该系统获益。

在咖啡产业领域，我们的碳中和农场与农林体系共同致力于在保持生产率的前提下将二氧化氮排放量减少35%。我们在磨粉厂安装了废水处理系统，并将含有废水的氧化池转移到农场附近用于灌溉。在固体废物管理方面，我们与哥斯达黎加大学合作，将过去的蠕虫堆肥方式（这种方式会产生很多温室气体）改变为现在的气化方式，使生产能源供咖啡磨粉厂使用，减少了温室气体的产生。

为了扩大和推广生态农业，我们要从基础层面全面了解自然。如果我们从生态农业的视角观察自然发展过程就会发现，生物多样性能够降低脆弱性，提高连通性和恢复力，促进多物种的共同发展。资源的有效利用能促进能源的利用、循环利用和自我维护力，三者间都能带来可持续性。我们要从农业层面加强生物多样性，甚至还要在景观或者全区域范围层面重视生物多样性的提高。增强生物多样性可以增强生物防治水平，从而有助于生产由微生物和绿肥生成的生物肥料，同时还能增加连通性。除此之外，在我们向绿色经济过渡的背景下，有效利用自然资源，如通过回收利用的方式，可有助于生产肥料和堆肥（这可以利用并增加生物产品的价值）。

许多创新和新企业的实例通过发展生态农业实现了两种或两种以上产业之间的互联互通，从而推动农业链向农工业生态系统的转变。例如，菠萝加工生产后产生的残留物会污染环境，但这些残余物也可以被很好地利用。①菠萝纤维和木屑可用于制造结块；②将含有蛋白质和甲基素的虾壳与菠萝的溴素相结合，便可以分解蛋白质，合成氨基酸和纯甲酸，两种物质在农业和药理学领域都具有很高的价值。

总之，生态农业可以帮助农业解决包括气候问题在内的一些迫切问题，提高生产效率以及实现可持续发展。推广生态农业对于整个区域恢复、减少对人造品的依赖以及创造新的商业机会都十分必要。

6.3.4　发言人：Stéphane Travert
法国农业和农产品及林业部部长

　　我再次保证法国将坚定不移地在全国和全球范围内推进生态农业转型。这一承诺建立在我们认识到粮食和农业正面临着严峻的挑战，这些挑战包括：气候变化、粮食不安全、生物多样性减少、土壤贫瘠以及消费者对健康产品和食物的迫切需求。

　　今天，我们不仅要面对这些挑战，还要让农民通过劳动过上更加体面的生活。我们不能再因循守旧，不能再继续采用千篇一律的做法，也不能再把气候、粮食安全、生物多样性和经济影响等分裂来考虑。相反，现在我们必须共同努力，制定新的统筹全局的创新性方法。我们需要建立经济上能产生利润，同时又有益于社会和人类健康的粮食和农业体系。

　　生态农业是对这些挑战的回应，因为生态农业以生物调节为基础，能够加速负循环的消亡。土壤固碳和生物多样性都能提高土壤肥力和储水能力，而这对提高生产率来说至关重要。生态农业给予农民更多的自主权，并且减少了对输入品的依赖。生态农业可增强韧性，以应对气候变化以及与经济和医疗有关的挑战。因此，法国农业部2012年参与制订生态农业计划，并于2014年开始实施《农业、粮食和森林未来法》。

　　该项法律制定了一个宏伟的目标：大多数法国农场要在某一特定日期之前进行生态农业实践。法国总统马克龙于近期再次提出并重申了这一目标。除此之外，在创造价值的同时，还应该注重公平分配，使农民能够过上体面的生活，让他们获得公平的产品价格，满足消费者的期望和需求，并优先为所有人提供健康、可持续和可获得的食物。

　　超过700个利益相关方（包括农业社区、公司、饭店餐馆、消费者、分销商、社会合作伙伴和非政府组织）都同时满足也承认粮食和农业体系需要满足经济、社会、环境和健康方面的需求。目前，我们正计划在2018—2022年通过完整计划实施生态农业转型，把既保护环境又满足人们对有机产品日益增长需求的生产方法纳入计划之中。为实现这一计划，我们必须依靠此次转型中的重要参与者：农民，他们能够影响策略的实施，并且有能力和那些购买产品的人进行谈判，从而确保他们获得公平的补偿和报酬。为支持生态农业转型，我们必须要深化并丰富"法国生态农业"所提出的行动方案。上述中所提到的生态农业是一个基于集体智慧、知识、交流和创造力的社会性方法。

　　人们认为，生态农业实践的是过去的东西，已经过时了，但恰恰相反，生态农业不仅极其现代而且非常灵活。如果把生态农业准则与合适的技术手段甚至与数字技术相结合，那么农民将足以应对生态转型的挑战。

农民在寻求创新和解决问题的过程中熟悉自身的生产环境，这些解决方案深深扎根于土地。如果没有农民的投入和奉献，那么所有一切将不可能实现。在此次研讨会中有些农民讲述了他们的实践方法，但我们需要帮助让更多的农民参与到讨论中来，这样大家才可以一起为未来制订解决方案。

法国认可并支持经济和环境利益的共同发展。现有500个经济环境利益组织，由7 500多名农民组成，致力于实施生态农业转型计划。同时，有3 000家农场和数百个不同组织也在研发植物检疫产品，此举可帮助提高经济效益。这些农场提供了事实论证，证明我们可以在不影响经济效益的前提下减少杀虫剂的使用。我们希望通过实施第二期农药减量计划，将生态农场的数量增加10倍。

创新需要公共科研机构、农业技术研究所、商业中心和其他培训中心的共同参与，这就需要从科研、培训、咨询服务到推广工作的连续性。在这方面，法国在其教育系统内制定了一项名为"以不同方式生产"的计划，旨在提高农业高校学生的知识水平并帮助他们培养该领域的能力。此举对生态农业实践进行研究和评估十分重要，这样才能了解如何通过实践能够最大限度地满足农民的需求，特别是那些面临技术困难的农民。同样重要的是，我们也必须要让政策制定者了解需要采取哪些措施才能采用新方法。在此我要向在场的法国科研组织及其代表表达我的敬意，这些组织分别是法国国家农业科学研究院（INRA）、法国国际农业研究中心（CIRAD）、法国国家发展研究所（IRD）以及农业、食品、动物健康与环境联合体（Agreenium），感谢他们对联合国粮农组织在法国和全球范围内推行生态农业转型这一过程中所付出的辛勤工作与贡献。

在向一种方法转变的过程中，我们必须要采用一种让整个供应链都参与进来的方式，这不仅涉及体制架构，还需使所有上下游的合作伙伴都参与其中。为了扩大规模，我们须涉及整个产业链。此解决方案不仅适用于面积只有几公顷的小农场，甚至对于几百公顷的大农场也同样适用。我们需要富有成效的农业粮食体系，而且这种系统的集约程度要能够满足我们对粮食的需求。法国认为生态农业与这一目标完全吻合。因此，我向你们保证，在2020年的农业计划中，本着为农民提供更好的农业环境服务精神，我们将选择那些最能补偿农民的措施建议。

近期举行的关于国际合作的部长级会议认为：对家庭农业提供支持至关重要，且生态农业集约化被认为是法国与南半球建立合作关系的优先选项之一。

最后我想说，在《2030年可持续发展议程》和《巴黎协定》关于农业、畜牧业、渔业和林业领域的框架内，我们都面临着21世纪的挑战。只要我们共同努力并朝着生态农业和可持续发展目标转变，所有相关部门就能够给我们提供应对挑战的办法。现在我们需要按照所需进度开展国际对话，因为留给我们应对气候变化的时间已所剩无几。在过去的几年里，联合国粮农组织及总干事为促进生态农业发展做了很多工作。在此，我要感谢总干事在2014年组织了第一届生态农业国际研讨会，并感谢总干事再次召集大家在此相聚。我们必须共同沿着这条道路继续前进。法国将会参与"千分之四"减排倡议，该倡议旨在保护土壤从而促进粮食安全并提高应对气候变化的能力。法国还会加入与土地和水资源有关的其他倡议，通过这些行动提高土壤中的碳有机质从而提升土壤肥力。粮食安全委员会早在2019年就将关注点放在这些提议上。我们需要的是与所有利益相关方进行富有成效和建设性的对话，因为要解决我们面临的挑战必须推广生态农业，而这需要我们所有人的共同努力，包括：农民、研究人员、政府、私营企业、市民以及消费者等。

我要再次向法国国家农业科学研究院（INRA）、法国国际农业研究中心（CIRAD）、法国国家发展研究所（IRD）和农业、食品、动物健康与环境研究联合体（Agreenium）表达我的敬意。

若想成功地向生态农业过渡，我们会比以往任何时候都更需要联合国粮农组织。我们期待联合国粮农组织成为未来所需变革和创新的推动者。众所周知，联合国粮农组织在收集数据、传播信息和科学研究方面发挥着独特的作用。我们期待联合国粮农组织推广生态农业并进一步支持各国制定其相关政策。联合国粮农组织对促进对话至关重要，我们也期待着与总部设在罗马的其他机构继续保持沟通。联合国粮农组织在推广良好实践做法的过程中同样发挥着关键作用，而这也是我们所期盼的。我很高兴此次研讨会发起了"生态农业推广举措"。你们可以依靠法国的支持，与联合国粮农组织并肩推广生态农业。我们希望我们的后代可以跟随我们的脚步，届时他们定会看到我们所做的一切。

6.3.5　发言人：Katalin Tóth

匈牙利副国务卿、农业部部长

第二届生态农业国际研讨会的召开非常重要而且十分必要。匈牙利一直积极参与此次研讨会的筹备工作，为生态农业友好小组常驻罗马代表的工作做出了贡献。更重要的是，匈牙利有幸于2017年11月在布达佩斯[①]主办了联合国粮农组织关于通过生态农业促进欧洲和中亚农业可持续发展以及粮食体系的

---

① http://www.fao.org/europe/events/detail-events/en/c/429132/.

区域研讨会。此外，在博尔讷举行第二十三届《联合国气候变化框架公约》缔约方大会期间，匈牙利也成功举办了生态农业高级别边会。

本次专题研讨会在开幕式中介绍了区域专题研讨会的主要成果，即生态农业在减少二氧化碳排放和降低气候变化方面所发挥的作用。本次研讨会对其中的一些重要成果进行了回顾。

匈牙利的农业历史悠久，农业在本国经济和文化中一直发挥着重要作用。匈牙利农业种类繁多，非常重视小规模农场和家庭农场。考虑农村地区的多样性、保护自然景观、维持农村生计在我们的政策和实践中受到高度重视。虽然匈牙利的传统农业知识丰富，但我国却以应用创新农业技术和高水平研究的成果著称。这些研究成果不包括种植转基因生物，因为这不符合生态农业理念。事实上，匈牙利明确宣布禁止在境内种植任何转基因农作物。

匈牙利致力于依靠创新型技术与实践相结合的传统农业知识，使农业更具有可持续性的同时产生更多收益。因此，匈牙利从一开始就对整体农业方案表现出浓厚的兴趣。我们也认为生态农业应和"全球重要农业文化遗产"等其他相关且重要的领域联系起来。在这方面，匈牙利目前正在拟定一项提案，希望使传统的可持续放牧系统符合入选"全球重要农业文化遗产"的标准。

推动本地区生态农业发展的其他可行方法与目前正在进行的欧盟共同农业政策改革相关。为实现可持续发展目标以及《2030年可持续发展议程》，我们应把可持续发展的相关要求放在首位。

生态农业可以在未来使欧洲农业发展在可持续方面发挥重要作用。在这方面，我要强调的是欧洲曾坚定承诺要从垂直粮食体系向循环粮食体系转变，以减少农业的碳足迹和生态足迹。生态农业将文化和经济方法融合到一起，将成为这一转变的有效方法。

鉴于联合国粮农组织拥有生态农业领域的系统知识理论，因此我们希望该组织积极参与同欧洲成员国、欧盟机构和联合国经济及社会理事会（ECOSOC）的相关对话。我也支持联合国粮农组织与国际劳工组织（ILO）进行讨论，因为保留并在农村地区创造可持续且有吸引力的工作岗位极其重要，这可以推动人们将生态农业付诸实践。在讨论改善农村就业问题时，人们应将重点放在妇女和青年身上，为他们提供在农村地区体面的生计。关于生态农业理论和有效的实践方法，将双边及三方合作纳入考虑范围之中也很重要。南南合作是促进此类农业方法实施的极佳方式。匈牙利正在与联合国南南合作办公室进行合作。2015年以来，我们一直在参与一项联合发展计划。该计划旨在改善粮食安全，同世界其他农村地区共享新的研究成果和传统农业知识。

生态农业拥有多方利益相关者和跨学科的方法，它强调传统知识也强调现代研究。尽管世界各国大多都制定了农业研究框架，但在自我管理的研究、农民和创新方面往往缺乏专业背景和支持。因此，我们呼吁联合国粮农组织及负责任的国家以及国际机构加快建设农民推广服务网络，促进农业创新的研究和横向传播；提升农民能力；促进跨学科创新，为不同的知识体系搭建桥梁，并为农民提供足够的资金保障，使其能够参与到包括研究计划和机构评估在内的整个研究周期中。匈牙利支持"生态农业推广举措"，该"举措"以新的或改进现有政策为基础，为生态农业发展创造了有利的法律环境。在此过程中，识别、量化和限定不利于生态农业发展的政策也同样重要。

此外，在推广生态农业并扩大其规模的同时，我们必须牢记如何在经济上使这一过程切实可行。向生态农业转变需要大量的投资，且各国的财政和制度背景各不相同。通过使竞争环境公平化，我们可以为农民创造一个有利的环境，使其向更具可持续性的农业实践方向过渡。在这方面，我要强调在制定农业转型政策时务必使用真实成本核算的重要性。正如许多发言人在这次会议中指出的那样，在相关决策过程中，我们应考虑不同的农业粮食体系各自积极和消极的外部因素（包括环境和社会维度）。从这个角度来看，生态农业粮食体系在环境层面具有可持续性、在社会层面具有包容性、在经济层面具有可行性的一种方法。

我们非常支持联合国粮农组织利用其技术专长参与真实成本的核算，并提出恰当的方法，制定可持续性指标，从而为推广生态农业铺平道路。联合国粮农组织提出的"生态农业推广举措"富有活力且雄心勃勃。我们欢迎联合国粮农组织将生态农业纳入联合国其他倡议和战略计划中。我们也很高兴看到生态农业已成为一个主流话题。

总而言之，匈牙利一直在与联合国粮农组织进行合作以推广生态农业。我们期望能继续与其保持合作。因为我国已经具备成功实现向生态农业转型的基础条件，所以匈牙利将继续把生态农业作为优先发展事项。匈牙利将继续与3家总部设在罗马的机构以及伙伴进行合作来推广生态农业，并用现有的知识帮助伙伴国家，这样我们才能共享更符合《联合国2030年可持续发展议程》的可持续粮食体系的成果。

6.3.6　发言人：牛盾
中国常驻联合国粮农组织、国际农发基金和世界粮食计划署代表

中国拥有14%的耕地面积，这些耕地对于中国的农业系统来说十分重要，也是保障中国粮食安全的基础。

得益于先进的生产措施和农业技术，我国的农业生产力持续提高。但是，化肥和农药的大量使用给农用土地的生产力和生态系统带来了负面影响。

鉴于这种情况，中国政府采取了一系列措施，特别是在立法、政策和国际合作方面来保护和改善生态农业。在立法层面，新的环境保护法于2015年1月起在中国生效，这项立法明确规定各级政府必须加强环保意识，使用农业技术时要尊重环境、加强监管、推进农作物病虫害的防治。实现这些目标就需要各机构在畜牧业和农业生产区内，以可持续的方式使用化肥、农用薄膜等，并确保这些农用资料的投入能降低农业损害。

在政策层面，中国政府在过去的5年里始终致力于发展绿色经济。近年来，我们建立并完善了一套生态绩效评估系统，用于补偿那些以生态方式进行生产的村庄。自2011年以来，中国有1 000多个乡村被认证为生态乡村，这些生态村庄开发的乡村旅游在近些年备受欢迎。如今，通过认证的生态乡村数量逐年递增，并成为城镇居民外出旅游的首选地。

在国际合作层面，特别是在联合国粮农组织的框架内，中国是生态农业友好小组的成员之一，该小组目前正致力于创建秘书处。中国支持在联合国粮农组织框架下举办全球重要农业文化遗产系统（GIAHS），这也是促进发展生态农业的方式之一。生态农业有着数千年的历史，农民通过适应自然、融入自然，实现了人与自然之间的和谐共处，这是祖先掌握农业知识的成果，也是环

保观念的源头。中国将自己的经验与许多国家分享，在2018年3月，中国、法国和意大利组织了一场关于生态农业的主题边会以及一场联合国粮农组织框架内的全球重要农业文化遗产论坛活动，目的就是加强生态农业方面的合作和开展倡议项目。

关于生态农业在中国的重要性，主要体现在中国农村未来将会从公共服务和健康的环境中获益。农村地区将提供能够吸引城市居民的稀缺资源。未来，中国农业政策除了聚焦供给侧结构性改革和发展乡村休闲旅游外，也注重保护自然资源、改善环境、确保人民过上更好的生活，这些举措将会产生经济效益和社会效益。我们需要朝着生态农业的方向建立一个农业系统，使农业生产和环境承载力在其中可以实现完美契合。

我们需要以可持续发展的方式开展地下水管理、农药使用和农业废弃物循环利用。这些举措不仅能够实现农业的可持续发展，还能够提高农民收入，确保农村成为宜居之地。

关于未来的合作，我建议将联合国框架内的多边合作机制变成所有国家参与和支持推广生态农业的主要平台。我希望越来越多的成员有兴趣加入生态农业友好小组。我们希望联合国粮农组织能够搭建一个框架，在这个框架内各国可以讨论关于推广生态农业的重要议题。

为了加强农村地区的基础设施建设，更好地在农民和乡村居民中开展能力建设活动以及促进新技术的研发，我们需加强南南合作、三方合作和南北合作，同时需要在全球重要农业文化遗产和生态农业之间建立更紧密的联系。

我希望在座的各位，有朝一日能去中国参观全球重要农业文化遗产所在地，切身体会农业文明，品尝优质农产品。我相信你们会对生态农业的未来抱有更多期待。

6.3.7　发言人：Mohammad Hossein Emadi
伊朗常驻联合国粮农组织、国际农发基金和世界粮食计划署代表

今天，我将谈一谈为什么生态农业对伊朗的发展至关重要。随着时间的推移，生态农业是如何在伊朗不断发展演变的，以及推广生态农业获得了哪些经验和教训。环境方面的挑战是伊朗生态农业加速发展的首要因素；人们的实际需求、面临的挑战和问题也是推动伊朗生态农业发展的第一个主要因素，就目前我们所面临的困难和问题也是发展生态农业的主要原因。生态农业面临的主要困难之一是水资源的严重短缺，这不仅是简单的农业或环境问题，更是一个国家的安全问题，因为这容易引起社会危机、矛盾冲突，导致土地荒漠化。由于水资源愈发短缺，伊朗正面临着农业生产力低下、大规模移民、社会冲突

和贫困等一系列危机。

伊朗生态农业快速发展的第二个主要因素是伊朗的农业历史悠久。12 000年以来，伊朗人民利用有限的水资源在复杂的环境下进行农业耕作，这促使农民掌握了丰富的本土知识，并且本土生态农业呈现多样化的特点，特别是在可持续水资源系统管理方面。坎儿井灌溉系统不仅是广大农民水资源管理和恢复的最佳范例之一，也是联合国粮农组织认可的全球重要农业文化遗产。此外，它还是一种技术密集型农业，同时也是一种集蓄水和精密灌溉技术和技能于一体的农业系统。我们把各方在自然、文化和信仰上的巨大差异看作发展生态农业的一个绝佳机遇。这也为我们提供了一个涵盖生态农业在内的全方面概念框架。

促进伊朗生态农业进步的第三个主要因素存在于人和社会层面。家庭耕作制度在伊朗普遍存在。另一个因素是伊朗的粮食和农业产业链没有受到全球化的影响。跨国公司现在还未占据伊朗所有粮食链和供应市场的主导地位，具备将新兴的生态农业产品纳入其中的潜力，这样生态产品就可以轻易地得到分销。某些积极的民间组织、非政府组织和社区组织在伊朗当地发起了许多创新生态农业项目，其中一些组织在这次专题研讨会和以往的区域会议上也都分享交流了他们的经验。

体制层面的重大变化也对伊朗的生态农业推广产生了影响。几位研究人员对伊朗政府扶持下实施的试点案例和大规模生态农业活动进行了研究。部分倡议还得到国家和国际组织以及非政府组织、社区组织、民间社会组织的支持。这些倡议具体如下：

（1）"农民优先"方针。1979年改革以后，国家更加重视农民、乡村居民及其首要需求。根据这些做法和活动组的要求，我们的首要目的就是要倾听农民心声，并与他们合作，而不只是为其工作。这些活动细分为以下5项：①设立农村与农民委员会，使农民可以参与决策；②采用病虫害综合治理的方法以保障可持续生产和市场的可持续性运转（开始于25～30年前）；③大约25年前，由联合国粮农组织提出的农民田间学校方案在伊朗开始推行；④把有机农业作为战略之一来改善小农户的生活；⑤水稻强化栽培体系（SRI），其中涵盖参与农业发展变革过程中的田间农民。以上这些活动主要侧重于农民自身和农民在改变耕作制度中的作用，而不是侧重于技术问题。

（2）"促进传统农业生产活动的转型升级"。我们的环境资源，特别是土壤、水、森林和草场资源，在过去几十年里以惊人的速度不断退化。过去30年来，基于广泛遵循保守的做法和规定，伊朗人民对粮食安全和粮食健康的关注已经有所增加。因此，我们要采取新的环保措施，生态农业就是其中之一。

（3）"知识生成和公众意识"。该方面除了着重于农民宝贵的"本土知识"以外，还包括以下活动：①记录、报告和保护国家级重要农业文化遗产（2001年开始）；②在两所重点大学内开设农业生态学博士学位和硕士学位的课程。生态农业领域的众多硕士生和博士生现在是促进生态农业知识传播的重要引领者。

为了应对今后在全球范围内的挑战，我想谈一谈从这些活动中获得的一些经验和教训。

第一，生态农业是农业生产的一种"新模式"，也是一个不断演变和发展的概念。它不仅只是运用方法论和技术方案来巩固社会生态系统。

第二，生态农业是一个综合体，它依据当地环境，包含了种类多样的生产方式。伊朗已经通过运用不同的生态农业模式和借鉴不同的经验做到了这一点。然而这并不足够，我们需要不断深化生态农业的发展，并把获得的经验汇集起来。因此我们必须在地方、国家和国际层面进行综合且有效的变革。我们要以人民为中心，这点十分重要。如果我们的工作脱离人民，那么生态农业及与其相关的变革就不会奏效。假如我们希望通过参与的方式进行创新性变革，使生态农业转型取得成功，就需要把农民摆在首位。这种自下而上的生态农业系统方法需要由农民来掌控系统进程。

第三，生态农业与变革和转型息息相关。它不是一个书面的"蓝图"，它仍然处于一个演变中的"制约平衡"的阶段。我们需要做的就是不断为农民提供与生态农业相关的最新信息并促进他们之间的合作交流。

第四，生态农业需要广泛的扶持和干预措施。根据我们的经验，现已确立了4个主要扶持领域：①得力的政策；②传播新型生态农业活动和分享经验；③金融和市场发展机制；④加强创新、技术和专业支持以促进生态农业知识的发展，特别是在能力建设和网络合作方面。联合国粮农组织可做的最重要的事情之一，便是重视和表彰成功的生态农业实践和政策。因为这是除了信息、能力建设以及搭建合作关系以外非常成功的一项措施。

在世界各地，我们拥有数以千计的生态农业成功的实践经验。像联合国粮农组织这样的国际组织所发挥的作用就是要将世界各地的实践经验汇聚起来，借助信息技术建立信息网络，从而推广这些实践经验，并在未来让这些经验发挥出更好、更强大的作用。

现在，我们知道生态农业关乎着数亿的农民、牧民、渔民、原住民，甚至是全人类。他们不仅仅生产粮食，还共同创造了地方文化、特色菜肴、农业生物多样性和经济繁荣。在即将实施的"联合国家庭农业十年"（2019—2028年）框架中，生态农业可以作为一项具有支撑性的组成部分。对于联合国粮农组织来说，建立一个体系来支持推广生态农业十分重要。

在激发生态农业潜力的过程中，社会流动性也是一个关键性因素。参与者的联系网和经验分享平台正在各个地区兴起，为生产商、顾客、公民和研究者提供帮助和指导，将他们紧密地联系在一起。现在正是建立决策者联系网并号召生产者一起加入这一行动的时候了。

联合国粮农组织生态农业友好小组可以作为一个政策性支持体系来开展工作。政府在其中发挥着极其重要的作用，可以为生态农业的推广创造有利的环境，也可以审核相关决策、法律和金融框架。这是推动向生态农业转型的一项紧急任务。在突尼斯和泰国进行的生态农业区域对话表明，生态农业公共政策的主要特点是：综合性、参与性、有针对性、跨学科性以及变革性。

总之，我们需要重点关注以下4个主要领域：①政策和政治支持；②市场和金融机制；③制度建设和发展；④促进创新和知识创造。

假若没有联合国粮农组织的支持，所有上述理论不论是在某一国家、某一地区还是在各国之间都只会是一场空谈。我要对总干事表达感谢，感谢其对推广生态农业的支持。

6.3.8　发言人：Silvano Maria Tomasi
罗马教廷大主教

罗马教廷强调各国生态学家对农业的要求要置于道德伦理层面。采用生态方法似乎是有必要的，因为农业的主要目标是为家庭生产充足的粮食，并承担农业生产过程中的相关责任。人类需要共同合作才能获取充足的粮食，而其中的前提是要尊重自然法则。

因此，家庭农场和工业化农业必须将其工作引向高效的生产模式。从长远来看，生态如果得到尊重，那么生产效率则会提高，所有农业都应朝着生态化的方向去发展。在当前的大环境下，推广生态农业，扩大其规模是有意义的。

教皇弗朗西斯的通谕《赞美你》中提出：一切事物都是相互联系的。就农业而言，这适用于人与自然、生产与市场、粮食生产与整个社会之间的关系。

互联互通的观点把人类作为所有生产活动的参照点和所有关切的重心。这一想法有助于实施可持续发展目标，因为其遵循"自然－农业－粮食"链是减少世界性饥饿，并让人们更公平地进入粮食市场的途径，也是朝着负责任管理自然资源的方向迈进的途径。

自2016年发起的《2030年可持续发展议程》包含了国际社会对发展

方面的变革和变化的理解。这里面的17项可持续发展目标和169项目标是《2030年可持续发展议程》的核心。其所涉及的问题面很广，其中包括可持续农业等。目标2是消除饥饿、实现粮食安全、改善营养状况和促进可持续农业发展。

尽管如此，我们绝不能孤立地看待这个目标，而应和《2030年可持续发展议程》中的其他承诺一起看待，如：包容性教育、医疗卫生、社会保护、移民、和平、不公正、海洋、森林、气候变化、体面工作和经济发展等。

一切事物都是相互关联的，我们绝不能丢下任何人。大家需要一起通过发展和推广生态农业来进行生产和解决人民的温饱。

可持续发展目标8要求国际社会必须努力在不破坏环境的前提下促进经济增长和就业。

可持续发展目标9规定我们需要支持发展中国家，提高其科学技术能力，其中包括向发展中国家输送环境友好型技术。

农业的生态进步需要人人都参与其中，而不应将任何人排除在外，这样

© 粮农组织 / Giuseppe Carotenuto

才能提高可持续发展能力，这就是《赞美你》中第131段中所表达的意思。

每个人都应该获得饮用水和食物，这不仅是维护人类团结的需要，也是为了避免社会混乱和战争风险。人类需要新形式的合作以巩固生态农业，保护小生产者和当地生态系统。正如教皇弗朗西斯在《赞美你》中所述，确实还有很多事情需要去做，我们可以通过共同努力来完成。

6.4　若泽·格拉齐亚诺·达席尔瓦（José Graziano da Silva）致闭幕辞

联合国粮农组织总干事

本届研讨会出席率很高，共有768名参会者，远超于预期的400名参会者。参会者中包括来自72个国家的政府代表、350个非国家行动方组织代表和6家联合国组织代表。

此次研讨会为所有行动者共同合作推广生态农业铺平了道路。这些成员包括各国政府、民间社会组织、私营企业、合作社和生产组织、学术界和研究机构、消费者协会和联合国组织，还包括总部设在罗马的各种机构。在此次研讨会的框架内，成员们在线发表了500多篇文章，联合国粮农组织的官网上收获了超过3万次的点赞，在社交媒体上的相关帖子达到了7 500篇，在过去3天里赢得了约2 400万人的关注，这些充分证明了此次会议的成功。我要对所有人表达感谢，因为这是我们过去3年半共同努力的结果。

现在到了我们加大推广生态农业力度的时候了，并且有了一些重要文件可以用来指导我们开展相关工作，如"主席总结"、《民间社会组织宣言》，以及各部长和大使所给出的提议。联合国粮农组织秘书处在起草文件时将充分考虑各方意见。这份文件后续会提交到即将召开的农业委员会（COAG）会议和联合国粮农组织大会。

关于对未来的展望，此次会议期间各方参会者在演讲和文件中都提出了很多建议。我确定出3项特别针对联合国粮农组织的建议：①起草一份讨论文件，提交给农业委员会会议和联合国粮农组织大会，该讨论文件旨在将生态农业引入联合国粮农组织的工作中；②将"生态农业推广举措"用作实施生态农业的指导方案；③在联合国粮农组织所负责的地方、国家、区域和全球各层级的项目和方案中引入生态农业原则，因为推广生态农业可以看作一种跨领域的工作方法。在这些建议的指导下，我们将会加强联合国粮农组织在生态农业方面的工作。

2018年，联合国粮农组织将与世界未来理事会共同协作，确定并表彰这一年的相关法律框架和政策。这些法律框架和政策为生态农业创造了有利的发展环境，该表彰将于2018年10月于世界粮食周期间进行。

生态农业还有许多方面需要完善。当我们讨论生态农业时，我们并不是单纯指它的技术层面，还特别包括社会方面。为了加强联合国粮农组织的生态农业工作，我们需要巩固家庭农场主、农民、渔民、原住民和传统居民、牧民，特别是妇女和青年人所起到的作用。我们无法在这些社会参与者缺席的情况下开展生态农业项目，因为他们是这个项目的根基。

为了达到这一目标，我们将继续深入推进正在进行的工作以便更好地实施"联合国家庭农业十年"（2019—2028年）和"联合国营养问题行动十年"（2016—2025年）。这也将帮助我们完成《2030年可持续发展议程》和"可持续发展目标"，从而不让任何人掉队。这不是一项轻松的任务，这也就是为什么我们需要不同参与者和机构支持的同时，也需要加强合作。

我还想强调一个关键点是使生态农业得到更广泛的认可和更迅速的推广。我们需要能让更多人参与其中的横向研究和推广系统，而不是局限于传统的自上而下的研发和转化技术的方法。我们还需要一套涵盖此类技术的使用者和从业者的流程，这样他们就可以为当地知识做出贡献，也可以把当地现有的知识整合起来。就这一点而言，我要特别感谢法国，感谢他们整体而不是单一地应用生态农业的相关原则，例如由法国国家发展研究所所做的相关研究和拓展项目。自第一次研讨会以来的三年半时间里，法国的帮助对于联合国粮农组织至关重要。也正是在法国的全力支持下，联合国粮农组织才能够建立生态农业小组并在推广生态农业的工作上取得进展。

我还要感谢联合国粮农组织生态农业小组的奉献精神，他们为此次会议的成功举办付出了常人双倍的努力。在此，我对联合国粮农组织副总干事玛丽亚·海伦娜·赛梅朵（Maria Helena Semedo）的精心领导表示由衷感谢。

最后，我要感谢法国、瑞士和荷兰政府以及麦克奈特基金会的慷慨资助。正是有了他们的资助，使得我们完美举办了这次专题研讨会。

我相信之所以完成了这样的目标，是在各方的大力支持下。未来几年，我们的工作会从相互对话转到实施目标的具体方案上来。

在这方面，我要感谢所有民间社会组织和各国政府，正因为在你们的帮助下，这场研讨会才得以成功举办。我们也是有了你们的依靠才能砥砺前行，因为联合国粮农组织无法单靠一己之力来完成这些任务。我还要感谢大家能够践行联合国可持续发展目标17，这条目标呼吁我们齐心协力共同发展我们的伙伴关系。

最后，我还要特别向巴西利亚大学的副教授布劳略·费雷拉·索萨·迪亚斯（Braulio Ferreira de Souza Dias）先生表示感谢。感谢他为主持本次研讨会所做出的贡献，出色完成了所有主持工作。

资料来源：由作者/组织提供

第 7 章

生态农业行动：成功的实践与创新

阿根廷 生态农业创新

资料来源：由作者/组织提供

牲畜社区围栏

设置牲畜社区围栏是一项旨在保护社区使用土地的创新战略，由农民自行安装，位于圣地亚哥·德尔埃斯特罗（Santiago del Estero）农业边界扩张过程中与农业综合企业存有争议的土地。

创新举措说明

牲畜社区围栏是一种社会组织的、以畜牧业生产为导向的设计，包括森林的可持续管理，以供社区和农民的牲畜资源使用。

主要包括以下几个方面：

（1）围起来的公共用地占地1万公顷，供40个农民家庭使用。

（2）划定3个公用牧牛场。

（3）在查科－塞米利德（Chaco-Semiarid）地区的耕作系统中采用林牧管理方式。

（4）农民之间就森林管理（采伐薪柴、木炭、木杆）及与牲畜活动有关的合作组织达成协议。

资料来源：由作者/组织提供

共享创新设计和创新成果

创新基础：内源性资源利用，家庭农场主开发查科－桑蒂亚格诺森林（Chaco-Santiagueño）木材和水果所积累的知识，当地生态农业条件，国家机构推广人员和研究人员技术支持下的牲畜饲养实践经验。

资料来源：由作者/组织提供

惠及家庭农场主、粮食以及营养安全

（1）可加强对土地和其他公用资源的管理，以避免因土地冲突引发土地可能被收回的问题。

（2）可公平、有效地使用地表水和地下水。

（3）可改良作物基因，提供饲草，促进健康，提供生产性基础设施。

（4）促进搭建境内个人和机构之间广泛的社会关系网络，扩大农民社区的社会资本。

社会影响、环境影响、经济影响

（1）优化生产指标。

（2）短期商业化渠道建设和新型市场管理。

（3）农民共同商品的多样化、增长、保护和再生产。

经验：以较小的冲突和代价解决了大块土地使用权的问题（相对于耕地所有权改革而言），与当地农业生态与文化相得益彰，使生产满足当地社区的营养需求。

建议：通过畜牧生产链提高原产地的附加值，包括农民在雨养旱作区饲养犊牛，育肥后在灌溉区进行售卖。鼓励农民参与质量标准、价格和产品销售渠道的制度化建设。

资料来源：由作者/组织提供

人文社会科学与卫生学院社会发展研究所（阿根廷圣地亚哥德埃斯特罗国立大学）

萨尔瓦多国家体育研究所（INDES）｜阿根廷国家科学与技术研究理事会（CONICET）｜西南农资博览会（SAF）——艾罗约公共发展协会

Dr Raúl Paz、Lic Ana Villalba、Lic Andrea Gómez、Ing Ramón Saavedra、Ramón Ferreyra y Julia Miranda

邮箱：pazraul5@hotmail.com

地下再生稻

老茎

中国 生态农业创新

资料来源：由作者/组织提供

多年生水稻：水稻可持续生产系统

中国乃至世界范围内，水稻生产都面临两个亟待解决的严重问题。第一，环境问题，例如，尽管水稻产量高，但每年水稻生产系统（特别是山地水稻种植）造成的水土流失问题也急需解决；第二，随着经济的发展，农村地区劳动力短缺问题日益严重。1989年，为了解决这些问题，有人提出了关于开发和使用多年生水稻生产系统的想法。

创新举措说明

多年生水稻，顾名思义，即凭借根茎的再生可以多年收获而不需再种的水稻。长雄野生稻是与栽培稻（如亚洲栽培稻）同属的多年生野生水稻品种。

由于长雄野生稻具有强大的根状茎（植物无性繁殖），并且与亚洲栽培稻的AA基因组相同，因此被认为是多年生水稻的理想供体。

1997年，我们将RD23和长雄野生稻进行杂交，生成了具有强壮根茎的F1水稻。

多年来，我们进行育种和选育工作，包括分子标记辅助选择（MAS）。

共享创新设计和创新成果

我们已培育出4种优质水稻：PR23、PR24、PR25和PR107。其中，PR23已在中国南部的9个省份以及南亚和东南亚的4个国家（老挝、缅甸、柬埔寨和泰国）种植。该品种经过了3年多的多年生能力和产量测试，在云南省的应用面积规模已超过100公顷。

测试结果表明，至少在第6次收获后，再生率可超过85%，水稻平均单产保持在每年15吨/公顷。现已准备在云南推广PR23。

惠及家庭农场主、粮食以及营养安全

多年生水稻技术给农民和水稻生产带来了诸多益处，因此是一种绿色可持续农业技术。与传统水稻生产相比，多年生水稻生产工艺可节省生产成本（从第二季节开始可节省50%），化肥使用量、灌溉用水量、作物管理投入也相应减少；多年生水稻的生产也减少了劳动力投入，降低了劳动强度。

社会影响、环境影响、经济影响

多年生水稻技术是一种简便、绿色、可持续的农业技术，对社会、经济和环境具有深远影响。

多年生水稻在第一次移植后不需要耕作，因此减少了稻田或旱地的土壤流失。同时，多年生水稻产量与传统水稻产量相同。种植多年生水稻是当今水稻生产的良好解决方案，它将改变水稻生产方式，并可实现环境保护、经济发展和粮食安全之间的平衡。

资料来源：由作者/组织提供

A.长雄野生稻　B.一年生水稻　C.多年生水稻（C_1：理想的多年生水稻的模式株型；C_2：由于地下根茎短小，具有较强的多年生能力；C_3：培育的生产推广应用的多年生水稻品质，箭头所指是上一季的稻梗）　D.甄选多年生水稻PR23大田生产情况（D_1：多年生水稻第一季成熟期；D_2：多年生水稻第二季抽穗期；D_3：二次收获后的冬季；$D_4 \sim D_6$：多年生水稻第三季开始成熟；$D_7 \sim D_8$：第四季；D_9：四次收获后的冬季；D_{10}：第五季新开始）

资料来源：由作者/组织提供

A.品种 PR23，第三季开始成熟，2017 年 4 月　B.品种 PR24，第三季开始成熟，2018 年 2 月　C.品种 PR25，第二季开始成熟，2018 年 2 月　D.多年生水稻 PR107 在京红生产情况（D_1：多年生水稻第二季成熟期，收获前 12 天；D_2：稻梗的再生，收获后 3 天）

收成　再耕

大规模生产多年生水稻

资料来源：由作者/组织提供

云南大学：张石来、黄立钰、黄光福、张静、张怡、胡凤益*
呈贡大学城，中国昆明，650091，www.nxy.ynu.edu.cn/info/1054/1152.html
电话：008613187862534
*邮箱：hfengyi@ynu.edu.cn

墨西哥 生态农业创新

资料来源：由作者/组织提供

土壤！地下世界

在生态农业领域，创新问题不仅仅在于技术，可持续生产的障碍也源于无知和缺乏通用语言（common language）。为了在农民、科学家、消费者和决策者之间建立互惠联系，改进交流策略（innovate in communication strategies）已迫在眉睫。《土壤！》正是对这项艰巨任务的大胆尝试。

创新举措说明

《土壤！》是由德玛诺（DeMano）创作的关于农村粮食安全项目的木偶戏。该剧阐释了土壤保护的做法、家庭营养和家庭健康之间的关系。

这部木偶戏的创作以墨西哥南部长达8年的农村社区生活经验为基础，创作者以舞台剧的形式描述了农村生活，取材于田间实践经验，他们与农民共同起居、共同进行科学调查，以及收集农民相关信息。

资料来源：由作者/组织提供

共享创新设计和创新成果

《土壤！》木偶戏虽然只有3个手提箱和两个木偶，却让最偏远农村地区的观众们欣赏到了这场木偶戏。手提箱一打开，木偶表演的技术局限就会显现出来。木偶戏以木头为主要材料，剧中的人物以土壤中的有机物、植物和农业元素为原型。

《土壤！》的舞台分为两部分：一部分在地面上，由白色光照亮；另一部分在地下，由黑色光照亮。

舞台的设计和木偶的使用是一种创新技术，栩栩如生地呈现了生活在土壤中必不可少的生命。

资料来源：由作者/组织提供

惠及家庭农场主、粮食以及营养安全

《土壤！》通过将剧院带入社区的方式解决农民们的问题，并把不同学科项目提出的各种解决方案综合起来，使农民及其家人受益。该木偶剧鼓励通过互助组进行集体实验，并着重于关爱土壤中的生物，以便土壤能为各家各户的农耕提供养分。

通过开展社区工作，该木偶剧在粮食供应安全的前提下，帮助转变农业实践方式，同时赋权给女性，使其有能力成为土壤和家庭健康的主要照料者。此外，它还探索公平的贸易概念，以便让年轻人适应农村地区的生活。

Dir. Paulo Landa

Colaboradores:
Simoneta Negrete
José Luis López
Fernanda de la O

资料来源：由作者/组织提供

社会影响、环境影响、经济影响

《土壤！》反映了粮食安全问题的复杂性。粮食问题关涉的各方登上舞台，并不是为了提出合理的解决方案，而是讨论教育、社区、团结在解决土壤、食物和家庭关系中发挥的重要作用。

我们向大家展示了科学与传统相结合的巨大潜力，以便共同面对诸如土壤恶化、男性人口迁移、长期营养不良和市场不平等等重大挑战。德玛诺项目历经坎坷曲折，走在一条时而崎岖时而平坦的道路上，最终取得成功。《土壤！》在支持责任共享的同时也描述了我们的故事。

经验教训和建议

事实证明，木偶剧具有强大的力量，可以激励与可持续粮食安全挑战的每个人：科学家、农民、消费者和管理部门，尤其吸引了文化水平程度较低但知识经验丰富的群体，在墨西哥农村地区和全球其他几个地方都广受欢迎。

我们感受到了戏剧和木偶剧巨大的号召力，这种力量远远超过任何会议、研讨会和讲座。农民们来观看木偶剧是因为他们认为这对孩子有益，当离开时，这些农民也如同他们的孩子一样，深受启发，灵感迸现。

www.cesigue.edu.mx/DeMano | simoneta.negrete@inecol.mx | pauliteatro@yahoo.com.mx
pauliteatro@yahoo.com.mx

作者：Proyecto DeMano ｜ Paulo Landa（戏剧文学）｜ Simoneta Negrete-Yankelevich (INECOL)｜ Alejandra Núñez de la Mora（韦拉克鲁萨纳大学）｜ Guadalupe Amescua Villela (CESIGUE)

哥伦比亚 亚马孙地区生态农业创新

可持续畜牧业发展伙伴关系协议

《卡克塔公约》是一个突破性的公私联盟，目的是为了实现哥伦比亚亚马孙地区的零森林砍伐和养牛业的和谐发展。该公约履行者包括卡克塔牧牛场主区域委员会领导的农民与政府各部门、粮食加工商、非政府组织和研究与开发机构，旨在控制森林砍伐行为，保护水源以及受到威胁的生物多样性。

创新举措说明

《卡克塔公约》整合了从生产者到消费者的价值链模型，所有模型均采用共同框架并采取畜牧业转型行动。《卡克塔公约》提供了一个协议，该协议提供"民间社会自然保护区"（承认哥伦比亚为环境保护的一个特殊领域），采用林牧系统提高效率和减少二氧化碳排放。由于自然资源得到了更好地利用，所有试验农场的土地已实现退耕还林。在德国国际合作组织、美援署、自然保护协会、联合国、欧盟等机构的支持下，《原产地命名保护》与集体商标"卡克塔奶酪"进行整合，据此，加工业实行该协议并遵守其中的行动方案和规则。

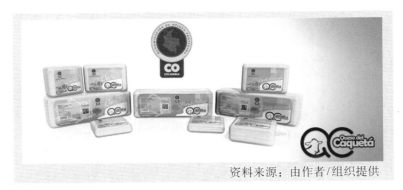

资料来源：由作者/组织提供

共享创新设计和创新成果

该公约由当地利益相关者制定，认识到无人管控时继续饲养牲畜所面临的主要威胁。系统研究法包括大部分的可持续性要素（生物多样性、自然资源利用、面向市场业务和社会影响），许多采用此法的国家和国际机构也加入进来。本公约包括所有主要的地方机构。

惠及家庭农场主、粮食以及营养安全

农场田间发病率的早期评估表明，生产效率指标得到了极大提高。这主要得益于管理条件的迅速改善和牧草营养质量的迅速提高，体现在每公顷土地牛奶的产量、奶牛的繁殖行为（出生百分比）和牛奶的成分质量等方面。

社会影响、环境影响、经济影响

减缓气候变化和适应气候变化战略的制定和实施；刺激生产力、实施金融经济激励措施以及提升具体信贷额度；制定与环境服务有关的支付策略；放宽市场和贸易准入，推动国土开发一体化（其中农业气候区划是计划生产的轴心）以及围绕生物贸易产品制订详尽的商业计划。

资料来源：由作者/组织提供

经验教训和建议

该协议可以看作一个试点计划，用于证明自然资源的使用和畜牧生产之间可以实现平衡。通过采取可持续的措施，所有利益相关者有机会参与，同时采用价值链方法来证明二者之间的平衡性。

卡克塔地区牧民委员会 | Rafael Torrijos
http://quesodelcaqueta.co | rafatorrijos@gmail.com

法国 生态农业创新　　　　　　　资料来源：由作者/组织提供

品种混种的协同设计

　　全球变化导致的环境随机性日益增强，在这种背景下，更好地利用作物遗传多样性是生态农业的一个重要杠杆，因为生物多样性可促进各种生态系统服务功能提升。过去大量的"成功案例"和最新的文献表明：通过使用品种混种来增加田间物种多样性这一选择非常及时。然而，虽然品种混种在法国的小麦作物中得到了广泛应用，但在世界范围内依然很少被采用。

创新举措说明

　　创新是一种参与式意识形态做法，可使品种混种的共同设计满足农作物的遗传和性状结构的需要，并使之与提供生态农业系统服务的创新种植系统相适应。此创新基于农民、推广服务、科学家和价值链的其他利益相关者之间的研讨会，这有利于设计出一种混合规则。农民或农业顾问使用这些规则来选择要混种的品种，提高他们农作制度的经济效益和环境效益。

共享创新设计和创新成果

混种作物基于跨学科方法，混种的规则由农民、服务推广人员和科学家们共同设计。这些规则合并到一个多标准评估工具中，农民可以基于专业知识在田地选择品种进行栽种。

这一工具是在小麦混种项目中开发出来的，已经应用了3年，项目中的多样品种混种，满足农民在不同环境下耕作的所有需要。

惠及家庭农场主、粮食以及营养安全

在同一田地上混合种植多个品种，调动种内多样性，是一种生态解决方案，经证实具有疾病调控优势，并被农民视为一种保险策略（可以避免孤注一掷的风险）。混种做法基于农业系统中具有已知性能的注册品种，混种策略由农民共同设计，满足农民的需求。

资料来源：由作者/组织提供

小麦品种混合物为各种生态系统提供服务

资料来源：由作者/组织提供

社会影响、环境影响、经济影响

这项创新有助于发展创新型耕作系统，进而提高对气候变化的适应能力和恢复力，减少化学品投入。此外，采用低投入农业实践做法（通常是有机农业）的农民通常会采用混合种植法，部分原因是出于预防需求。

经验教训和建议

品种混种的共同设计为农民提供了一种巧妙的方法，使农民可以根据他们创新性的生态农业实践调整作物遗传结构，减轻品种选择、环境变异性和异质性所带来的风险。

国家农业研究所－法国科学研究中心（CNRS）－国家可持续发展研究所－巴黎高等农艺科学学院（AgroParisTEch）－小麦混种联盟 | Jerome Enjalbert

www.inra.fr/wheatamix | Jerome.enjalbert@inrafr

哥伦比亚 生态农业创新

资料来源：由作者/组织提供

通过恢复原生种子保护高山区生态系统

创新影响着美食、市场和幸福生活

巴拉摩（páramo）生态系统（海拔3 000～4 000米的热带山地）面临的一个主要问题是传统的马铃薯种植。农用化学品在粮食生产中的使用导致生态系统退化，污染了哥伦比亚首都波哥大市800多万居民的用水。

创新举措说明

我们的创新基于农民、大学、制图和工业设计专业人士、餐厅和烹饪学校之间的网络联系，管理创新型粮食生态生产，包括本地有色马铃薯及其价值集合体和最终商品化。这项创新的目的是加强当地粮食体系，保护准生态系统，获取有关生态农业生产和土壤管理的科学数据，以及获取本地马铃薯生产的生态足迹数据。

共享创新设计和创新成果

我们与10位农民及哥伦比亚国立大学农业科学院共同规划了一个项目，并将其提交给了国家及当地公共机构，以增加本地马铃薯品种的多样性，提高产量，从而开展关于营养特性的研究，开发具有附加值的副产品，并测量位于海拔3 250米的10个农场的农业生产碳足迹。我们的目标是将网络中的生产者增加到30个家庭。

惠及家庭农场主、粮食以及营养安全

（1）保护高山生态系统及其环境服务。

（2）提高家庭收入。

（3）促进马铃薯和安第斯作物的生产系统多样化。

社会影响、经济影响、环境影响

（1）据估计，每个家庭可获得高达925美元的月收入，其中35%来源于新鲜马铃薯，65%来源于马铃薯薯片。

（2）耕地面积减少（2 500米^{2}的4个地块进行轮作仅需1公顷土地）。

（3）产生更少的温室气体（6 050千克/公顷；传统生产方式为9 219千克/公顷）。

经验教训和建议

（1）在一个可持续的粮食体系中，多样性和网络化是两个最关键的因素。

（2）附加值策略以及系统性思维确保了小农户和生态农业从业者数量的增长和生产的可持续性，同样，也使原生种子以及传统粮食作物得以恢复。

地球之家公司 | Oscar Nieto Mendez | Jaime Aguirre
http://www.familiadelatierra.com.cofamiliadelatierra@gmail.com

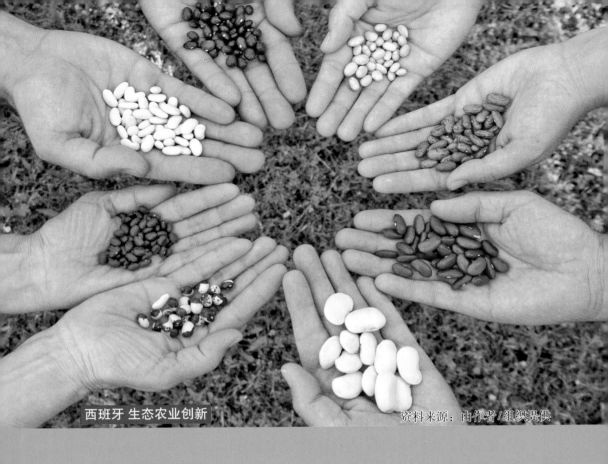

西班牙 生态农业创新

资料来源：由作者/组织提供

电子互联

共享传统生态知识

国际条约和公约鼓励各国政府承认、保护与促进传统知识，包括传统生态农业知识。根据这一要求，一个由七所大学和研究中心的西班牙科学家组成的多学科团队与西班牙"种子网络：重新播种和交换"共同开发了电子互联。

创新举措说明

电子互联（www. connect.es）是一个公众科学平台，致力于使公众记录并与其他公众和科学家分享传统的生态知识。电子互联有专门针对地方品种板块的用于创建动态的地方品种和相关传统知识的清单。用户可以在电子互联上输入有关地方品种的当地名称、说明、管理方法、食物制备等方面的信息。用户还可以上传图片和信息以保护地方品种。电子互联正在创建一个用户社区，该社区可以通过该平台与其他平台进行互动，从而促进传统生态农业知识的实时共享和传播。

根据标签搜索
可以搜寻作物的名称、种类、无
公害情况、矿物质含量、原产地
气候等条件构成的特定标签

根据内容搜索
可以按照过滤选择的方式在所
有标签的内容范围内进行搜索

根据位置搜索
可以看到一张显示作物原产
地信息的地图，在地图上标
注选出的产品

最新标签

加泰罗尼亚（东部谷 阿拉贡香梨　　　 检疫用的番茄（胡卡河 精品马铃薯（山区）
地）的豆角 岸区）

资料来源：由作者/组织提供

共享创新设计和创新成果

通过两种创新方式，电子互联促进了传统生态农业知识的共享和建档。首先，电子互联帮助补充了国家数据库中已录信息，同时还促进了不需要物理连接的潜在用户扩展社区之间的信息交换。其次，电子互联通过公共版权许可证防止平台上发布的传统农业生态知识被盗用。只要共享过程中与其他用户（例如，通过专利或注册内容）进行共享，该许可证可以保证自由复制和交换知识。

惠及家庭农场主、粮食以及营养安全

通过保护产地名称和相关知识不被盗用，电子互联可以使小规模农民从中受益。

例如，通过创建动态的地方品种清单，电子互联可以防止使用产地名称来注册改良品种。此外，电子互联有助于传播在文化和环境上基于地方品种的适应性粮食作物，从而有助于实现自治和粮食主权。

社会影响、环境影响、经济影响

不到一年时间，已有450多个用户在电子互联中注册了400多个地方品种。该平台正在成为社区种子库、有机农场主以及培育种子和幼苗手工生产者的工具。因此，该平台可用于评估地方品种在小规模农业中的影响。在环境层面，该平台通过增进知识和种子的交流来制止生物侵蚀。

经验教训和建议

电子互联是一个特殊的例子。它以各方共同努力和公众参与的方式记录、保护和推广生态农业知识。

"钩针豆"（加泰罗尼亚豆地方品种）培育地点分布图同样展示了当地种子和传统粮食的恢复情况。

www.conecte.es | contacto@conecte.es | LauraAceituno Mata

芬兰 生态农业创新

资料来源：由作者/组织提供

生态农业共生

生态农业共生（简称AES）是一种恢复力强，能够适应当地粮食生产和消费的新型模式。生态农业共生模式由农场、中小型粮食加工厂和生物能源生产者组成，三者作为一个整体系统进行，内部协作关系紧密。物理邻近性是由循环生物经济后勤保障的生态必要性决定的。多个生态农业共生有可能形成区域网络，在生物、生态及社会领域实现可持续粮食体系，改善农村民生，丰富粮食文化。

创新举措说明

最早有记录的生态农业共生发生在芬兰帕洛普罗村，该生态农业共生模式由一个可耕种农场、一个菜园、一个鸡舍、一座面包房（所用的材料均为有机质）和一个沼气厂组成。其中，沼气厂发挥着核心作用，因为它能够将耕地轮作的固氮层用于代替常规的绿肥生产沼气。农场和粮食加工产生的废物会输送到沼气厂，而沼气厂分解废物形成的沼渣又可作为肥料返回到农田。沼气产量超过了生态农业共生系统的能源需求。与传统的粮食生产系统相比，过高的沼气产量使生态农业共生成为净能源生产者，而不仅仅是消费者。

共享创新设计和创新成果

生态农业共生的发展利用了当地社区农业从业者和大学研究人员使用自身知识为农村设计切实可行的解决方案。大众媒体、学术出版物和政府工作报告中均提及了生态农业共生模式。生态农业共生模式的实施过程一直是公开透明的，这种新形式得到了大众的支持和鼓励。

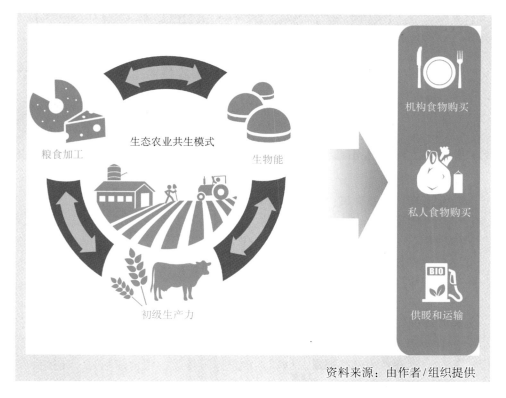

资料来源：由作者/组织提供

惠及家庭农场主、粮食及营养安全

在生态农业共生模式中，农场为当地和区域市场生产粮食。粮食生产通过利用和回收当地资源，形成了更加可持续的本地化农业体系。生态农业共生增加了食物营养，保证了粮食生产过程中所需能量自给自足，从而确保了粮食安全。多样化的粮食生产系统也创造了新的就业机会，为扩大家庭农场的规模提供了另一种选择。

资料来源：由作者/组织提供

社会影响、环境影响、经济影响

（1）可持续性耕作、粮食加工和生物能源共同发展。

（2）温室气体排放大幅减少，促进推动养分循环。

（3）可改善农村民生，增加社会资本。

（4）可加强区域经济，保障粮食主权。

（5）农民收入增加，不再依赖大企业主导的食物链。

经验教训和建议

帕洛普罗首次实施生态农业共生的生物物理结果显示，该生态农业共生模式具有发展潜力和市场需求。创新本地整体可持续的粮食体系时，在社会层面，此模式依然富有成效，同时，农村作为社会的一部分，在革新当地可持续粮食体系时，发挥了至关重要的作用。

赫尔辛基大学, Juha Helenius、Kari Koppelmäki、Sophia Hagolani-Albov
http://blogs.helsinki.fi/agroecologicalsymbiosis | juha.helenius@helsinki.fi | kari.koppelmaki@
helsinki.fi | sophia.hagolani-albov@helsinki.f

束埔寨 生态农业创新

资料来源：由作者/组织提供

包容性粮食体系计划中女性主导的农业服务团队

在柬埔寨，由于生产力水平较低和投入成本较高，小农户水稻经济收益低。水稻集约化系统（SRI）可以让农民减少种植投入。在干旱地区，水稻集约化系统中，每公顷水稻的平均产量为3.6吨，而在相似的环境下，采用传统种植方法种植水稻的平均产量为每公顷2.4吨。劳动力短缺是当地农业所面临的另一个关键问题，这是因为本国经济状况不佳，迫使许多男性劳动力去城镇寻找工作机会。

创新举措说明

牛津饥荒救济委员会和合作伙伴组织一直在与无土地妇女团体一起合作开展试点工作。该团体的妇女接受过农业技术和技能的培训，特别是水稻集约化系统培训，可以向当地提供农业技术服务，包括土地平整、土地整备、移植、收割、施肥、除草等。这些小组是妇女主导的农业服务队（WLAS）。这个服务队目前还提供多种技术服务，包括水稻生产、蔬菜种植、畜牧和水产养殖。

共享创新设计和创新成果

妇女主导的农业服务队（WLAS）致力于为当地社区想要采用水稻集约化生产的农民提供服务。此项创新主要面向那些很少或从未得到农业推广支持的小农户。这些小农户之前采用传统方法（例如播种法）种植水稻，并且在种植过程中过度使用化肥、农药。这种做法导致水稻生产力低下、环境污染，甚至会在水稻生产过程中产生有毒物质，对小农户的健康产生负面影响。牛津饥荒救济委员会始终向小农户提供支持，帮助他们提高粮食产量同时减少肥料和农药的使用。

惠及家庭农场主、粮食以及营养安全

自2015年成立以来，农业服务队一直致力于减少移民数量与提高团队成员及其客户的生活水平。该团队可帮助农民从土地上获得最高效益，从而改善生活状况并提高收入。到2018年为止，由257名农民组成的10个小组（89%是女性）已经发展为成功的企业，特别是在水稻生产方面。据报道，在他们的帮助下水稻产量增加了50%。

社会影响、环境影响、经济影响

该方案，特别是水稻集约化系统种植技术，帮助小农户提高了水稻产量。这项创新技术与女性农业服务小组（WLAS）展开合作，向小农户提供可靠的农业服务，填补了劳动力短缺，同时也增加了妇女农业推广工作者的数量，改善了大多数贫困农民的生活。

经验教训和建议

女性农业服务小组创新对于小农户来说是一种低成本、可持续创新的解决方案。在大众市场的支持下该方案可以通过教育、劳动力技术替代以及向农民提供农业推广建议等措施来提高服务质量和推广应用水稻集约化系统。

资料来源：由作者/组织提供

柬埔寨 牛津饥荒救济委员会 | Cheth Pay
http://cambodia.oxfam.org | Info.Cambodia@oxfam.org

多民族玻利维亚国 生态农业创新

资料来源：由作者/组织提供

亚普奇利模式

多年来，玻利维亚的农业历经技术研究、国家推广、农民治理的发展模式，走出了农业专家科研到国家助农、再到农民自我革新的转变。几年后，玻利维亚提出了新的激励措施以鼓励农民积极参与农业推广和创新，如：成立乡村农校、地方农业研究委员会等。2004年，在农业发展领域，PROSUCO 和FUNAPA共同推动了基于依靠和加强本地农民自主化的社会改革，也称为亚普奇利模式。

创新举措说明

亚普奇利模式旨在认可和培养具备传统和现代知识且适用于当地生产建设的农民，以及探寻农业研究和改革的机制。通过制度化的5个步骤，这种模式培养提高了农民的劳动技能，并提高了农民的研究能力、创新能力和技术推广能力。这5个步骤是：①学习、交流知识和做法；②尝试和试验；③展示成果、证明效果；④传授并指导技术实践；⑤形成农业科技交流推广圈。

共享创新设计和创新成果

上述5个步骤是改革的核心，该模式依托生态农业发展观，可以降低"五步走"过程中的技术研发、技术革新与推广的不确定性。如：如何成为一名"更专业的农民"。亚普奇利模式在多民族国家玻利维亚的5个省份进行试点，分别为拉巴斯、奥鲁罗、波托西、科恰班巴和丘基萨卡。

惠及家庭农场主、粮食及营养安全

资料来源：由作者/组织提供

新知识、新技术和新试点给农民带来了最大利益。这样，农民可以保护自己的土地，回归生态农业发展观，不仅可以提高生产率，还可以提高产品质量和卫生，从而改善农业和畜牧业副产品的质量。

社会影响、环境影响、经济影响

从社会层面看，在农民、研究员、农业气候观测员和技术支持专员的组织协同下，亚普奇利模式通过对话和交流，提升了民族自信。从经济层面看，粮食安全阶段过渡到市场经济阶段。从环境层面看，资源、土壤、水源和种子得以恢复和被保护，绿色自然产品成为加工的原料。

资料来源：由作者/组织提供

经验教训和建议

教育部和相关机构证明，亚普奇利模式具备可持续发展性，在面对其他技术人员和机构时，我们应该打破存在主义的范式、地方狭隘观念。

资料来源：由作者/组织提供

资料来源：由作者/组织提供

PROSUCO | FUNAPA | JACHA SUYU PAKAJAQI | 麦克奈特基金会
Sonia Laura Valdez、María Quispe、Eleodoro Baldiviezo、Yapuchiris
https://prosuco.org | W_sonia1@yahoo.es

巴拉圭 生态农业创新

乡村女性生态农业生产综合体系

农业改革包括农妇生态农业技术运用于蔬菜生产的综合实施体系。该体系通过"PY-212可持续园艺生产"项目得以实施，且由"新土地"执行，并受到美洲国家基金会的资助。

共享创新设计和创新成果

随着生态农业生产综合体系的落实，农业改革在技术运用和农妇需求的不断沟通和协调中随之展开。生态农业技术的互相交流使农妇的关系变得亲近。

惠及家庭农场主、粮食及营养安全

生态农业生产综合体系的推进使农妇们常年的果蔬种植成为了可能。这样，果蔬产量增加，供给和留存状况都有了改善。大多数情况下，农妇们更愿意留下消费不完的果蔬，而不贩卖，因为以前她们很难获得新鲜蔬果。

资料来源：由作者/组织提供

社会影响、环境影响、经济影响

社会影响力主要体现在粮食安全保障的强化与男女不平等现象的扭转，因为农村女性可以拥有自己的收入；在经济方面，农村女性贩卖果蔬具有了一定的自主权；在环境保护方面，降低了农牧业生产的不利影响，保障了集约化农业的可持续发展。

经验教训和建议

第一，为了让女人们工作，关键在于设计一个对家庭劳作不增添负担的生产体系，以便她们可以更好地协调家庭；第二，女人们管理和负责所有环节有利于项目取得成功。

资料来源：由作者/组织提供

新土地 | Ana Lucía Giménez
http://www.tierranueva.org.pycomunication@tierranueva.org.py

印度尼西亚 生态农业创新

资料来源：由作者/组织提供

通过4R营养管理实现可持续的小农户可可种植

　　许多印度尼西亚小农户主要种植可可，他们拥有全国90%以上的可可生产用地。然而，由于树木老化、虫害、树木疾病、土壤健康状况不佳和养分耗竭，可可豆的产量从20世纪80年代的每公顷750千克左右下降到过去20年的每公顷不到400千克。

　　尽管苏拉威西岛的小农户的可可产量占印度尼西亚总产量的65%，但这些小农户缺乏相关的可可种植知识和农用物资，如肥料和资金。尽管全球对可可的需求仍在不断增长，这些农民中的许多人仍然处于贫困的漩涡之中，一些人甚至准备完全放弃种植可可。

创新举措说明

　　2014年，国际植物营养研究所（IPNI）与当地的可持续发展计划可可保健（Cocoa Care）展开合作来提高苏拉威西（Sulawesi）可可农民的生活水平和生产力。该合作的目的是向大众展示最佳管理实践方法（BMPs）以及如何平衡施肥能提高可可豆的产量和质量。

　　国际肥料工业协会（IFA）制定的4R营养管理原则是该项目的核心，即在恰当的时间和地点，按适当的比率，选用合适的肥料来源。

　　种植家庭接受了可可最佳管理实践方法和营养管理方面的培训，如增加土壤养分、病虫害防治和修枝。同时，他们还获得了农具、肥料、堆肥和优质的可可树苗，接受了企业管理培训。

训练有素的当地农民被称为可可护理员。他们与其他农民一起在自己的农场进行为期两年的试验，以此来衡量管理实践方法和化肥的使用效果。

资料来源：由作者/组织提供

共享创新设计和创新成果

该项目设计用于快速提高产量，以便小农户能够看到收益并和当地社区一起有组织地宣传成功经验。

来自74个农场的农民参加了为期两年的试验。试验中，将农场分成100个可可树地块以检验最佳管理实践方法以及最佳管理实践应用于国际植物营养研究所中肥料处理方法的效果。

可可护理员通过便携式平板电脑监视并对试验进行记录，保证了在线信息的快速获取。除了与可可监督员（具有学术背景的推广人员）交流以外，他们还定期与参与调查试验的农民和附近的农民会面，讨论进展情况。

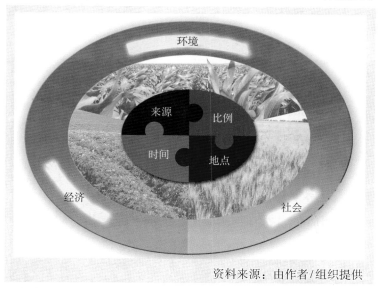

资料来源：由作者/组织提供

惠及家庭农场主、粮食以及营养安全

最佳管理实践方法和均衡施肥提高了可可的产量和质量，确保了小农户家庭收入稳定。

最佳管理实践方法在3个月内取得了进展。施加肥料后，可可每公顷平均产量超过1 000千克，是区域内每公顷平均500千克产量的两倍多。

一般来说，由于苏拉威西可可豆的收获季节在6—8月，农民有限的收入来源常常限制了他们在6—8月以外的其他月份进行投资。

然而，参与最佳管理实践方案的农民可以全年定期种植农作物，确保有持续的现金流用于再投资或用于粮食支出。

社会影响、环境影响、经济影响

高产优质的可可豆已使小农户、他们的家庭以及周围的农村地区在经济上获得了收益。

在技术知识和激励支持方面，参与项目的农民分享他们新获得的知识，这对周围那些没有参与该项目的农民产生了滚雪球效应。

该项目不仅向农民传授4R养分管理和土壤健康的最佳做法，还通过将养分损失降到最小、改善土壤健康以及增加水和碳储存来帮助保护环境。

经验教训和建议

农民之间的相互学习与强劲的优质可可市场需求加快了人们采用改良版集约化管理方式的步伐。

该项目确定了提高苏拉威西岛可可产量的最合适的肥料配方和最佳的管理实践做法。

为了确保关键营养供应，国际植物营养研究所目前正努力将新配方投入市场，并与可可护理员共同建立农民自己的农业投入服务亭。

资料来源：由作者/组织提供

国际肥料工业协会（IFA）| Yvonne Harz，Pitre
www.fertilizer.org | yharzpitre@fertilizer.org

布基纳法索 生态农业创新

资料来源：由作者/组织提供

生态农业系统中的肥料生产

在布基纳法索西部，农场的肥料产地长期局限在房屋和牛棚附近。由于持续增长的土地压力以及偏远的农田位置，肥料生产受到运输条件的限制，生产农作物残余物和粪便等肥料所需的原料大量流失。农场的肥料生产仍不足以恢复土壤肥力。

创新举措说明

为了提高农场肥料生产的质量及数量，并采用生态农业方法恢复土壤肥力，先进的可持续农业生产示范项目（CIRAD及CIRDES）的研究人员、利益相关者和生产者（UPPC-Tuy，非洲经济和社会发展研究所）在2008—2012年开展肥料伙伴（Fertipartenaires）项目。他们设计并支持以低投入的方式在田间直接生产肥料。

2015年，用"痕迹"方法（impress method）对该种肥料生产的影响进行了评估。

肥料生产创新基于以下几点：

（1）通过在田间挖坑阻止作物残余物的流失。

（2）通常将直接焚烧的棉花茎秆与动物粪便混合（比例为80%的茎秆和20%的粪便）。

（3）雨季开始时进行生产，一年后收获肥料。

（4）限制此过程中的人为干预（不挖开、不浇水、不翻动）。

共享创新设计和创新成果

"按部就班"地开展共同设计建立在生产者、利益相关者与研究人员之间的正式伙伴关系之上。

共同设计的第一步是对初始情况进行分析（基准研究），然后探索可能的解决办法（培训、农民间互访），接下来是进行农场实验，调整创新技术，最后进行参与式影响评估。

惠及家庭农场主、粮食以及营养安全

共同设计创新使农民获得了肥料生产方面的知识，改变了肥料生产和管理方式，在研究结束后其影响依旧明显。参与共同设计的农民中，每个农场的肥料产量都增加了7吨，玉米产量每公顷增加了786千克，农场的粮食安全得到了保障。

社会影响、环境影响、经济影响

在田间增施了677千克/公顷肥料之后，土壤肥力得到了提升，在产量最多、成本投入最小的产地，农民收益每公顷增加40西非法郎（约0.076美元）。在共同设计阶段建立的网络也惠及了没有直接参与项目的其他农民。

经验教训和建议

农民、利益相关者和研究人员的正式伙伴关系及所进行的长期研究使创新的共同设计得以实施，同时通过改变农民的做法、利用人际关系网为试验者与他人带来长期影响，推动农业生态的转型。

资料来源：曼尼尔奥家庭及田间肥料坑　©Blanchard/法国国际农业研究中心（CIRAD）

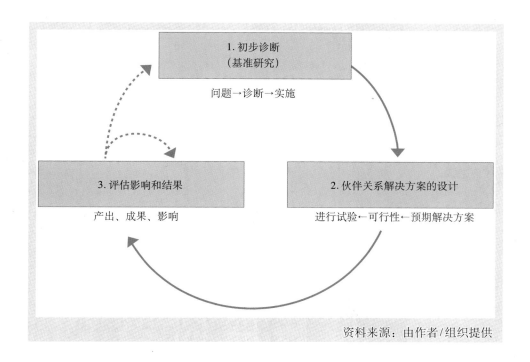

1. 初步诊断
（基准研究）

问题→诊断→实施

2. 伙伴关系解决方案的设计

进行试验←可行性←预期解决方案

3. 评估影响和结果

产出、成果、影响

资料来源：由作者/组织提供

环境服务部创新和研究中心（CIRDES），非洲经济和社会发展研究所，UPPC-Tuy｜法国国际农业研究中心（CIRAD），M. Koutou（CIRDES）｜Ouattara B (INADES)｜S. Bognini (UPPC-Tuy) M. Blanchard｜E. Vall 法国国际农业研究中心（CIRAD）
www.cirad.fr/nos-recherches/themes-de-recherche/agro-ecologie｜melanie.blanchard@cirad.fr

贝宁 生态农业创新

资料来源：由作者/组织提供

优质农场（PREMIUM HORTUS）

同许多非洲国家一样，贝宁的城市人口迅猛增长，对水果和蔬菜等菜园产品的需求量极大。菜园使用了大量化肥和化学制剂，而分配制度却依旧十分落后，缺乏现代化农业技术。这导致了严重的水土污染、生物多样性丧失和生产力低下等问题，也使得人口对天气变化的抵抗力下降，农产品价格上涨。粮食不安全的影响会波及全世界33.6%的家庭，在5岁以下的儿童中，16%的儿童患有急性营养不良，44.6%的儿童受到慢性营养不良的影响。

创新举措描述

优质农场是一个非洲生态农业技术平台，专注于生态农产品产业电商化、有机粮食生产以及为生产者提供帮助。优质农场支持网页、手机平台以及银行卡支付，用户可以线上订阅、选择、订购和支付，从而安全地买到送货上门的水果、蔬菜和有机产品。用户可以通过这种方式控制消费，减少浪费，还可以捐赠或邮寄粮食，并获得粮食保险积分。优质农场致力于发展有机园艺，让生产者能够利用农业及通信技术，获取特定的生物肥料、天然种子、技术方案和绿色商业培训计划。

资料来源：由作者/组织提供

资料来源：由作者/组织提供

共享创新设计和创新成果

　　优质农场是一种符合可持续发展目标、生态农业原则和知识产权标准的开放性协作创新模式，其影响强大且可持续。自2016年以来，优质农场及其合作伙伴已经在贝宁开展了以下业务：有机园艺实验点、网络平台原型、移动支付、信用卡、加密货币支付。凭借其经验，优质农场在非洲及联合国各成员国都有良好的发展前景。

惠及家庭农场主、粮食以及营养安全

　　优质农场是一项生态农业创新，可以增强家庭农场主的发展潜力，让人们更容易获取健康无污染的粮食。

　　许多青年女性凭借技术支持优化了农业生产力，损失减少50%以上。市场流通过程较短令她们更容易小批量地销售自己的产品。

这样，人们就可以买到价格稳定的低成本有机粮食，从而提高营养保障。

社会影响、环境影响、经济影响

根据可持续发展目标 1、2、6、11、12、13 和 15，优质农场提高了专业化水平，增强了对气候变化的适应力，为不同背景的农民赋权。

通过负责任的生产和消费，优质农场减少了温室气体排放，保障了土壤、水、生物多样性以及 40 多万个非洲家庭的健康。

经验教训和建议

当地可以加强对生态农业的实践和创新，实现可持续发展目标。优质农场是一种基于生态农业原则，可盈利且可复制的绿色技术，因此得到了各组织、国家、非国家参与者以及投资者的支持。

资料来源：由作者/组织提供

优质农场——Johannes S.E.E GOUDJANOU（首席执行官）｜ Aimé ELEGBE（首席技术官）｜ Marie Michaire LIMA（首席采购官）

http://premiumhortus.com

http://agriboost.premiumhortus.com

Contact@premiumhortus.com

greentechn@premiumhortus.com

肯尼亚 生态农业创新

资料来源：由作者/组织提供

改善受土地所有权限制的女性农民的粮食安全和市场准入

　　农业是肯尼亚的经济支柱，农业收入占政府收入的45%以上。农业为肯尼亚提供了大多数的就业岗位，农业就业人口占总就业人口总数的60%。总体来看，约80%的农妇从事农业工作。但是，其农耕土地占比仍不清楚。土地细分和人口增长使土地面积不断减少，这给女性农民及其家庭带来了额外的挑战，尤其是在卡卡梅加县科韦塞洛区等农村地区。由于难以在小片土地上生产足够多的粮食，她们的粮食安全得不到保障。因此，亟须采取创新措施来维持粮食生产，满足社区需求。

创新举措说明

　　行动援助组织采用基于人权的原则和具有气候恢复力的可持续农业发展框架来实施本方案。

　　在项目设计和实施阶段，参与项目的女性农户接受了关于女性权利和领导技能培训。在本次培训之后，她们组建了科韦塞洛区农民网络，目的是解决农民所面临的问题。行动援助组织对该网络小组进行了培训，内容涉及香蕉培育，以及其他生态农业措施，其中包括增强土壤肥力、生产系统管理以及选择价值链的开发以提高粮食安全等，据此构建了一个复杂的生产体系，包括谷物、豆类、水果、蔬菜、块茎作物、家禽、奶制品和种植系统。这一体系能够预防生物疾病、增强恢复力以及推动建设可持续的粮食体系。农民计划在他们的旱地农场上，把农场与森林、牧场、人工沼泽结合在一起，将一个系统的原材料转变为另一个系统的投入品。该小组开办了自己的工厂，增加了3种商品的价值，提高了农民收益。

资料来源：由作者/组织提供

共享创新设计和创新成果

该创新设计有3个战略重点：①在"农对农"推广服务的支持下，建立农场模型、应用技术并扩大规模；②制定有利于妇女和困难农户的预算及宣传政策，确保政府资金和投资优先资助妇女（妇女主导的价值链和农业加工）；③开展农民运动，支持具有气候恢复力的可持续农业发展。通过上述行动，妇女对该农业发展产生了信心。妇女们集体与政府协商，争取自己的权利。人数众多的农民运动极具政治影响力。

惠及家庭农场主、粮食以及营养安全

该系统使妇女能在小地块上实现粮食生产多样化（豆类、玉米、香蕉、竹芋、红薯、家禽、奶牛），因此家庭有更多机会获得有营养的粮食。引进与推广象草可以对独脚金进行有效的生物控制，从而减少了玉米作物的损失。象草还有助于提高牛奶产量。该倡议支持农民建立自己的工厂来增加香蕉和竹芋的价值，减少收获后的损失。额外收入的增加可以减少粮食商品的销售；香蕉串的收益提高了3倍，价格从每串2.5美元提高到每串7.5美元。该小组的进一步宣传工作确保了县政府将粮食安全问题列为优先事项。

社会影响、环境影响、经济影响

该项目贡献如下：①提高了粮食产量；②改善了土地使用规划，减少了土地退化；③提高了土壤肥力；④更好地组织了妇女农民；⑤确保了妇女有进入市场的机会并获取更高的收入。越来越多的妇女参与到了该县利益相关方组织的其他活动中，同时农妇也成为了县政府原材料供应链中的一环。

经验教训和建议

通过培训把农村女性组织起来，使其能够与政府进行有效接触，进而优先满足其需求。地方级模型将现代技术与适应于当地的农业结合起来，从而政府能够有效地解决农民的当务之急，同时一个地区实现粮食安全的前景将更加明朗。

资料来源：由作者/组织提供

肯尼亚国际行动援助组织 | Philip Kilonzo

印度 生态农业创新

资料来源：由作者/组织提供

研发并传播因地制宜的创新——"从土地到实验室"方案

农村和高危地区的需求多种多样、不尽相同。由于市场有限，私营部门不愿为高风险地区开发新技术，而政府部门往往也忽视这些地区的需求。发现特定地区的需求并制订具体解决方案是实现可持续性发展的关键。农民创新依赖于当地的具体需求、资源、知识和技术。然而，在实现地区资源利用率最大化方面，农民根据地区具体情况进行自主创新和适应的能力很大程度上被忽视和低估或没有得到充分利用。

创新举措说明

"从土地到实验室"方案是由行业发展协会的核心科学家提出的一种新方法，目的是在各利益相关方的参与下，记录、开发并传播农民的创新成果和本土知识。喀拉拉邦不同地区农民的创新成果被记录了下来，这些创新成果向农民创新者提供支持以帮助开发自己的创新成果，该地区创办的地方企业也促进了此类创新成果的传播。这些农民创新成果包括植物品种、农具、农机具、耕作方法、病虫害管理方法等。

共享创新设计和创新成果

用于研发并传播地区特色创新成果的"从土地到实验室"方案。

记录

（1）创新策略包括：组织创新活动、竞赛、集会；通过农民俱乐部、女性自助团体、媒体人员、政府官员、创新者等提名或推荐创新型农民。

（2）记录过程包括收集技术细节、农民创新特长以及科学评论。

开发

我们与各研发机构和其他利益相关者合作、测试、完善、改进、开发创新成果。

传播

（1）通过多种战略促进创新成果传播。

（2）帮助农村创新者将其创新成果转化给企业。

（3）将农村企业家和农村创新者联系起来，创办村级企业。

（4）通过各种项目、计划、地方出版物传播和推广农民的创新成果。

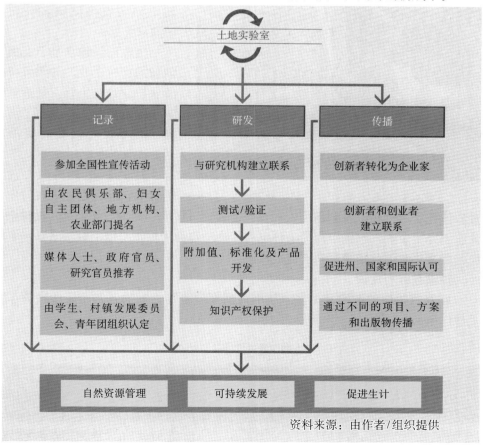

资料来源：由作者/组织提供

合作伙伴

印度国家创新基金会、印度政府、社会科学司、科技部、蜜蜂网络、《粮食和农业植物遗传资源国际条约》(ITPGRFA)、联合国粮食及农业组织(FAO)、欧洲经济共同体-联合国开发计划署（CEE-UNDP）以及国家农村发展银行（NABARD）。

惠及家庭农场主、粮食以及营养安全

女性自助团体使得农民创新得以复兴和传播，确保了粮食、营养和生计安全。农民还确认推广了耐旱的木薯、山药、蔬菜、豇豆、胡椒、豆蔻、肉豆蔻品种。此外，女性团体的能力建设有助于利用当地农民培养的品种生产增值产品，并制定丰富的食谱。

社会影响、环境影响、经济影响

许多农民创新者及其创新成果得到了认可与支持，其中54名农民创新者获得了国家奖励。

资料来源：由作者/组织提供

当地已经建立基于农民创新的农村企业，并为可持续保护、维持生计、创造就业和保障粮食安全做出了贡献，其中11名创新者将其创新成果转化到了企业。

农村企业家利用农民培育的新品种创办了农村企业：依托农民创新以及创新型农民与企业家之间的利益机制，已有9名农村企业家创办了企业。农民培育的品种也有了物质和种子保障。以上做法对弘扬农民创业文化和创业精神起到了促进作用。

经验教训与建议

多方利益相关者的参与在"从土地到实验室"方案的各实施阶段发挥了关键作用。

行业协会发展 | James T. J
www.pdslandtolab.org | james.tj6@gmail.com

加纳 生态农业创新

资料来源：由作者/组织提供

农民主导的生态农业扩展服务：女性志愿者生态农业推广计划

　　加纳政府的农业推广体系正处于危机中。在某些地区，农业推广代理与农民人数比例高达1：6 000。农村妇女处境更糟，因为社会文化因素进一步限制了其获得服务推广能力。私营部门的推广人员利用这一危机，在易受气候条件影响的社区推广使用农用化学品和杂交品种。援助行动组织试行了这个农民主导、基于社区的农业推广服务计划，以确保农村妇女获得农业推广服务，并帮助小农户促进生态农业的发展以及向具有气候变化恢复力的可持续农业过渡。

创新举措说明

　　女性推广志愿者方案（FEVs）是行动援助组织通过参与反思做法支持社区的成果。在这些做法中，由农民主导的扩展支持计划被确立为缩小农业扩展认知差距的方式。在社区中被选定为领袖的农妇接受了有关生态农业实践和生态农业基本推广方法的培训。女性推广志愿者生态农业推广计划还获得了简单的工具以及后勤支持，以提高他们的工作效率。该推广计划的重点是促进生态农业的发展，并支持小农户向能适应气候变化的可持续农业过渡。

共享创新设计和创新成果

该设计旨在弥补女性农民对农业拓展认知的差距，可确保政府农业推广人员（AEAs）参与援助行动组织的培训，并将女性推广志愿者与政府农业推广人员联系起来。此外，女性推广志愿者与政府农业推广人员一同向其所在社的农妇提供农业推广服务。他们也利用由援助行动资助的实地示范、农民田间学校和半年度审查会议来分享创新成果。这种倡导策略可确保能够调动农妇来获得政府对生态农业的支持。

资料来源：由作者/组织提供

惠及家庭农场主、粮食以及营养安全

当地小农户正在重新取得其对农业生产和粮食主权的控制权。小农户妇女在借助生态农业的实践方法增加农业生产的同时，也降低了自己对外部投入的依赖，同时她们与政府农业推广服务等支持计划的联系也更加紧密。

社会影响、环境影响、经济影响

农妇通过该计划来保存和繁育适合当地环境的种子，繁育好此类种子以备生产之需可减少对昂贵杂交种子的依赖。越来越多的小农户使用农作物残余物制作堆肥来提高土壤肥力，减少焚烧，防止环境退化。

资料来源：由作者/组织提供

经验教训和建议

这种简单的农业创新方式为加纳农妇提供了获取生态农业推广服务和了解其他政府扶持方案的途径。我们建议当地政府制定关于农业推广服务的政策，以支持和推动由农民主导的生态农业推广计划。

资料来源：由作者/组织提供

加纳国际行动援助组织 | Tontie K. Binado
www.actionaid.org | ghana aaghana@actionaid.org

中国 生态农业创新

资料来源：由作者/组织提供

稻鱼共养系统

中国南方的稻鱼共养系统可以追溯到1 000多年以前。浙江省青田的稻鱼共养系统是联合国粮农组织划定的全球重要农业文化遗产之一。稻鱼共养不仅提供水稻，还提供水生蛋白质。稻鱼养殖系统在提高粮食安全与减轻农村地区贫困方面潜力巨大，该系统还能有效利用同一土地资源来生产碳水化合物和动物蛋白。在稻鱼共养系统中，利用水资源可以同时产出两种基本粮食。

创新举措说明

该创新技术由以下部分组成：①设置临时结构实体，如渠沟和基坑，以便在田间作业时保护鱼类，防止逃脱；②培育更加适应稻鱼共养系统的水稻和鱼类品种，包括比单作水稻更适合深水的水稻品种和比单作鱼类更适合浅水的鱼类品种；③日常田间管理程序包括：灌溉、施肥、病虫害防治、喂鱼协调作业。

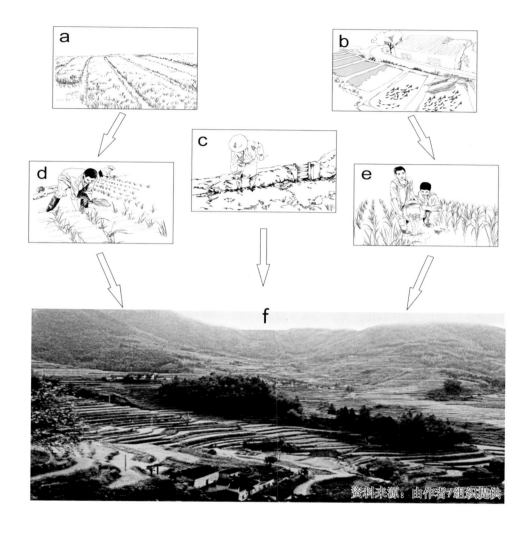

共享创新设计和创新成果

丘陵地区的稻鱼系统流程包括:

(1) 水稻育种。

(2) 鲤鱼苗繁育。

(3) 田间准备工作,包括水稻育苗、鱼类、进出水口等田间配置。

(4) 水稻移栽。

(5) 鱼苗投放稻田。

(6) 建立稻鱼共养系统。

惠及家庭农场主、粮食以及营养安全

稻田养鱼可以提高水稻产量的稳定性。多数情况下，水稻产量可以提高5%。稻鱼共养能减少使用或不使用化学品。因此，水稻产品可认证为有机粮食或绿色粮食，并在市场上以更高的价格出售。该系统的平均鱼类产量可以达到每公顷970千克。在该产量下，稻鱼共养系统的总收入比单作水稻的总收入要高。此外，稻鱼共养下的作物生产可以有效增加家庭农场主的蛋白质供应，从而增加营养摄入。

社会影响、环境影响、经济影响

（1）高额的经济回报可以帮助该地区复耕废弃稻田。

（2）与水稻单作相比，面源污染更少。

（3）耗水量相对减少。

资料来源：由作者/组织提供

经验教训和建议

稻鱼共养系统也可以应用于平原地区。上图是位于浙江省德清县的稻鱼共养系统。建立稻鱼共养系统，重要的是设计优良的保护区，并配有渠沟和基坑。机械设备，如应用于移植稻苗和收获水稻的机械，可在平原地区的稻鱼共养系统中使用。

华南农业大学 骆世明
浙江大学 陈鑫
smluo@scau.edu.cn | chen-tang@zju.edu.cn

印度 生态农业创新

资料来源：由作者/组织提供

通过零预算自然农业来进行工程转变

2015年，安得拉邦政府采纳了具有适应气候变化能力的创新型零预算自然农业干预措施，以期2020年达到50万名农民的覆盖率，以保障农民和消费者的福利，更重要的是保障印度当代和子孙后代的粮食安全。

当前，由于土壤贫瘠，成本和风险不断增加，农民正陷入严重困境。气候变化也进一步加剧了种植风险。

苏巴什·帕莱坎倡导的零预算自然农业能帮助农民提高土壤肥力，大幅度降低成本和风险，减少灌溉需求，提高农作物产量。参与零预算自然农业项目的农民还能向消费者提供营养且不含化学药品的粮食。不仅如此，通过不断增加土壤有机质、提高土壤持水能力、保护生物多样性，零预算自然农业可以确保粮食安全。目前，安得拉邦已有16万农民参与了零预算自然农业实施项目。

零预算自然农业项目的最佳农民实践者在向其他农民推广该项目的过程中发挥着核心作用，从而推动了零预算自然农业规模的迅速扩大。最佳农民实践者在知识传播方面取得了惊人的成就。他们设定的愿景是：到2024年，安得拉邦的600万农民将全部转变为从事零预算自然农业的农民。根植于印度传统的零预算自然农业是农业发展的未来。

创新举措说明

零预算自然农业利用光合作用来关闭碳循环，提高土壤健康性、作物抗逆性和养分密度。这是摆脱基于化学品投入的、主流的农业的根本做法。零预算自然农业提倡文化多样性，以便始终保持地面生物量的覆盖率。零预算自然农业利用本地奶牛的尿液和基于粪便的生物接种剂，以改善土壤中的微生物群。土壤中的微生物群可以将土壤中的养分从"锁定状态"转变为"生物可利用"，从而在植物、微生物和土壤之间建立了可持续的养分交换系统。

资料来源：由作者/组织提供

共享创新设计和创新成果

扩大零预算自然农业规模以农对农推广模式为基础。我们的模型是通过以下方式：定制模型、农民集体、农民田间学校和个人亲历视频，围绕零预算自然农业最佳实践者所进行的农对农知识传播而建立起来的。参与该项目的农民现已帮助1 000名农民取得成功，未来这一数字将增至3万人，这3万人还会再帮助600万农民走向成功。农业部已将零预算自然农业作为内部政策，从而确保了创新的可持续性。

印度政府与阿齐姆·普雷姆吉慈善倡议、联合国环境署、联合国粮农组织和农研协商小组机构建立了重要的伙伴关系，以获得财政资源、科学验证和扩大规模所需的技术支持。

资料来源：由作者/组织提供

社会影响、环境影响、经济影响

零预算自然农业有助于实现社会公平，因为即便是最贫穷的农民也能从中获得巨大利益。

从种植作物的第一个收获期起，农民就能获得经济收益。2017年的作物分割实验（1614）表明，所有农民的种植成本都有所降低，88%的农民在进行第一季种植时，产量就有了提高。

零预算自然农业还能通过增加土壤有机质、提高持水能力和保护生物多样性来使农民获得巨大的生态系统效益，继而改善空气污染、水污染以及温室气体排放问题。

惠及家庭农场主、粮食以及营养安全

通过农业生产，农民有了可以获利的生计保障。在该阶段，作物分割实验为农民提供了每季每公顷340美元的额外收益。此外，作物产量不断增加，种植的粮食营养丰富、美味可口且不含化学药剂，所有这些都确保了粮食和营养安全。

经验教训和建议

零预算自然农业在多个农业气候区大规模开展，农民在每一个季节都可受益，保障了现代及未来的粮食安全。基于普遍性原则，零预算自然农业有助于划定生物多样性红线，从而使农民引导的零预算自然农业表现出显著的扩展性。

零预算自然农业是一项极具成本效益的干预措施。农民在改造过程中每支出1美元就可额外获得13美元的收益。总之，零预算自然农业对社会做出了非凡的贡献。

Rythu Sadhikara Samstha，安得拉邦政府 | Vijay Kumar
http://apzbnf.in | vjthallam@gmail.com

布基纳法索/马里/塞内加尔 生态农业创新　　　　　　资料来源：由作者/组织提供

"生态农业 + 6"

在萨赫勒西部干旱频发地区，1 200万小农户及其家庭遭受着粮食匮乏和营养不良的威胁。一系列因素导致这一危机愈发严重，如包括土壤肥力丧失和气候变化。"生态农业 + 6"是一套低成本的生态农业和恢复战略系统做法，可以推广并满足数百万小农户的需求。

创新举措说明

目前，萨赫勒地区大多数生态农业实践存在明显不足。"生态农业 + 6"是一种加强生态农业的创新方法：

（1）组织大规模农对农学习和成立社区组织，增强创新能力，加大如农林业、水土保持等领域的生态农业实践的推广力度。

（2）将女性赋权、公平以及营养结合为一体。

（3）提高恢复力。这既是一个改进"过程"，参与者能更好地协调各部门之间的合作，同时也可提高农民应对冲击、适应压力以及转变农业和社会生态系统的能力。

资料来源：由作者/组织提供

（4）推动行动研究，使基本原则和实践适应于具体的生态农业和体制环境。

（5）通过现有网络，将实践与地方和国家"有针对性的"政策宣传联系起来。

（6）逐步推进转变旱地耕作制度，从根本上替代自上而下的传统技术转换方式。传统方式往往侧重于将一种作物的产量最大化。

资料来源：由作者/组织提供

创新设计和创新成果共享

2015年，我们的合作伙伴在"全球恢复计划"中争取到100万美元拨款，以推行"生态农业＋6"的试点工作。过去的两年里，我们提出了"概念证明"理念，即"生态农业＋6"支持社会、生态农业系统转变的理念，增强了抵御气候变化和其他自然灾害冲击的能力，使自然资源得以再生，也改善了粮食安全、营养和人民的福祉。

惠及家庭农场主、粮食以及营养安全

来自3个国家6个社区的2 308个农户纷纷采用了生态农业"基础"创新做法。尤其是，与树木、土壤和水资源保护有关的"农民管理的自然再生系统"（FMNR）使农业系统更富有成效、更具多元化和抵御力。此外，妇女储蓄和信贷团体、轮换动物贷款、"保证金"（粮食储存系统）和旱季园艺等一系列做法改善了饮

资料来源：由作者/组织提供

食多样性，增加了营养，减少了最贫穷家庭的债务。通过在农场中种植辣木树和猴面包树之类的灌木，农户全年都可以收获和使用营养丰富的叶子。

社会影响、环境影响、经济影响

我们在45个村庄建立了超过94个妇女储蓄和信贷小组。这些村庄的农户重获了土地和自然资源，适应了气候变化，并且实现了农业系统多样化。市政府也加快将生态农业和恢复力战略纳入其计划和预算当中。

资料来源：由作者/组织提供

经验教训和建议

农对农培训采用层层递进的方式，有效地实现了向生态农业集约化的过渡。市政一级的地方利益相关方召开正式会议以共同改善当地恢复力治理水平。妇女储蓄和信贷小组帮助弱势家庭的妇女能够获得收入和资产。

资料来源：由作者/组织提供

土地健康国际组织 | Peter Gubbels
http:/www.groundswellinternational.org | pgubbels@groundswellinternational.org

塞内加尔 生态农业创新

凯达拉（Kaydara）生态农业学校农场

　　位于萨卢姆河三角洲地区的菲梅拉（Fimela），受到土壤侵蚀、荒漠化、盐碱化的共同作用，可耕种的农用地只剩下30%。当地农民贱卖土地，纷纷涌向城市、国外。为了改善该状况，"非洲花园"协会成立，旨在培养当地的年轻人开展可控的、节约型、新型环保农业，使他们能够过上体面的生活，为当地创造就业机会。

创新举措说明

　　凯达拉生态农业学校为年轻人提供生态农业动植物技术各个阶段的培训。该项目与当地政府共同开展：市长及市议员责成各个农村发展委员会在候选人中挑选一位年轻人接受培训。培训期间，为其提供生态农业农场并提供必要的资本要素：土地资本、植物资本（果树、林木、饲料）、动物资本（家禽、兔或驴）、种子资本，传授生态农业技术知识以及提供当年销售产品所需货币资本。

共享创新设计和创新成果

　　实现创新的途径是培训和传播农业知识。参加培训的年轻人既要成为乡村发展的领导者，又要学会传播知识。这种农场的运作模式正是社会包容的典范，就像蜜蜂分蜂一样，生态农业将在该地区遍地开花。而这也正体现了世代相传的"凯达拉"神话象征中的价值观，即"知识"比"拥有"和"力量"更重要，该价值观印刻在每一位参观者心中。

资料来源：由作者/组织提供

惠及家庭农场主、粮食以及营养安全

农校和市政府共同承诺，市政府为每个接受培训的年轻农民提供1公顷的土地。既可以培养当地的年轻人，也可以为他们发展生产性农场提供支持。目前，12个小型农场的修建工作在菲梅拉的各个村庄进行，以在该地区周围建立一条粮食带。

因此当地人获得新鲜的本地农产品更加便捷，从而为人们提供更好的营养，而且在本地的农场或售货亭进行销售也可以降低粮食的成本。

社会影响、环境影响、经济影响

建立凯达拉生态农业学校农场可以减少移民潮，创造就业机会，吸引年轻人从城市回归。这些年轻人在村庄修建商店并促使当地经济转型。

在新建立的小型农场中实行生态农业，并在这些农场周围的市镇土地上密集造林，有助于土壤再生，恢复生物多样性。

经验教训和建议

项目成功与否的关键在于当地民选官员与技术官员，这对于邻近市政府甚至边远地区的连锁反应（塞内加尔北部地区地方民选代表曾来此访问）都是至关重要的。经济社会发展和自然环境再生必须结合起来，以确保建立可持续的管理

资料来源：由作者/组织提供

体系，从而增强农业系统并优化农业生产。

非洲花园协会-凯达拉生态农业学校农场 | Gora Ndiaye
http://asso-jardins-afrique.com | Jardins.afrique@gmail.com

坦桑尼亚 生态农业创新

资料来源：由作者/组织提供

为有机和小规模农场体系生产机械

全国农业机械经销商联合会是全国唯一一个代表农业机械维修商和绿地养护机械装置的协会。该协会与"移动会议"联合，主要在地区、国家和欧洲范围的机构中开展活动，如法律法规培训、技术培训和信息分享。

在全国农业机械化链的范围内，该协会与生产者及用户进行合作，开发并传播农业创新信息。

创新举措描述

全国农业机械经销商联合会旨在创建与管理两个农业机械维修车间，修理故障机器设备，并尽可能多地向当地年轻人传授机械专业知识。根据以往经验，我们确信这是鼓励和推广农业机械化而迈出的第一步，而这一步要从适合家庭农业用的中、小型农业机械化设备开始。新技工可以确保直接在村内进行设备维修和保养服务。

共享创新设计和创新成果

该联合会成员及其整个工作范畴在农业机械化技术服务领域具备最成熟的技术、能力和经验，全国农业机械经销商联合会决定利用这些优势，实现支持发展中国家可持续农业发展的项目。目前，该联合会在坦桑尼亚的第一个目标是与多多马教区和萨姆教区进行合作。

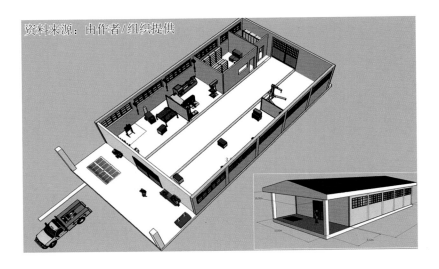

资料来源：由作者/组织提供

惠及家庭农场主、粮食以及营养安全

众所周知，发展中国家的粮食安全只能通过增加农作物产量来实现。农作物产量的增加主要是通过扩大耕地面积来实现，而扩大耕地面积就需要农业机械化，对农户或小型企业而言尤为如此。

社会影响、环境影响、经济影响

家庭农作物产量和家庭收入的增加，可以使儿童接受更好的教育，减轻妇女繁重的工作负担。出售家庭多余的粮食有助于贸易的发展，也为全球人口提供了更多的粮食。

资料来源：由作者/组织提供

经验教训和建议

国际合作署的报告中一直提到，农村人口过度依赖使用锄头或动物牵引工具来耕种土地。我们也能直观地看到，在撒哈拉以南的非洲地区，因缺乏机械师及相应零件，导致为数不多的现有设备事实上几乎无法使用，而机械师和零件可以使这些设备能继续使用很长时间。

资料来源：由作者/组织提供

UNACMA（农业机械经销商联盟）| Rodolfo Catarzi
http://unacma.it | e-mail- progettosicurezza@unacma.it | segreteria@unacma.it

资料来源：由作者/组织提供

葡萄世界：葡萄种植的生态系统

"葡萄世界"是一个技术生态系统，可以指导葡萄园主进行精准和可持续的葡萄种植，使用最少的化学农药来种植高品质的葡萄，从而降低成本。这个生态系统还帮助葡萄园主在无任何中间商参与的情况下通过印度首个独特的销售平台"最佳葡萄"，将高品质、无农药残留的葡萄销往泛印度市场，也可以出口海外。我们研发的创新是为了指导边缘化的农民，使他们用上低成本的葡萄种植技术，并且为他们产品的销售开辟市场。

创新举措描述

我们的创新点在于构建了一个生态系统，葡萄园主采用精准和可持续的耕作方式，同时在没有传统销售链和中间商参与的情况下，获得一个将优质无农药残留的葡萄直接卖给终端消费者的渠道。"葡萄世界"的开发旨在帮助农户发现问题，如预防农作物残留物、降低丰收前后的损失、预估产量以及计算并提高葡萄园的生产力。该生态系统用当地语言（马拉地语）描述了基本和主要的关键点，对葡萄农场主来说易于理解（只有在必要时才使用科学语言）。它涵盖了葡萄种植的许多方面，能成功种植出高质量、无残留的葡萄，这是每个农民所期望的目标。

共享创新设计和创新成果

"一起"是我们创新的关键。为了了解农民所面临的挑战，我们采用"识别、开发、测试和培训"的方法，在印度的各个地区的走访行程长达4万多千米，在旅途中，我们走访和观察了家庭农户，参加了每周的会议和研讨会。这些基础工作使我们在开发应用程序的同时，收集到了重要的宝贵信息。葡萄园主使用了我们的创新成果，通过移动应用进行精准种植，同时，通过电子商务平台销售葡萄。

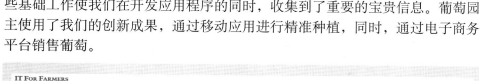

资料来源：由作者/组织提供

社会影响、环境影响、经济影响

（1）增加收入，减少种植开销。

（2）更容易进入市场，从而获得更好的收益率。

（3）尽量减少收获前的损失。

（4）合理使用自然资源。

（5）减少农用化学品污染。

（6）共同学习改进农业实践的方法。

资料来源：由作者/组织提供

资料来源：由作者/组织提供

惠及家庭农场主、粮食以及营养安全

葡萄家庭农场主一直使用传统方法进行种植。我们的创新成果可以将这些传统方法与高效、低成本的技术联系起来，从而种植出高质量的农产品，获得更高的收益率。这种优质产品直接销售给终端消费者，这样农民付出的辛勤劳动所换来的价值达到了最大化。家庭农场主将生态农业付诸实践，他们才是知识和智慧的真正守护者。

资料来源：由作者/组织提供

通过农民培训①活动、周研讨会、广播、小组会议进行交流

---

① 原书中英文为farmes training，原文错误，此处应为farmers training，译为"农民培训活动"。——译者注

经验教训和建议

越来越多受过教育的年轻人参与葡萄种植。数字技术与他们自身的知识相结合，会增加优化和稳定产量的机会。受过教育的年轻人是知识和智慧的真正守护者，地区、语言、环境等当地情况也需要被纳入考虑范围之中。

Rta科技控股公司（Rta Technologies Pvt. Ltd.）| Samir S. Pandit
http://rtatech.com | Samir.pandit@rtatech.com

坦桑尼亚/瑞士 生态农业创新

资料来源：由作者/组织提供

眼睛声音：第四代信息与通信技术农民生态农业平台

"眼睛声音"项目（该词在斯瓦希里语指眼睛和声音）是科研机构和民间协会在发展背景下进行的创新性合作。通过结合促进知识互惠交流的农业生态方法与信息通信技术的互动潜力，"眼睛声音"项目促进了从事生态农业实践的科研人员与小农户之间的深入交流。

创新举措描述

"眼睛声音"项目源于2011年瑞士苏黎世联邦理工学院的研究人员发起的"农民之声"试点项目。在该项目中，坦桑尼亚巴加莫约的一组小农户利用智能手机共享，以图片和语音记录的方式记录和发布了他们的农业实践成果，从而创建了一个共享在线资源库。农民对"农民之声"项目进行了改造，将其发展成为一个农民相互交流知识的网络。基于"农民之声"项目的经验和教训，"眼睛声音"项目目前正在推广信息与通信技术工具和社会技术方法，以便本国不同地区的农民都参与进来，从而形成一个更大的网络。这些农民目前正在

"瑞士援助坦桑尼亚"组织管理和坦桑尼亚可持续农业（SAT）的监督下使用生态农业技术。

共享创新设计和创新成果

"眼睛声音"项目所运用的信息与通信技术平台由移动开放源代码和网络应用程序组成，用于协作创建多媒体文件。"瑞士援助坦桑尼亚"组织通过援助和培训伙伴协会的农民来协调该平台的实施和优化。实施方法包括对农民发布的内容进行人工修改，通过定期会议的形式进行面对面的互动交流。"眼睛声音"项目正成为农民与当地及国际机构的科学家们进行联系的固定沟通渠道。

资料来源：由作者/组织提供

Mwanzo Ramani Vibandiko | Tafuta | Kiswahili English

bamia bilinganya chainizi hoho kabichi karoti kitalu korosho kuku maboga mafunzo mahindi majaribio matango matembele mboji mbuzi mchicha migomba mihogo mmea dawa ndizi nyanya nyanya chungu pilipili kali shamba shamba mfuko vitunguu

Chagua mshiriki: MABAMA MAWODEA MSOAPO SWISSAID

mawodea19: Sunday 11 of February of 2018 at 10:19:41
Vibandiko: hoho kilimo hai

资料来源：由作者/组织提供

惠及家庭农场主、粮食以及营养安全

小农户之间以及农户与研究人员之间的互惠交流可以加深对新型生态农业实践的理解，并可促进农民驱动型的创新。"眼睛声音"项目使农民与农民之间、农民与研究人员之间得以进行交流，有助于解决田间的农业问题。面对气候变化或市场不稳定等多方面的挑战，这种交流对确保粮食安全至关重要。

资料来源：由作者/组织提供

社会影响、环境影响、经济影响

"眼睛声音"项目的预期影响是多方面的，包括：①通过信通技术平台为农民赋权；②加强农民、研究人员、专业从业人员之间的互动；③有效采用成熟的生态农业做法，增加农民家庭的收入；④通过农民创建的记录可以更好地了解当地的环境状况。

资料来源：由作者/组织提供

经验教训和建议

该项目虽然仍处于早期实施阶段，但我们建议在设计和改进第四代信息通信技术生态农业的工具和方法时必须与农民保持密切合作，在线平台应与利益相关方面对面互动交流。

苏黎世联邦理工学院（ETH）丨瑞士援助
Tisselli, E., Mader, S., Angelika Hilbeck
http://ict4agroecology.org

印度 生态农业创新

资料来源：由作者/组织提供

希望的种子：有机农业、粮食主权、小农户的气候适应能力

"希望的种子"项目改善了印度北部小农户社区对气候变化的适应能力，提高了粮食安全、主权及自主权。这种改善有赖于女性对传统农业知识的了解。该项目是与Vandana Shiva博士创立的那夫丹亚（Navdanya）协会合作进行的。有来自31个村庄的745名农民及其所在家庭直接受益。

创新举措说明

本项目所开展的活动可使700多名农民受益，其中95%是妇女，这些农民来自包含两万余人的31个村庄和社区。该项目通过制定可持续的生态和经济安全计划，包括筛选和繁育具有气候适应力的当地种子、生态农业培训和妇女创收等活动来实现效益。他们成立了26个自助团体，有100多名妇女接受了粮食加工培训。

通过对200多名儿童和两万名成年人进行气候变化和生物多样性保护的宣传推广，边缘化农民社区适应气候的能力也得以加强。

资料来源：由作者/组织提供

共享创新设计和创新成果

将妇女置于中心位置，帮助她们获得社区认可，发挥更加重要的作用。由于帮助妇女赢得在社区中的认可取得的重大进展，该项目在第23届波恩缔约方大会期间荣获了由《联合国气候变化框架公约》气候性别小组颁发的2017年气候与性别奖。

惠及家庭农场主、粮食以及营养安全

该项目使印度农妇在自给农业和家庭营养方面发挥了关键作用。作为知识的拥有者、自然资源保护的行动者和种子的保管者，以及生态农业和小额储蓄的培训者，妇女已经在当地的政治领域中发挥了作用。她们的生活条件得到了改善，且拥有经济自主权。外来种子和蔬菜的购买量至少减少了50%。此外，他们的生产更加多样化：区内生产蔬菜的品种由原来的3～4种增加到27种，为她们的家庭提供了更多样和营养更高的食物。

社会影响、环境影响、经济影响

该项目促进了人们对有机农业的全面了解，有利于有机农业得到社会、经济和环境方面的认可。除了改善农民生活以外，该项目还解决了适应性方面的问题：生态农业强化土壤肥力和水分（在2011—2015年有机质含量增加25%）；而种子保护和再生产则确保了生物多样性恢复和粮食主权，产量提高了20%，对购买种子的依赖度降低了50%，粮食供给的质量和数量都在提高。

资料来源：由作者/组织提供

资料来源：由作者/组织提供

经验教训和建议

"希望的种子"项目和那夫丹亚（Navdanya）项目之间的10年伙伴关系确保了该项目的持久性。从种子培育到简化销售渠道，其模式都建立在社区自治的基础上，易于复制。由于妇女发挥核心作用，该项目使当地的生物多样性得到保护，让农民能够与自然和谐相处，而不是与自然对立。

劳工部长（SOL），法国 | Navdanya，印度
www.sol-asso.fr | www.navdanya.org | contact@sol-asso.fr | Audrey Boullot

法国 生态农业创新

法国农民公社：一个由农民驱动的关系网络

技术与实践

小规模生态农业和有机农业系统需要合适的机械设备和技术支持，也需要在计划、生产、销售和获得专利的方式等方面做出改变。主流的农业模式导致机械设备越来越大、越来越昂贵而且操作也越来越复杂，因此，许多农民无法获得这些机械。他们必须在自主权和过度投资、恢复力和依赖性之间做出选择。

创新举措说明

2014年，法国农民公社成立。这是一个讲法语的小规模农民群体，致力于研发适用于生态农业的技术，如耕作、工具加工以及农场建设。它是一个农民主导的技术和实践的公共工具箱，将农民创新作为基础，其指导原则是：技术实践需要同农民一起开展，由农民实施并为农民服务。创新体现在过程中，而不是在产品上。

法国农民公社在几个层面上做出了创新。该组织提供了一个框架，在这个框架下，农民可以获得适用的技术、工具（设施），也能参与共同设计农业工具（设施）。

共享创新设计和创新成果

我们可以通过开展以下活动来实现：

（1）协助农民群体设计所需的工具或建筑。

（2）找到并记录法国及其邻国的农场创新（800份情况说明书和视频）。

（3）传播开源创作共用许可协议（CC-By-NC-SA）技术图纸和教程（52个工具/建筑）。

（4）领导农场车间，使农民掌握自身建设和（重新）改制工具（如金属加工）所需的技能。

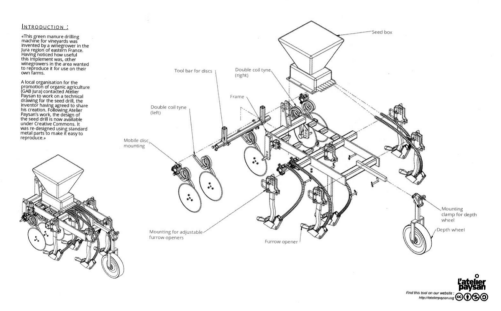

资料来源：由作者/组织提供

惠及家庭农场主、粮食以及营养安全

在农民层面，我们把为生态农业设计的开源工具看作地方品种，它有着同样的好处，即在使用权方面可以自由互换，使用权由集体制造者确定；固有的多样性使它们得以进化和适应，并可以由最终种植者以管理的方式进行选择和添加。

制造工具也意味着我们要知道如何对其进行调整和维修，从而降低机械设备的费用。对于在生态农业系统中有能力和有技能的农民来说，这意味着他们能拥有更多的技术和财务自主权。

社会影响、环境影响、经济影响

在农业粮食体系层面，没有技术主权就没有粮食主权。这些集体做法在当地也产生了强烈的影响，这些做法支持更注重劳动力而不是资本的小规模模式，建立了与消费者和当地经济有关的强大的农民社会技术网。

资料来源：由作者/组织提供

经验教训和建议

该合作社在法国成立，旨在满足法国农民对合适技术的需求。我们需要设想适用于其他国家的形式，并把所有内容进行转化以使其得到应用。

法国农民公社-法国合作社 | Julien Reynien
www.latelierpaysan.org | contact@latelierpaysan.org

赞比亚 生态农业创新

资料来源：由作者/组织提供

赞比亚粮食变革实验室

从生产和消费来看，玉米是赞比亚的主要作物，赞比亚农场的作物多样性水平往往很低。本国以玉米为中心的粮食体系导致人民贫困、营养不良并且易受干旱、虫害和疾病的影响。为了改善农村民生状况，使饮食多样化，保持土壤肥力并使农民更能适应气候变化，本国需要种植种类更丰富的营养作物，但现在的问题是如何让农民和其他相关行为者参与进来。

创新举措说明

赞比亚粮食变革实验室是一个包容性的、涉及多方利益相关者的实践。在这个程序做法中，赞比亚粮食体系中的妇女和男子（包括农民、农民组织、决策者、青年、私营企业、民间社会组织和媒体）共同分析问题、建立利益相关者联盟、提出变革想法，并实地测试这些创新变革。根据当地的知识和需求，赞比亚粮食变革实验室的主要目标是确定并共同制定农业多样化战略，摆脱玉米单作的困境。

共享创新设计和创新成果

变革实验室非常适合解决复杂的问题，其中包括多方参与与决策。变革实验室最强大的方面之一是它能在多个层面工作。尽管该实验室以赞比亚粮食体系的最新信息和分析为基础，但也要求参与者不仅要运用头脑，而且还要从情感和直觉上倾听并做出回应。毕竟，仅靠数据是无法完成变革的。

资料来源：由作者/组织提供

惠及家庭农场主、粮食以及营养安全

小农户和农民组织积极参加变革实验室会议，并发挥关键作用。如何实现农业多样化的政策和具体建议，特别是那些支持小农户生产更多样化和更有营养的粮食，从而使小农户自身和国家粮食安全受益的策略。

资料来源：由作者/组织提供

社会影响、环境影响、经济影响

变革实验室成立的工作组积极地为实现农业多样化的目标做出贡献。青年小组为年轻人建立了粮食生产学习中心，并提倡年轻人采用可持续的饮食方法。第二小组于2017年9月组织了一场为期两天的国家农业研讨会，这一会议将小农户和农民组织与农业部和其他主要利益相关者聚集到一起。农业多样化已被确定为赞比亚第七个国家发展计划（2017—2021年）的关键支柱，变革实验室这样的平台使农民能够向政府反馈政策实施情况。

经验教训和建议

显然，在赞比亚，农业多样化减轻营养不良的过程复杂而漫长。尽管如此，变革实验室的研究方法可以使粮食管理更具包容性和有效性，并为发起持久的变革联盟提供强大的推动力和支持。我们建议地方政府也举行这种具有包容性的利益相关者对话活动，以便更有效地制定粮食政策。

人类发展合作学院文化基金会（Hivos）-国际环境和发展研究所（IIED）| Nout van der Vaart
http://hivos.org/focal-area/sustainable-diets-all | nvaart@ hivos.org

美国 生态农业创新

亚赫勒自豪农场（YPF）保护委员会

　　威斯康星州的麦迪逊市地处两湖间的地峡上，两座湖泊灌溉了大面积的农业用地。由于过量使用磷（P），城镇居民、娱乐行业从业者和环境利益相关者非常关注该地区的水质。整个社区需要建立一种机制，以便在流域范围内指导、协调并激励土地管理和保护措施。

创新举措说明

　　亚赫勒自豪农场（YPF）成立于2011年，是农民主导的非营利组织，与清洁湖泊联盟合作，致力于改善土壤和水质。该农场改进了平衡水质与农场可持续性和盈利能力的实践做法和技术。亚赫勒流域农场由当地农民、农学家和商人创立，旨在建立一个自我调节、自我认识和自我激励的组织，改善和保护麦迪逊市周围的土地和水道。亚赫勒自豪农场实施一项成本分担方案，为农场提供产品、服务和设备，使磷留在农田里而不流入水道，以被农作物利用。麦迪逊大都会污水处理区是亚赫勒自豪农场的一个重要的合作伙伴，该组织为农业实践提供资金，省去了在水处理方面所需的高额投资。

资料来源：由作者/组织提供

共享创新设计和创新成果

亚赫勒自豪农场致力于：①创建农民主导的环境可持续性机制；奖励采取优良管理措施的农民；关注水土保护所取得的整体进步，展示水质方面的进展；②帮助农业社区传达新的水质规则、法律和注意事项方面的内容；③让农民、市民和政府参与农业社区本流域水质改善状况的项目，以赢得他们的信任和尊重。

惠及家庭农场主、粮食以及营养安全

亚赫勒流域的农民在社区和全球市场生产营养粮食方面取得了卓越成果。亚赫勒自豪农场帮助农民保护自然资源，使其能够继续生产高质量粮食，并为其家庭提供经济保障，使家庭生活保持平稳。同时，也降低了环境退化的风险，并把与社区利益相关者的冲突降到最低。公众对农业的看法有所改变，监管负担明显减轻。

社会影响、环境影响、经济影响

亚赫勒自豪农场是一个长期项目，还处在不断发展成熟中。2017年，该项目联合针对该流域近25%的农田保护措施进行投资，显著减少了磷含量（>5 000千克）和因地表水侵蚀引起的土壤流失。对麦迪逊市来说，投资保护措施比投资水处理更经济划算，城市和农村社区都受益于水资源的安全和环境生活质量的改善。

资料来源：由作者/组织提供

经验教训和建议

启动和运营亚赫勒自豪农场项目需要有效结合非农业领域多个部门的利益相关者。委员会还了解到，亚赫勒自豪农场必须对长期采取保护性措施的农民进行奖励，以保持并增加收益。

亚赫勒自豪农场保护委员会
http://yaharapridefarms.org | info@yaharapridefarms.org

美国 生态农业创新

资料来源：由作者/组织提供

农场管理系统：免费且公开的资源
农场管理软件平台及发展社区

促进土壤健康和生物景观恢复是一门学问，仅仅投入有限的资金是不足够的。农业管理系统利用现有的全球开源硬件和软件社区为各种体系和生产系统提供工具。该系统资源下载、使用与修改功能均免费。农民通过控制自己的安全数据，选择如何与其他农民、研究人员、企业和公众分享知识。

该接口支持手机访问并可以记录在任何地方登录的数据，即使在网络有限的连接环境中也可以记录数据，并且还支持使用由农场记录、土壤及天气数据驱动的特定地点决策工具。

用于交流知识的开放农业架构

农场管理系统使用低成本的开源技术将某些生产者和其他生产者、研究人员、企业和公众联系起来。使用的通用格式可以利用现有工具，实现跨地域的生产系统和文化边界之间的农业信息与灵感交流。

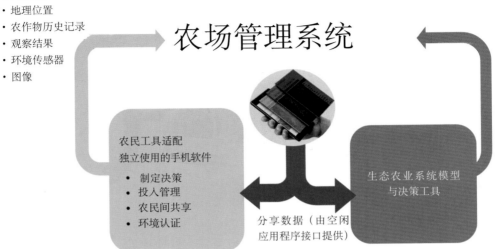

实时反馈
· 地理位置
· 农作物历史记录
· 观察结果
· 环境传感器
· 图像

农场管理系统

农民工具适配
独立使用的手机软件

· 制定决策
· 投入管理
· 农民间共享
· 环境认证

生态农业系统模型
与决策工具

分享数据（由空闲
应用程序接口提供）

资料来源：由作者/组织提供

资料来源：由作者/组织提供

全球知识——本地应用

这是由工程师、设计师、机器人学家、研究人员和农民组成的全球网络。这些成员共同构建协作开发平台，如农场黑客和农场管理系统，使环境监测民主化，从而改善土壤健康和农业生产。

农民只需输入一次数据，就可以解锁强大的知识工具。

一旦收集到关于农场的具体信息，用户便可在数据驱动中查询到这些内容，了解针对特定位置的建议。每个农场都是农民驱动的研究和教育农场，并为基于成果的生态系统服务市场提供基础。

工具模块包括：

（1）土壤健康监测和建议。

（2）粮食安全、供应链和有机认证记录。

（3）农民驱动的作物试验管理。

（4）设备记录和农场黑客工具库。

（5）物联网（IOT）农场自动化和基于传感器的预警。

（6）适应性营养物质和温室气体管理。

（7）覆盖作物的决策支持系统。

农业知识获取民主化

农场管理系统创建了一个"竞争前"平台，该平台鼓励地方适应和创建具有全球农业知识的创新型企业。

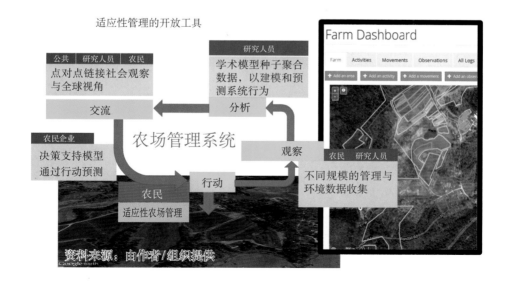

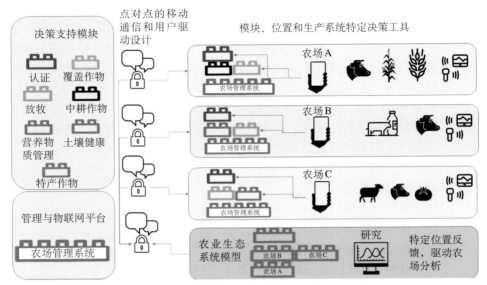

资料来源：由作者/组织提供

人类共同努力

基于农民信任并在当地创新的推动下，新常用分布式工具使农业知识能够在全球范围内得到交流。

农场管理系统 | Dorn Cox
http://farmos.org and www.farmhack.org a project of | dcox@wolfesneck.org

海地 生态农业创新

资料来源：由作者/组织提供

建设本地粮食微型企业

在历史上，海地的农村农业社区一直处在边缘化的位置。农民的权利受到剥夺，也得不到国家对农村发展的适当支持。在这种背景下，为发展和传播可持续的农业创新，农民必须向农民组织求助。同样，为了地方经济的可持续发展，他们需要减少对中间商的依赖，同时解决对廉价、进口、加工粮食日益增长的消费需求问题。

创新举措说明

自2009年以来，作为土地健康国际组织的一员，地方发展组织（PDL）通过反思与行动向小农户提供了支持。小农户组成一个8～15名成员的自我领导团体，称为"分组"。通过在社区内部与社区间创建合作机制，16个农民协会得以建立，共约有2万名成员。协会开展的活动包括农民试验以及农民间的生态农业推广，辅以储蓄和信贷合作社、种子银行和粮食银行。自2016年以来，"分组"已建立了13家微型企业，负责加工农产品，并出售给当地消费者。

资料来源：由作者/组织提供

共享创新设计和创新成果

农民使用个人储蓄进行投资，并辅以PDL（当地发展合作组）的融资和培训，购买磨粉机等设备，对木薯、花生、甘蔗、水稻、玉米和腰果等当地作物进行微加工。农民们已经建立了一个本地品牌用于推广生态农业产品，并在各乡村社区、市区的市场上售卖这些产品，也在海地首都太子港的教会和学校新建网站上售卖。

惠及家庭农场主、粮食以及营养安全

由于建立了加工和销售当地产品的渠道，家庭农场主乐于推广生态农业种植方法。这种做法使家庭农场主可以保持较高的收入，减少了对中间商的依赖，也防止了由于缺乏基本加工过程而造成的收获损失。有序组织小农户们参与从生产、加工到销售的全过程。农户和当地消费者的粮食安全和营养安全得到了提高。

社会影响、环境影响、经济影响

大约有1万名农户建立了生态农业"模范农场"，使1 000多公顷退化的土地复耕。13家小微企业允许其中一些农户通过加工和售卖他们的农产品来增加收入，领导当地全方位发展的农民协会也发展壮大。他们正在发展一种基于生态农业、促进社会团结和当地粮食文化的循环经济。

经验教训和建议

以"分组"和农民协会形式存在的社会组织对生态农业的创新、推广和当地粮食经济的发展十分重要。农户和消费者必须建立联盟，创建一个包括几十家这种小微粮食企业的网络并鼓励当地农产品生产。

地方发展组织（PDL）和土地健康国际组织 | Cantave Jean-Baptiste
www.groundswellinternational.org | cantavejb@hotmail.com

匈牙利 国家研究

有机农户的生态农业杂草管理

农艺实践和管理决策将对农场杂草类型和数量产生重要影响。理解这种关系能够帮助有机农产品生产者通过回避措施和各种文化治理措施管理杂草。

非化学除草中最重要的步骤是预防、诊断以及大规模控制。有效的杂草管理也取决于管理者对各类杂草的生物特性和生长习性是否了解。

生物控制

生物控制媒介，通常是真菌或昆虫，可减少杂草的活力和生存能力。

农业技术方法

像作物轮作、假苗床技术、作物密度、耕种作物的收获期、营养供应、地膜覆盖或日晒等不同的农业技术方法已经在杂草治理中得到广泛运用。这些方法不仅有助于除草，也促进了农作物的生长。

物理除草

物理除草是最常见的杂草管理方法。

这种除草方法运用机械原理切断杂草或将其连根拔起。在有机农业生产过程中，机器除草不仅运用在收割作物前茬，也运用于作物的基本耕作过程。物理杂草管理设备多种多样，耕翻土地时，农户用冬犁、圆盘或旋耕机等不同的耕田机械来切断杂草根，并用土盖住发芽的杂草。而在耙地时，则使用链耙、齿耙或动力耙。

热除草机运用热力原理除草。不同热除草方法已投入使用，最广为人知的就是草种火烧法，这种方法可以达到80%～90%的除草效果。然而，由于其能耗高，目前只应用于园艺业。

资料来源：由作者/组织提供

精准农业

精准技术是农业杂草管理的未来。下图中农民正在操作太阳能自动除草机。

总结

在有机生态环境中，杂草管理是一项漫长而又烦琐的过程，需要高水平的杂草管理技术。为确保有机农场取得成功，了解田里生长的杂草种类，掌握有效的除草技术十分重要。农民也需要意识到有机生态环境中有一些杂草不能除掉或损坏，这一点同样重要，所以应该避开这类杂草。一个多样化的、管理良好的有机生态系统能够做到高产出，并且能够与周围的环境和谐共生。

这是匈牙利有机农场进行生态农业杂草治理的方式，这种方式也得到匈牙利有机农业协会（MOGERT/ AHOF）的推广。

匈牙利有机农业协会 Mogert.hu
Laszlo.radics@mogert.hu

墨西哥 生态农业调研

资料来源：由作者/组织提供

生态农业走进生活：开展生态农业，获得公平

　　生态农业不仅是一门科学或一种技术，它还是一种生活方式，我们必须将生态可持续性放在中心位置。为此，有必要改变不良的生产过程和生活方式，倡导一种有利于物质良性循环的消费习惯和商业关系，建立一个我们与地球、与过去、与自己、与社会之间紧密相连的纽带。这就是为什么生态农业是大家不断努力在做的事情，我们在其中寻求社会公平、环境公正、粮食公平、性别公正和经济公平。

背景

　　墨西哥韦拉克鲁斯州咖啡种植城市的特点是生产力低下，受国际咖啡原料市场价格波动的影响，咖啡种植者收入明显减少。另一方面，咖啡种植园中现存的粮食、药用植物、森林以及木材资源已经濒临耗尽，并因此导致了当地人营养不良和教育水平低下等问题。

过程

在过去的28年里，市民生活协会的发展经历了多个阶段：第一阶段，协会从被动参与变为有组织地参与公共社会活动，对家庭和社区做健康评估，从而避免草药被过度消耗，采用多元种植生态农业模式，保障农作物创收；第二阶段，协会实现了从传统的咖啡生产到生态农业生产的过渡，包括生态农业实践，农业工业转型和质量改进，并制订了商业计划，如生态农业系统计划，该计划使商业链人性化，并向家庭提供了公平透明的付款渠道；第三阶段，协会制定了粮食安全战略，充足的粮食是保障生活的前提。在农业生态化进程中，必须认识到这个过程的实现不仅需要公众参与，也需要几代人的共同努力，也就是说，必须要珍视祖父母留下的遗产，重视男女平等以及重用青年领导。此外，有必要建立一种新的看待问题的视角和一种新的生活方式，使我们生活幸福并能自己主宰自己的生活。

目前，市民生活协会由来自韦拉克鲁斯州中部3个城市的890个家庭组成，生态农业生产的耕地面积为1 527公顷，其中157个家庭在生产有机认证的咖啡。

公平

如果不考虑由种族、阶级和性别的差异给我们生活所带来的结构性不平等，就无法谈论生态农业。这就是为什么我们认为生态农业是一种社会活动，其中包括争取粮食公平，因为只有吃饱了，人们才可以思考；还包括争取环境公正，以便我们认识到环境退化会在方方面

资料来源：由作者/组织提供

面影响我们的生活；经济公平使我们重视生命的价值，而不仅仅是创造收入；争取性别公正，因为有必要认识到种植工作是结构性的，并不仅仅是女人做的，我们应该建立一个不仅要考虑自己，还要考虑他人的公正社会。

尼加拉瓜 国家研究

资料来源：由作者/组织提供

生态农业和本土种子在促进家庭农场可持续发展，提高恢复力方面起到了关键作用

通过生态农业实践，作为集体遗产的本土种子可帮助实现粮食安全并保障生物多样性：关于主权问题的案例分析

有6家网络公司与全国农民组织组成了种子鉴别联盟，瑞士援助组织与该联盟在35 000户农户家庭中装备了生态农业系统模型，通过生态农业实践来研究植物种子的储存、改良和使用。85%的谷物种植土地采用的都是这种植物种子，其重要性可见一斑。

经验介绍

用5年时间，运用生态农业技术研究85种菜豆和玉米植物种子的萌发和生长特点。该研究在马塔加尔帕省5个气候迥异的城市进行，包括在45个社区的180个农场里分散进行。

用420家社区种子银行储存植物种子，以便保护这些种子的基因特征，使这些种子能够随时被检测，并得到良好的维护，从而提高种子质量，并能及时供应给生产商。

研究成果

（1）生产者更了解他们的植物种子及其特性，以及在气候变化时，种子在土地上的生长能力：包括萌发、适应性以及田间管理后的产量（施肥、土壤管理、病虫害防治和除杂草）。

（2）在不同的农业气候条件下，鉴定出40％的大豆品种和35％的玉米单产，都高于全国平均水平。豆类单产比全国平均水平高100％；玉米单产比全国平均水平高66％，而且确定了在每个地区要使用的品种。

（3）农民首次面向全国推广29个经过基因改良后的品种。

（4）100多个种子品种保存在40个维护中心、420家种子银行和140名种子管理者手里（53％是女性）。

（5）通过营养分析手段鉴定出铁钙含量比认证种子更高的品种。

（6）鉴定了135个玉米品种，147个豆类品种，39个高粱和百万种稻米以及其他豆类品种。

（7）在4家区域网络公司协助下，420家种子银行为430个社区的9 000个农民家庭提供了种子。

资料来源：由作者/组织提供

扩大规模

（1）各个部门和来自不同地方、机构的人都参与了进来，全国的农民组织、非政府组织、合作社、大学等至少有50个机构参与其中。

（2）给来自不同地区的组织机构搭建了用来协调和知识交流与挑战的平台，并与大学联盟。

（3）由社区管理，秉持可持续发展理念的种子银行为新的种子银行成立提供了经验，也为公共机构（国际商标协会和市政府）和非政府组织提供了参照。

（4）14个市政府制定了植物种子管理条例/法律。

（5）向负责公共政策制定机构提供信息和专有技术，在不同地区使用具有应用前景的品种，并在国家计划中创建植物种子银行。与市政府和国际商标协会商议城市生态农业和其他相关技术的推广，明确不需要转基因种子。

可持续发展目标2：零饥饿

以可持续发展目标2为准则，确保粮食安全、食物营养和可持续农业。培育对土壤适应能力强、品质不断提升、可抵御气候变化的种子，确保在不利条件下保证粮食供应，从而保护农民和地方传统文化。

资料来源：由作者/组织提供

瑞士援助组织与种子鉴定联盟
http://semillasidentidad.blogspot.com | www.swissaid.ch | swluciaa@ibw.com.ni | semillas.
identidadnic@gmail.com

黎巴嫩 国家研究

生态农业知识中心（Eco Khalleh）：生态农业/有机农业教育/培训中心

　　农艺实践和治理措施可对农场的杂草类型和数量产生重要影响。理解这种关系能够帮助有机农产品生产者通过回避措施和各种文化治理措施来管理杂草。

　　非化学除草中最重要的步骤是预防、诊断以及大规模控制。有效的杂草管理也取决于管理者对各类杂草的生物学特性和生长习性的透彻理解。

总结实践

　　生态农业知识中心是黎巴嫩生态农业、有机农业培训和教育中心。该中心是由生态农场组成的多功能展示平台，包括动物及农作物综合区、动物福利区、堆肥及蠕虫养殖区、可替代能源区、生态处理区、生态文化区以及乡村旅游区。该中心不但在经济上可行，同时还展示了地中海山区生态系统的最佳农业实践和适宜技术。培训活动针对专业的学生、农民和来自叙利亚的临时工。为了提高大众的总体认识，该中心也接受学校参观并对公众开放。

资料来源：由作者/组织提供

实现联合国可持续发展目标

该方案在经济、社会和环境方面都符合可持续性要求。通过鼓励使用生态农业（有机农业）和绿色能源，该方案可促进粮食安全和健康，减少环境和气候威胁，因此，符合联合国可持续发展目标2（零饥饿）、目标3（良好健康与福祉）、目标7（经济适用的清洁能源）及目标13（气候行动）。此外，该方案还能促进农村社区的发展，包括农民、妇女、青年和叙利亚难民的发展问题，因此，符合联合国可持续发展目标5（性别平等）及目标10（减少不平等）。该方案将通过为农村社区提供替代性的可持续解决方案和最佳措施来缓解贫困（符合联合国可持续发展目标1，无贫穷）。

推广经验

该中心制订参与式的培训计划。该计划有助于农民之间的知识传播，可以使更多农民参与推广可持续性实践。该中心的学员可以获得与政府拓展区合作并进行技术转让的（ToTs）机会。

推广实践

生态农业知识中心隶属于可持续的弹性社区网络——中东和北非地区生态系统。该网络是一个基于本土知识和绿色科技的中东北非生态倡议，由多方合作建立。生态农业知识中心还将通过农村互联地区知识获取网站（http://www.karianet.org）在各地区向大众呈现。该网站是一个由环境及可持续发展部（ESDU）管理的在线区域平台，用于中东和北非地区的知识管理和共享。该中心隶属于贝鲁特美国大学环境与可持续发展部。

贝鲁特美国大学（AUB）-环境与可持续发展部
www.ecokhalleh.org | Shady Hamadehshamadeh@aub.edu.lb

塞内加尔/尼日尔/马里 国家研究

资料来源：由作者/组织提供

土地与和平

预防冲突，推动年轻人获得生产土地

　　"土地与和平"是一个欧盟资助项目。自2015年2月以来，意大利非政府组织，即意大利协助发展中国家协会，同塞内加尔、马里、尼日尔3个国家的农民平台（国家中央康复委员会、全国农民组织协调委员会、尼日尔农业平台）合作，在非洲西部农民组织和生产者网络的支持下实施了该项目（西非农民"生产者"组织网络）。

项目实施

　　借助此项目，来自塞内加尔、马里和尼日尔的60名年轻人在以下3个生态农业训练中心接受了培训：马里的尼埃莱尼中心、塞内加尔卡亚达拉的生态农业农场以及尼日尔的温迪坦生态农业培训中心。这些训练中心由全国农民组织协调委员会、国家中央康复委员会和尼日尔农业平台分别管理。青年男女都接受了培训，培训目的是使青年能够在自己的村庄领导村民实施农业项目，同时运用农业生态方法应对社会、环境和经济挑战。

这些培训中心推广和传播一整套实践做法，包括土壤肥力综合管理、小规模畜牧业可持续发展和水资源的有效利用。

这些实践做法的整合将在增强西非农业体系的经济、社会和环境可持续性方面发挥重要作用。因此，在农民运动、非洲西部农民和农业生产者组织网络以及"土地、水和种子的全球趋同"的支持下，生态农业环境理念应运而生。

成果

得益于"土地与和平"项目，当地行政部门和传统权力当局将40多公顷耕地合法地分给了60名年轻人，并在农业生态方法的指导下，实施个人或集体的项目。卡萨芒斯（塞内加尔）、塔瓦（尼日尔）和纽罗萨赫勒（马里）是该项目的目标实施区域，在这6个农村社区中，现在每一个社区都有几块土地采用生态农业做法进行管理。

2016年12月，这60名青年农民参加了"研讨会论坛＋1年"活动，即"一代生态农业：促进西非生态农业发展的多方利益相关者做法"。研讨会期间，出席会议的青年农民有机会与其他农民、科研工作者、非政府组织官员及政策制定者见面，并参与到西非和欧洲生态农业动态框架推广者行列之中。

这些青年农民用海报展示了他们的项目。作为生态农业特别工作组（在西非不断发展的运动）的重要参与者，他们得到了大众的认可。

回到各自社区后，60名年轻人都已开始实施个人或集体项目，并努力向外界证明：通过生态农业，处于社会边缘化的人们在经济和社会两方面可能会实现更大程度的融合，进而以更高效和环保的方式利用土地资源和其他自然资源。

资料来源：由作者/组织提供

资料来源：由作者/组织提供

意大利协助发展中国家协会
www.cospe.org | chiara.marioni@cospe.org

印度 国家研究

资料来源：由作者/组织提供

从农场到系统

可持续综合农场系统：改善小规模和边缘化农民生产和市场开发能力的生态农业方法

在南亚偏远的小村庄，丰富的农业作物品种及其相关知识正在慢慢消失，取而代之的是少数"高产的"和"改良的"作物品种。大量使用化学品不仅使土壤肥力消失，也侵蚀了粮食和生态系统。尽管小规模和边缘化的农民总数在发展中国家占比过半，但人均拥有不到1英亩[①]的土地，并且正在被进一步边缘化——他们既没有资源进行投资，也无法获取任何可观的利润。"可持续综合耕作系统"（SIFS）力图对这场土地危机进行深入考察。

综合性可持续耕作系统是一种改良的混合种植模式。这种模式尝试模仿自然原理——不仅利用农作物，还利用各种植物、动物、鸟类、鱼类和其他水生动植物进行生产。将它们以一种特定的方式和比例组合在一起，使每个要素间可以相互帮助：其中一种要素产生的废料可作为另一种要素的资源得到重新循环利用。

---

① 英亩为英制土地面积单位，1英亩≈0.405公顷。——编者注

策略

加强农场系统各组成部分之间的多样性和循环连接。

· 降低灾害风险
· 降低气候危害风险
· 降低健康风险
· 减少对市场的依赖

· 改良土壤健康水平
· 改善农民健康状况
· 改善牲畜健康状况
· 完善市场衔接
· 改善系统内的能量流动
· 提高燃料利用率

· 收入来源多样化
· 农场产出多样化
· 收获时间多样化
· 饮食多样化
· 职业选择多样化

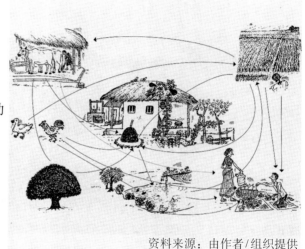

资料来源：由作者/组织提供

成果

（1）在农场层面，无论质量还是数量，粮食和饲料的总体产量、收入和营养都有所增加并且更具多样性；风险发生率也得到降低。由于系统的整体节能效率更高，其生产成本变得更低，自给自足能力得到了增强。

（2）在这一过程中，农民们变得富于创新、自力更生、善于分析；此外，他们的专业技能也有所增强，能够评估自己拥有的资源、优势和压力，并且可以利用综合性可持续耕作系统来指导自己设计个人的农场。

（3）此项目培养了150名农民培训师，而这些受过培训的农民也可以培训其他农民。此项目与1万户家庭（耕地总面积超过5 500公顷）合作，将650公顷贫瘠的休耕土地转变为可耕土地，并将850公顷的单一作物耕地面积翻了一番。

（4）在最初阶段，农场77%的耕地面积只种植一种作物，几乎没有占用过住宅土地。现在，约49%的耕地种植两种作物，33%的耕地种植3种作物，7%的耕地种植了超过3种以上的作物。75%的农场固定用于种植5～7种蔬菜，以改善饮食多样性。

（5）在雨季，40%的农民通过回收废弃物获得了所需投入的52%～68%，而在冬季这一比例约为38%。

（6）从平均水平来看，约有69%的农民，生产力水平高于该地区的平均基准生产力水平。

（7）记录显示，88%的农民净收入有所提高；52%的农民净收入实现了翻番。对于各个农场来说，大约50%的现金需求是通过销售满足基本生存需求以外的农产品得以实现的。

资料来源：由作者／组织提供

德国饥饿援助组织（Welthungerhilfe）

www.welthungerhilfeindia.org｜www.welthungerhilfe.de｜2015年联盟成员｜Anshuman.Das@Welthungerhilfe.de

哥斯达黎加 国家研究

资料来源：由作者/组织提供

组织生产者从事有机农业和可持续农业

农业和畜牧业部管辖的萨拉皮奎州位于哥斯达黎加北部，面积占整个埃雷迪亚省的80%。该地区物种丰富，湿地、河流、山脉和世界级自然保护区众多。因其生态和生产特点，该地区融合了不同的生产类型，以推广可持续农业。据统计，哥斯达黎加是拉丁美洲农用化学品使用量最多的国家之一，因此该地区目标是在生产活动中减少使用化学农药，在生产上力求实现生态平衡，使生产者更健康地从事生产，给家庭和消费者带来更健康的粮食。

成果

该项目提倡在本国其他地区从事生产健康食品，注重生态环境农场保护。目前已经培训了大约80名生产者以及技术人员。

我们所做的一切是力求生产者或生产部门懂得物种多样性的重要性，自己加工有机肥料，真正有能力进行有机生产。生产时，注重保护生态系统，这对于保护我们的地球，保护家庭食品健康至关重要。

这样做也是为我们的子孙后代留下更美好的未来，为他们提供更好的生活质量。

策略

通过向人们宣传自给自足的一体化农场的概念，让人们意识到其重要性，从而保护萨拉皮奎州的物种多样性。

这只是哥斯达黎加政府政策的一部分，该政府提倡利用有机技术和可持续发展技术在生产上力求实现生态平衡。

资料来源：由作者/组织提供

主要参与者

生产商、不同阶级的家庭、消费者，胡椒协会的一群年轻人，从事有机生产的农民和从事萨拉皮奎州拉维根生态旅游的农民参与了该项目的规划和实施。

不同层面的经验交流

经验交流分为两个层面：

纵向交流：交流有机生产技术，以便哥斯达黎加其他地区的推广人员与其他生产者分享相关的信息和经验，也可以举办工作坊，培训生产者和技术人员，让其学习如何自己加工有机肥料，懂得物种多样性的重要性。

横向交流，为地方组织和生产者开展工作坊，提供演示和方法指导，以便生产者在工

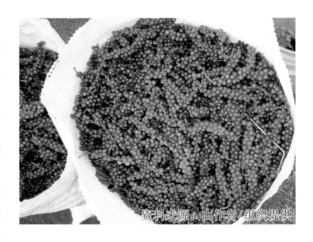

资料来源：由作者/组织提供

作或其他活动中，针对有兴趣的生产者宣传保护可持续利用资源的重要性。

哥斯达黎加农业和畜牧业部（MAG）
www.mag.go.cr | ING. ROBERT ULATE ROJAS (rulate@mag.go.cr)

意大利 国家研究

通过朴门永续设计进行生态农业培训

城市环境中生态农业的朴门永续设计

朴门永续设计是一套整体农业方案，它满足了人类对于高质量食品、纤维、燃料、医药和建筑材料的需求，同时完善了生产这些材料的社区循环系统；提供了一套道德规范和准则，并根据当地实际情况将社会和生态进程结合起来的方式。其宗旨是：关心地球；关心人民；平均分配盈余。这一宗旨引领着城市朴门永续设计，因为它通过实例来促进改革，努力成为意大利南部的一个领先的实验室。

模式

设计一种能让人身临其境的生态项目模式，目的是：

（1）提高气候适应性，同时实现粮食、水和能源安全。

（2）加大支持生态农业系统恢复力的生态系统服务的力度，即功能生物多样性。

（3）让受训人员积极参与并鼓励他们将方法和技术与当地的情况相结合，其中一些人在"实验室"进行了试验和开发。

（4）帮助市民在乡村和城市环境中掌握与生态功能相关的技能。

教育中心

"实验室"位于卡坦扎罗（南意大利）的一个教育中心。它是朴门永续设计实验室网络（PLN）的一部分。该实验室是一个人才培训网络，也是世界朴门永续设计协会的成员。"实验室"展示了生物动力城市菜园、果树、浆果灌木、观赏植物和药用植物的树篱。我们使用不同的方法将厨余垃圾和农业垃圾转化为堆肥。通过6千瓦光伏系统实现电力供应。我们还为能源和水资源管理设计了新的解决方案（火箭炉加热器、温堆肥、雨水收集等）。

资料来源：由作者/组织提供

关键信息

（1）70名学生接受了培训（分为10组）。

（2）两名实习生（30岁）与"古列尔莫·马可尼大学"（罗马）、"开普勒服务"（博洛尼亚）培训公司进行合作。

（3）与患有精神疾病的人一起进行社会活动，与"唐·佩里克兰德协会"领导的网络组织合作，该网络由"南方的基础"资助。

（4）与15个地方非营利组织及地方当局结成伙伴关系（卡坦扎罗省）。

（5）来自意大利、美国、荷兰、德国、葡萄牙、丹麦、埃及、希腊、印度、南非、孟加拉国和秘鲁的学生。

（6）30名来自农业学校的学生，"卡坦扎罗的维托里奥·埃马努埃莱第二农业技术研究所"的农民、科学家、植物学家、生态学家、农业专家、朴门永续设计专家的来访。

资料来源：由作者/组织提供

资料来源：由作者/组织提供

世界朴门永续设计协会成员（WPA）-卡坦扎罗创办的维托里奥·埃马努埃莱第二农业技术研究所（LPU）

www.world-permaculture.org/laboratories.html I info@world-permaculture.org

巴西 国家研究

资料来源：由作者/组织提供

农场有机肥料生产：实操案例

　　利用当地有机残留物生产农场肥料是家庭农场主的自主活动。出于这个原因，实施了"基于巴西中西部的戈亚斯州家庭农业生产体系，开发替代肥料，支持生态农业管理"项目。该项目实施期限是2014年6月至2017年5月，项目着力促进农场有机肥料生产。通过回收当地的农作物残余物，帮助农民生产有机肥料，并以低成本方式，使用这些有机肥料改善土壤质量。

实施过程

　　我们采用参与性方式与两个小农户组成的社会团体进行合作。它们分别是来自奥里佐纳市乡村地区的G-维达组织和来自布里蒂奇尼奥市农村地区的库玛巴（混合农民合作社）农民合作社组织。通过调查"容易找到的"的有机残余物，我们与各个小组共同开展了这个项目。这些有机残余物包括：奶牛粪便肥料、牧草、香蕉叶。从这些物质中，我们制定出有机混合肥料的配比，最终得出碳和氮的比率在25 ∶ 1 和35 ∶ 1之间。农民组成小组来生产这种混合肥料，生产的粪肥90天后即可使用。

实验及成果

　　源肥料（非混合奶牛粪肥或未使用肥料）进行对比。使用堆肥来种植豆科植物、水稻和甘蔗，农民获得了良好收成（豆类和稻米类）以及优质生物质（饲养动物的秸秆）。

我们采集了肥料样本及施肥样本，分析实验数据以验证其物理、化学、生物特性。农场的肥料生产成本几乎为零，因为唯一的成本是农民付出的劳动力。知识的增长和传播不仅发生在项目结束之时——这在传统（非参与式的）研究中很常见，在项目实施的整个过程中也始终存在（知识的增长和传播），因为农民本身就是知识的缔造者。出于此原因，在两个农村地区实施该项目的过程中，我们开展了一些工作坊，使周边的农民可以加入进来。

注意事项

资料来源：由作者/组织提供

作为生态农业的一项原则，应该考虑当地的特点。即使在短距离范围内，可用有机残余物也存在区别，但是世界各地都有被浪费或未得到利用的残余物。经验表明，生产优质的农场有机肥料是可能的。具体方法如下：首先调查当地有机肥的浪费情况，然后组织参与项目的人员（农民、研究员和农业技术员）共同完成这个目标。此外，我们的方案之所以能获得成功是因为代表每个社区的农民们也是实验的决策者。

与可持续发展目标相关联

增强家庭农场主的能力，提升他们的独立性至关重要：消除贫困（可持续发展目标1）和消除饥饿（可持续发展目标2）；健康和福祉（可持续发展目标3）（70%的饥饿人口生活在发展中国家的农村地区）；在农村地区创造体面的工作，促进当地经济增长（可持续发展目标8）；最终，减少不平等（可持续发展目标10）。

资料来源：由作者/组织提供

巴西农业研究公司

www. embrapa. br/en/international | Flávia Alcântara——flavia.alcantara@embrapa.br

Pricila V. Rizzo、Glays R. Matos、Cynthia T. T. Machado、Elísio Pinheiro、Lourenço S. Mesquit 和 Oriçanga Bastos Jr

项目合作伙伴：G-维达家庭农场主组织、库玛巴（混合农民合作社）家庭农民合作社和事业型企业（家庭农场主合作社）、农村创新机构

意大利 国家研究

资料来源：由作者/组织提供

农民田间学校（Schola Campesina）

意大利维泰博（Viterbo）Via Amerina 和 Forre 生态区

维泰博农民田间学校（Schola Campesina）是一个培训型和参与型研究中心，力图通过稳定物价和知识共享，来支持粮食生产组织为争取粮食主权而奋斗。在涅雷尼（Nyeleni）国际生态农业论坛（2015）的基础上以及在知识共享的原则指导下，维泰博农民田间学校寻求促进农民、研究人员以及行动者之间的信息共享。通过培训和各类活动，维泰博农民田间学校向粮食生产组织提供关于全球粮食及农业治理的具体信息，加强了自身在罗马的地位。

维泰博农民田间学校寻求从南南合作的角度，加强全球生态农业学校之间的协作网和培训倡议。此外，该学校还收集可推广复制的良好实践，并将相关重要知识传授给全球小农户。

全球粮食治理

维泰博农民田间学校在国际层面向农民组织传播有关粮食和农业的全球治理和决策信息，并试图强调其结构、逻辑和权力关系，而这些是目前法人粮食体系的典型特征。

参与性行动研究

维泰博农民田间学校努力从农民及农民组织、研究人员和学术机构、行动者及其组织获得相关专业知识，并对这些知识进行记录并传播，以满足各行各业实践者的需求。

知识：生态农业的核心

知识是农民生产方式的核心，是其遗产、最重要的工具也是其优势所在。向生态农业生产方式过渡过程中需要对农民掌握的农业知识进行恢复、提升和稳定，因为这是生物多样性、领域性和可持续性的基础。

知识对话

"知识对话"（关于"知识了解方式"的对话）是促进知识在研究人员、农民、社会运动、非政府组织等实体之间横向传播和共享的一个关键概念。

维泰博农民田间学校寻求通过生态农业联盟和粮食主权盟国之间的建设性对话，来激励知识共创。

培训经验

2017年9月25日至10月7日，维泰博农民田间学校开展了首次培训。这次培训将世界各地的15名农民组织成员召集在一起进行经验分享，同时讨论了以下几个问题：粮食和农业的全球治理、农民知识、农民自主性、生态农业实践、全球农民斗争、地方性和全球性粮食政策以及妇女赋权。培训地点位于意大利维泰博省生物区的一片合作农场之中，同时也在罗马举办，紧邻联合国涉农机构，学员可以从世界各地的农民和行动者分享的知识中获益。首次培训由联合国粮农组织、白色郁金香协会以及欧洲和世界农民联盟资助。

培训不是一次性的，而是鼓励学员除了现场会见以外还要进行经验分享。培训活动收集了很多能复制推广的有趣经验，学员之间通过社交媒体进行日常交流等活动进一步促进了生态农业的推广。

资料来源：由作者／组织提供

Schola Campesina
www.scholacampesina.org | facebook: Schola Campesina | scholacampesina@gmail.com

智利和中国 国家研究

资料来源：由作者/组织提供

全球重要农业文化遗产

支持知识密集型体系，促进粮食可持续生产：两处依托生态农业的全球重要农业文化遗产介绍

传统的智鲁岛屿农业系统是一个高度集中、自给自足的系统。这种传统农业依靠传统农业实践支撑的农业生物多样性有效地利用海洋、森林和牲畜资源，从而改善土壤质量并提高虫害综合防治能力。

浙江湖州桑基鱼塘系统利用传统知识和生态农业知识，以复杂的灌溉系统为基础，种植桑树、养蚕、养鱼。该农业系统在保护生物多样性和当地生态景观的同时，可以满足农民自身的需求。

资料来源：由作者/组织提供

智利智鲁岛屿农业系统

农民原始的农业生产活动可以追溯到原生态野生作物的培育，这种农业活动对塑造农业景观产生了一定影响。

智鲁岛屿农业系统是如何运作的？

该系统的农业生物多样性极其丰富，拥有许多本地品种和作物，如藜麦、大蒜和200多个对马铃薯晚疫病菌有抵抗力的本地马铃薯品种。

该系统发挥了多种生态系统功能：海藻可用作生物肥料来防治真菌病害；牛羊粪肥可用于土壤养分；药用和芳香植物可作为虫害防治剂和森林中的授粉促进剂。

成功的 GIAHS 保护实践

自智鲁岛屿农业系统列入全球重要农业文化遗产名录以来，人们越发认识到智鲁岛的珍贵性，当地农民的自豪感也随之提升。随着对本土大蒜和马铃薯需求的不断增长，当地建立了一个胚质库用来贮藏本地品种。同时，通过分享生态农业实践经验，农民获得了技术支持，可以在不损害环境的情况下提高产量。

最后，创立智鲁岛全球重要农业传统体系品牌有助于促进农业旅游和美食消费，以吸引更多游客并保障当地农民的生计。

中国浙江湖州桑基鱼塘系统

浙江湖州桑基鱼塘系统起源于2 500多年前。该系统利用传统和生态农业的知识，以复杂的灌溉系统为基础，进行桑树种植、养蚕和养鱼。在保护生物多样性和当地生态景观的同时，满足农民自身的需求。

浙江湖州桑基鱼塘系统是如何运作的？

该系统在多个维度上实现了共生。在同一个池塘里养殖不同种类的鱼，同时为防止农田受到虫害，农民设法遏制昆虫幼虫扩散，从而建立起一种资源相互供给的生态循环链：桑叶喂蚕、蚕沙养鱼、鱼粪肥桑。这种良性平衡是一个闭合循环。此外，改造后的水源可以把洪水带来的影响降至最小，同时还可以调节区域小气候。

成功的 GIAHS 保护实践

自2017年该系统被列入全球重要农业文化遗产名录以来，当地就成立了一个专业机构对该遗产地进行管理、开发并促进遗产的动态保护。此外，该系统还吸引了改革、水利、农业和林业等不同部门的资金支持，许多资金资源被集中用在保护该遗产。最终，该系统通过农业展览、农业销售活动、多渠道宣传、农民报刊和其他互联网平台的宣传，增强了人们对珍贵遗产的保护意识。

资料来源：由作者/组织提供

资料来源：由作者/组织提供

全球重要农业文化遗产
http:/www.fao.org/giahs/en | GIAHS-Secretariat@fao.org

摩洛哥 国家研究

资料来源：由作者/组织提供

摩洛哥利用生态农业实现粮食安全并达到可持续发展的目标：实践案例

　　摩洛哥山区农村的农民们面临着许多挑战，包括：贫穷、恶劣的生活条件以及气候变化造成的环境恶化。为了应对这些挑战，2015年，非政府组织"迁移和发展"在摩洛哥南部地区推出了生态农业计划。该组织成立于1986年，由来自阿特拉斯山和小阿特拉斯山的移民创建，用于建设家乡，该组织推出的生态农业计划旨在发展和推广生态农业实践。

计划的一致性

　　在阿萨（Assais）、阿斯卡乌恩（Askaoun）和阿尔巴·萨赫勒（Arbâa Sahel）的农村市镇中，我们已经建立了3个试验区。在此基础上，60多名来自当地的农民可以获得符合其需求及所在地区实际情况的培训。这些试验区既可作为训练场所，也可作为实验场所。随后，这些试验区将用于向该地区的其他农民传播生态农业实践知识。农民学会自己生产堆肥、制造天然肥料和杀虫剂、轮作、修剪技术以及嫁接。

目标

　　在常规农业模式具有极大局限性的情况下，我们采用了如下方法：重新建立人与土地及与自然之间的关系，鼓励采用绿色生活方式，在此基础上构建替代方案，将摩洛哥南部山区保护与环境保护联系起来。

目标1：对至少60位农民进行生态农业实践方面的培训，使他们可以在自己的农场中将其付诸实践。

目标2：提高至少120位农民的生态农业实践意识，突出知识、技巧和祖传农技在农业生产活动中的作用。

目标3：将3个试验区建成生态农业生产系统。

预期效果

·设置3个培训点，每个培训点都设置了9个为期2天的培训模块，对60多名农民进行培训。

·接受培训的农民在自己的土地上实践这些技术。

·至少有120名来自周围村庄的农民观摩感受生态农业实践。

·完成3个试验区建设。

资料来源：由作者/组织提供

移民与发展
http://www.migdev.org | Communication.migdev@gmail.com

水稻强化
栽培基地

伊拉克穆萨纳省
2008 年

非水稻强化
栽培基地

伊拉克 国家研究

资料来源：由作者/组织提供

提倡使用水稻强化栽培体系

2005年，我们在纳杰夫的Al—Mishkhab 水稻研究站（MRRS）开始试验 SRI方法。通过SRI实践，水稻根系比之前长得更大更深，并且不会在稻田持续被洪水淹没时因土壤缺氧而退化。SRI被视为一种耕作方法而不是一种技术。

水稻强化栽培体系的原理

嫩秧早栽

（1）单苗单穴。

（2）稀植壮株。

（3）间歇灌溉，湿润土壤。

（4）用旋转锄或手工锄草，不使用化学除草剂，以减少对环境的污染。

（5）使用有机肥料恢复土壤肥力。

使用水稻强化栽培方法的水稻根系更加发达，能更深地扎入土壤，而且，稻苗也不会因为缺氧而导致僵苗。当稻田遭受持续性水淹，就会发生水稻缺氧现象。水稻强化栽培体系并非是一项技术，而是一套方法论体系。

资料来源：由作者/组织提供

伊拉克所面临的挑战

伊拉克实施水稻强化栽培体系面临的几大典型挑战：

（1）水稻灌溉生产通常采用的传统方法是持续性灌溉，即在其生长季节，将灌溉深度保持在10厘米。

（2）麦稻交替种植十分常见，这常常会导致土壤耗竭。

（3）种植人员把稻种直接撒入耕作后的土壤，耗费了大量的种子。

因此，为保证水稻高产，我们需要采用一项更节水、节源（包括节约稻种播种量）的新战略。

资料来源：由作者/组织提供

伊拉克实施水稻强化栽培体系

2005年，我们开始在纳杰夫的伊拉克水稻研究站试验水稻强化栽培体系方法。一年后，即2006年，我们决定把这种方法推广到巴士拉、梅桑和济加尔3个省。水稻强化栽培体系取得成效，被进一步引进到另外5个试验点。

到2008年，我们决定加大实施水稻强化栽培体系方法的力度，将其作为当年的土壤改良总体战略的一部分。实施力度的加大也证实了水稻强化栽培体系可以改善伊拉克的作物生长状况及产量，减少用水量，节省稻种，降低生产成本。

在2009—2013年，我们在3个省大规模实施了水稻强化栽培体系方法。2011年，农业部同意设立水稻强化栽培部级委员会，以管理规划伊拉克水稻强化栽培系统，在保护自然资源、水、土壤方面，应在保产增产的同时，减少对环境的污染。

伊拉克水稻强化栽培体系过去13年发展一览表（简称水稻体系）								
年份	水稻体系		犁耕机插水稻体系		三叶草水稻体系		水稻研究站水稻体系增长（%）	平均收益
	公顷	农民	公顷	农民	公顷	农民		
2005	0.25	1	—		0.25	1	—	18
2006	2.0	8			1.5	8	1	18
2007	11.0	16			3.25	16	5	21
2008	16.0	4			12.0	60	2	51
2009	9.25	12	9.0	10	16.5	40	—	22
2010	2.0	4	17.0	22	15.0	38	3	18
2011	2.0	8	6.0	12	15.0	43	1	36
2012	22.0	16	3.5	7	19.5	63	2	14
2013	20.0	4	1.0	2	30.0	78	—	15
2014	3.0	12	2.0	4	20.0	80		25
2015	—	—	1.0	2	30.0	55	1	9
2016			2.0	2	22.0	45	1	12
2017	3.0	12	1.0	2	7.0	30		20
总计	90.5	97	42.5	69	192	557	16	21

哈米德农业研究办公室和人类与环境保护协会
www.togetherecho.org | kirmasha1960@yahoo.com

玻利维亚 国家研究

资料来源：由作者/组织提供

动态农林复合经营

"动态农林复合经营"方法是将农业种植与农林业相结合的一项创新方法，这种方法以拉丁美洲原住民的现有知识为基础。20世纪80年代和90年代期间，瑞士人厄恩斯特·高施对这些原住民的知识进行了重构并将它们与农业结合在一起。90年代，玻利维亚的德国发展服务社以及其他组织促进了这种方法的发展。在近5～10年，随着几个研究项目的启动，人们对这种方法的兴趣也开始增加。

动态农林复合经营法通过大量建造高质量天然森林，为人类提供多种优质产品，同时也带来了次生影响。动态农林复合经营法专门利用扦插法来维持森林系统年轻化，使生物量增产。

动态农林复合经营法的发展

对于这种方法的研究是从2005年开始的。初步研究结果表明，动态农林复合经营方法可以利用几种特定的自然机制，如多样性、密度、交叉性等，这些机制也曾应用于农业当中，2017年2月的一项研究表明，土壤中有菌根时，玉米长势更好。此结果表明，常规种植未考虑到植物间的协同效应。与其他方法相比，动态农林复合经营法在很大程度上更具可持续性，效益也更高。此方法的另一个优点是：它几乎适用于任何气候区与土壤。在相对较短的时间内，动态农林复合经营法可使营养退化的土壤再次变得肥沃。

动态农业复合经营法的潜力

动态农林复合经营法在以下领域具有巨大潜力。

（1）改善众多小农户的生活条件。

（2）修复自然栖息地，在保护区周围建立天然缓冲屏障。

（3）适应气候变化所带来的后果，如干雨季变化，旱期较长或异常暴风雨。

此外，由于系统中高生物质加上土壤中生物碳的使用，动态农林复合经营法在很大程度上能够把碳长期储存在土壤中（长达1 000年甚至更久），还可以提高腐殖质含量和土壤肥力水平。动态农林复合经营法不仅是应对上述挑战的最佳解决办法之一，而且还可能是减缓气候变化甚至改变气候的关键要素。

资料来源：由作者/组织提供

推广动态农林复合经营方法

自2011年以来，在不同国家、不同生态系统下的各类项目中，自然基金会的动态农林复合经营方法都得以成功地应用，如洪都拉斯、尼加拉瓜、马达加斯加、玻利维亚以及欧洲各地。该方法可稳定农民收入，改良土壤，建立多样植物系统，因此是迄今为止重新造林的最佳方法。这些森林通常也十分"接近自然"状态，为大量物种提供了栖息之地。自然基金会致力于宣传此法，扩充现有知识库，并在世界范围内的各类重新造林项目中实施动态农林复合经营方法。此外，我们设计了一个简易手动工具，可使小农户以及在相同地区工作的非政府组织能够将动态农林复合经营方法应用到土地上。

资料来源：由作者/组织提供

自然基金等认证机构
www.naturefund.de / daf | info@naturefund.de

加拿大 国家研究

资料来源：由作者/组织提供

基于农业和农业粮食的生态农业研究

溪流疏通和河岸区域清理带来的影响

在加拿大的许多地区，农业用地占比不断增加。这往往会导致野生动植物栖息地和生物多样性出现过度损失，温室气体排放和碳损失增加，水质和土壤资源也出现退化。本项目旨在保存、保护和重视自然特征，例如河岸区域、湿地、林地和植被篱笆带，以使生态农业系统对环境和人为变化更具适应性。

问题

在加拿大的许多地区，农业用地占比不断增加。这往往会导致野生动植物栖息地和生物多样性出现过度丧失，温室气体排放和碳损失增加，水质和土壤资源也出现退化。为使生态农业系统能够适应环境和人为的变化，人们应保存、保护和重视自然景色，例如河岸区域、湿地、林地和植被篱笆带，因为这些景色既服务于农业部门，又是生态学家的重点关注对象。

资料来源：由作者/组织提供

实验流域

（1）国家南部流域：加拿大安大略省东部。

（2）成对的实验流域：农牧业。

（3）对比检查前后（BACI）实验设计：治理前 2 ～ 4 年监测，治理后 5 ～ 8 年监测。

（4）治理流域：清理（疏通）线性河岸特征。

（5）子站点有树遮挡和无树遮挡。

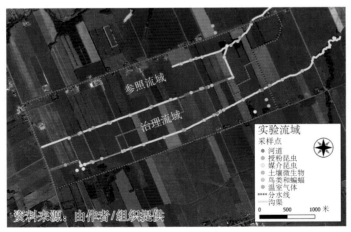

成对的实验流域

流域监测

（1）对氮、碳、磷、农药、病原体、总悬浮固体、水生无脊椎动物和脊椎动物以及水文学的水质监测。

（2）有益昆虫诱捕、鸟类和蝙蝠监测。

（3）碳储存特征与植被多样性监测。

（4）蚊虫采样和栖息地监测。

当前结果及预期结果

所选环境及农艺目标恢复时间轴：

（1）做出干预的3年内。

　·传粉昆虫及有益昆虫得到恢复

（2）做出干预的3～10年。

　·溪流中农药逐渐消散

　·养分迁移减少

　·水生无脊椎动物得到部分恢复

　·水生病原体与牲畜的接触减少

　·泥沙沉积和流失减少

　·河道内洪水得到控制

（3）做出干预的10年后。

　·陆生脊椎动物部分恢复

　·木质碳和碳储量恢复

　·防护林作用恢复

　·温室气体排放量增加

资料来源：由作者/组织提供

资料来源：由作者/组织提供

加拿大农业及农业食品部（AAFC）

www.canada.ca/en/agriculture-agri-food.html | 第一作者：David Lapen（David.lapen@agr.gc.ca）；

推荐人：Francois Chretien（francois.chretien@agr.gc.ca）

©粮农组织/Chris Steele-Perkins-Magnum

附　录

附录A　生态农业推广举措

转变粮食和农业生产系统，实现联合国可持续发展目标（SDGs）

本提案为第二届生态农业国际研讨会编写

时间：2018年4月3—5日

"举措"的任务

本着《2030年可持续发展议程》的改革精神，我们将同粮食生产者、政府相关部门和其他利益相关方一道加强生态农业管理。加强生态农业的方法充满前景，通过采取一系列可持续的手段、制定相关政策、运用相关知识，在机构联盟间实现公平和可持续发展的粮食体系，以支持可持续发展目标。

该文件呈现了"生态农业推广举措"，这是一份通过推广生态农业、促进农业粮食体系转型，以实现联合国可持续发展目标的美好愿景。该文件回答了4个关键问题："**生态农业的潜力**对《2030年可持续发展议程》有何贡献？"（见第一部分）；"推广生态农业的关键**机遇和挑战**是什么？"（见第二部分）；"'生态农业推广举措'重点关注的**核心领域**有哪些？"（见第三部分）以及"'生态农业推广举措'的**前进之路**是什么？"（见第四部分）。

作为牵头单位，联合国粮农组织将邀请联合国伙伴机构及其他相关组织共同商讨并加入该"举措"。我们决定于2018年4月在罗马举办的第二届生态农业国际研讨会上提交并启动该"举措"。本届会议旨在"推广生态农业，实现联合国可持续发展目标"。

第一部分　生态农业及可持续发展目标

《2030年可持续发展议程》提倡对粮食和农业生产系统进行转型。该议程立足环境、社会及经济3个维度，为实现综合可持续发展建立框架，呼吁所有人都能成为变革进程中的重要推动者。

生态农业是推动农业粮食体系转型的关键。越来越多的科学证据和地方经验显示了生态农业如何驱动并促进农业粮食体系朝着环境上可持续发展、经济上公正可行、社会上公平合理的方向过渡。

生态农业涵盖了《2030年可持续发展议程》的以下精神：

（1）在目标一致的跨部门政策支持下，生态农业可通过综合实践，帮助实现多重目标。生态农业强调农产品系统的环境层面、经济层面和社会层面。生态农业寻求创新性和整体性的解决方案，以应对错综复杂、相互关联的挑战，如贫困、饥荒、营养不良、农村遗弃、环境退化及气候变化。

（2）生态农业秉持以人为本的理念。生态农业可以赋能，使人成为粮食体系转型的重要推动者。生态农业能吸纳不同背景和知识储备的人群（包括女性、青年、粮食生产商、商人、消费者、政策制定者、科学家及公民），并将其融会贯通。

（3）生态农业可直接促进多个联合国可持续发展目标的实现。具体包括消除贫困（SDG1）及饥饿（SDG2）、确保教育质量（SDG4）、实现性别平等（SDG5）、提高水资源利用效率（SDG6）、促进体面就业（SDG8）、确保可持续消费和生产（SDG12）、增强气候适应能力（SDG13）、确保海洋资源的可持续利用（SDG14）、制止生物多样性的丧失（SDG15）（见附件1）。

推广生态农业符合《2030年可持续发展议程》的转型目标，并将有助于各国履行其承诺。转型需要在政策、农村体制、伙伴关系以及粮食的生产、加工、营销和消费方面进行革新，进而实现整个农业粮食体系的可持续性和公平性。推广生态农业需要克服关键挑战，也要抓住新兴机遇。转型是一个长期的过程，而这一过程必须尽快开始。

第二部分　推广生态农业的机遇与挑战

在地方和国家层面上有许多成功的生态农业案例，这些案例依靠传统、当地知识、创新解决办法和前沿的科学信息。在一些案例中，借助公共政策的支持、知识共享，通过农村体制的加强、市场进入能力的提高，生态农业模式得到了进一步推广。根据联合国粮农组织举办的"生态农业国际和区域专题研讨会"的结果[1]，以及生态农业的显著特征（见附件4），我们总结出了阻碍生态农业大规模推广的重要挑战和机遇。基于这一分析，下文主要介绍推广生态农业的重点工作领域：

挑战

（1）决策者缺乏对生态农业的认识。尽管世界各地已有许多成功的生态

---

① 首届生态农业促进粮食安全和营养国际研讨会（2014年9月）；拉丁美洲和加勒比生态农业区域研讨会（2015年6月）；撒哈拉以南非洲生态农业区域会议（2015年11月）；亚洲及太平洋生态农业多方利益相关方协商会议（2015年11月）；中国可持续农业粮食体系生态农业国际研讨会（2016年8月）；欧洲和中亚可持续农业粮食体系生态农业区域研讨会（2016年11月）；区域生态农业磋商:适应半干旱地区气候变化，实现可持续农业发展（2017年11月）。

农业推广案例，但众多决策者对生态农业的潜力依然缺乏认识，尤其是在应对多重挑战、促进联合国可持续发展目标的实现。

（2）向生态农业的转型需要一个有利的环境。粮食生产商要是想过渡到一个更可持续的系统则需要面临着各种限制和风险。粮食生产商在对整个系统进行转型时，需要一个有利的环境为之提供积极的鼓励和缓冲，这需要时间来获得全部的惠益。

（3）政治和经济方面的支持需要优先考虑的可持续方法。我们需要通过应对多种社会、环境和经济方面的挑战创新，来实现新型且综合型的方法（如生态农业和基于生态系统的资源管理），并加快出台国家政策，以支持更可持续的粮食体系。高投入、资源集约型的农业生产系统确实能提高生产率，但同时也会带来沉重的代价，如：环境退化给社会带来的负面影响。而这些代价都要由当今社会以及子孙后代来共同承担。这就需要我们重新来调整这些促进农业生产系统政策的方向（包括目前的优先研究事项），一起为生态农业和其他考虑到粮食体系外部性的可持续农业方法创造一个公平的竞争环境。

（4）研究、教育和推广系统尚未充分满足生态农业作为有效改造农业粮食体系的方法和需要。生态农业系统多种多样，可将不同元素（例如：土壤、水资源、农作物、牲畜、树木、水生植物和动物以及人类进程）之间的协同效应达到最大化，并提供更好的资源使用效率和适应性。就目前来说，在管理上述提到的互动，主要取决于适应当地情况的本土知识经验。尽管要求变革的呼声越来越高，但在许多的情况下，目前的研究、教育和扩展系统仍专注于单一的学科，以及增加单一商品的产量和自上而下的技术转移模式。想要推广生态农业，就必须加强农村的教育和扩展系统，并要提倡一种不同的知识构造方式，还要将科学知识与粮食生产者的经验互相结合。

（5）当前市场体系并没有对生态农业的方法做出回应。作为单一商品垂直价值链发展起来的市场既不符合多样化生态农业系统的需求，也不符合消费者对于多元化、健康态饮食的需求，尤其是针对小规模粮食生产者和贫困城市消费者的需求。近年来，不少政策都在加强关注全球价值链，却忽视了地方和区域市场的重要作用。我们需要更加重视地方（区域）市场，以此鼓励多样化的生产，从而改善获得健康粮食和饮食的机会。我们更需要加强重新连接生产者和消费者，农村和城市地区（如社区支持的农业计划、公共采购方案、电子商务和参与性保障计划）的成功模式，生态农业的生产商也需要增加进入这些市场的机会。

（6）在政策和治理方面缺乏协调一致的行动与合作。生态农业的转型需要各部门、学科和行为者之间加强融合，从而实现多个目标。政策需要跨级别（国际、国家和地方）和部门（农业、渔业和林业及经济、社会和环境部门）融合，通过属地原则实现一致性。尤其是生态农业系统需要一个在景观和地域方面来协调行动的治理系统。在世界范围内，趋势是朝着制定具体部门政策的方向发展，缺乏全球和国家的治理机制、监测及问责的管理制度。

机遇

（1）人们广泛的共识认为——基于高投入、资源集约型生产系统的农业模型已经达到了极限。来自政府、国际机构、民间社会组织以及粮食生产商组织的关键人员已表示，要致力于采用以生态农业为基础的新型范式。高投入、资源集约型的农业系统导致了大规模森林被砍伐、水资源短缺、土壤衰竭和大量温室气体排放，同样也无法提供可持续的粮食和农业生产。我们需要在提高生产力的同时，保护并加强自然资源基础的创新系统。大家共同朝着"整体"做法的方向进行变革，如：利用生态农业[①]。

（2）生态农业的解决方案——已存在于政策和实践当中。世界各地现存在众多的生态农业系统，它们遍布于陆地、海洋生态景观以及不同粮食生产行业中，通常植根于家庭农业和其他小规模的生产系统。大多数情况下，公共政策的扶持在推广生态农业方面发挥了重要的作用。例如，在水生生态系统中，渔业的生态系统方法受到了国家层面的牵引，并得到了"可持续发展世界首脑会议执行计划"的支持。这些经验都是了解了社区、知识、文化、生物多样性、景观、经济以及治理之间关键纽带的无价资源。通过吸取成功的生态农业经验，过渡的进程都将得以加强。

（3）生态农业领域的科学知识正在迅速增加，粮食生产商和民间社会组织掌握着重要的实践、传统和当地的农业生态知识。将科学知识与实践经验相结合是解锁生态农业创新的关键。

（4）网络连接可以促进参与者之间知识互动和解决方案的共享。现代社会的联系日益密切，包括以前与世隔绝的农村地区亦是如此。在面对共同的挑战时，紧密的联系为各个国家和非国家行为体之间的知识交流、经验分享和团结一致带来了新的机遇。由联合国粮农组织管理的生态农业知识中心就是一个例子——它是一个知识交流平台。南南合作对于促进生态农业的推广也具有特别广阔的前景。

（5）生态农业解决气候变化适应性和减缓性的问题。这其中包括多样化以及农、畜、森相结合的生态农业策略，目的是可增加资源利用效率以及人们抵御气候变化的能力。同时，农林复合经营和改进后的农业生产实践可保持并改善土壤的固碳能力。因此，在适应和缓解二者之间进行权衡时，生态农业可

① 联合国粮农组织，2017. 罗马: 粮农的未来——趋势和挑战.

以为我们提供选择。

（6）农村青年和人口迁移。我们将要增加数以百万计的新岗位来满足农村青年的就业需求。生态农业可以提供体面的农村就业岗位，是一个前景良好的就业解决办法，很好地为农村人口提供了不必流向城市或向国外迁徙的选择和替代方案。生态农业基于不同的农业生产方式，该方式知识密集、绿色环保、社会责任感强、创意创新，依赖于熟练的劳动力。同样，世界各地的农村青年朝气蓬勃、富有创造力，又渴望积极地改变世界，他们需要的是支持和机会。

（7）消费者对健康饮食的需求日益增长。人们（包括城市人口）对健康饮食的需求正日益增加。他们迫切需要多样化的饮食，以应对不断增加的各种形式的营养不良（营养不良和肥胖）和相关非传染性疾病。人们对环境和社会问题（包括气候变化、营养和健康）二者间存在的关联认知也在不断加深。综合生态农业系统就可以满足这种需求，同时改善土壤健康，并减缓环境的恶化。在地方和地区层面，创新市场与多样化生产系统同时出现。这些市场有助于保护和可持续利用生物的多样性，增加当地产品的价值，因而提高了当地人民的收入和民生水平，使消费者更容易买到健康且改良的粮食。

（8）"联合国家庭农业十年"（2019—2028年）。全球生态农业根植于以家庭农业为基础的农业遗产系统，而家庭农场主要掌握的知识对于维持本地生态农业的创新过程至关重要。但矛盾的是，在全世界8.15亿遭受饥荒的人口之中，70%是以农业、畜牧业、渔业和林业为生的农户，所以提高他们生产系统中的恢复力、改善其民生水平和对营养食物的自我供应力是消除饥饿的关键。联合国具有前瞻性的"家庭农业十年"为提高生态农业与家庭务农之间的关系认知和支持提供了一个重要契机。特别是在提高认识和知识创造、促进小农户和家庭农场主的最佳生态农业的做法、加大对促进生态农业方向的投资以促进所选的可持续发展目标指标以及执行国家政策和方案等领域，都有助于促进开展合作的机会。

（9）"联合国营养问题行动十年"（2016—2025年）。"联合国营养问题行动十年"主要为了突显生态农业对可持续粮食体系的创造的独家机会——这些粮食体系不仅可以提供健康饮食，还可以改善营养。粮食生产又是一项重要的生态系统服务，生态农业可以通过改善其饮食的多样性，加强对传统农作物以及畜牧产品的充分利用，从而生产出人类所需的食物。该方案通过为农民提供体面的农村就业岗位或改善抵御气候变化的能力等方法，从而也直接或间接地提高了家庭（尤其是小农户家庭）的营养状况。生态农业有助于实现"联合国营养问题行动十年"的愿景，即通过对健康饮食实行可持续的粮食生产和有效的自然资源管理来解决各种形式营养不良的问题。

第三部分　生态农业推广举措

生态农业推广举措旨在通过在国家之间建立协同作用的政策和技术能力来支持国家生态农业的转型进程。该举措将在不同的利益相关者之间建立联盟、构建网络并允许知识共创和知识共享。该举措将制定、实施和不断改进相关工具和指导纲领，更好地指导国家生态农业的转型。

该举措将侧重3个工作领域。这3个领域是把握机会、克服挑战的关键。

该举措将为联合行动提供一个框架。要想利用生态农业的潜力改革农业粮食体系，就需要一个共同的行动框架和一系列参与者之间的相互协作。生态农业推广举措则满足了这一需求。

该举措建立在我们现有的经验和优势的基础之上。该举措巩固了国际和地区生态农业研讨会的成果[1]以及在国家、地区和国际层面实施的活动，还将回应成员国对"继续加强在生态农业方面工作"的请求[2]。许多合作伙伴和利益相关方已在积极参与生态农业的推广，该举措将这些人的实践成果汇集起来，并建立一个全新且具有前瞻性的行动框架。

该举措将拓展现有知识体系、制定政策指导纲要、创建网络，以指导向生态农业系统的转型（见以下三方面工作）。本纲要将讨论生态农业转型的各个阶段和水平，包括：生态农业的推广实践、生态农业系统再设计、多样化的生态农业粮食体系以及巩固和加强有利的生态环境。

该举措将在国家、区域和全球层面实行。同时，也将在地区和全球层面分享国家经验，并根据一系列不同经验制定更好的指导方针。越来越多的国家（包括本国的州和市）对生态农业表现出兴趣，纷纷要求政府间机构提供支持，指导本国的生态农业转型。因此，"举措"的实施将重点关注那些想获得支持并计划向生态农业转型的国家。在"举措"的实施过程中将吸引来自不同国家、不同国际机构和区域机构的优秀专家共同支持参与国生态农业的转型过程。

工作领域1　可持续农业粮食体系的知识和创新

通过知识积累、知识共创，开展能力建设和培训活动，本举措将同本地和国家一起努力，为满足特定需求提供解决方案。支持粮食生产者组织、推广机构和跨学科研究人员帮助所在国实现粮食安全，加强农田基地建设，促进整个陆地景观和海洋景观生态系统管理的可持续。还将实现国家和地区之间的

---

① http：//www.fao.org/agroecology/overview/global-dialogue/en/.

② 澳大利亚政府理事会，2016.联合国粮农组织农业委员会第二十五届会议报告.

知识共享，这些国家和地区需要新的解决方案以应对气候变化。通过扩充证据、分析差距、支持国家层面开展数据收集，该"举措"还将论证生态农业的影响。

目标

（1）在50个国家扩充生态农业知识库、加强生态农业能力建设，包括通过南南合作及三方合作将实际需求与现有专家资源进行融合（1～10年）。

（2）在区域和全球层面上，完善生态农业实证数据库，改进生态系统实施方案（1～2年）。

（3）在15个参与国内开展国家层面的数据收集（3～10年）。

工作领域2　农业粮食体系转型的政策过程

该举措将在非国家行动方的参与下协助各国制定生态农业推广政策，为各国提供技术支持，并借助现有政府间文件和政府间达成的决议（包括《2030年可持续发展议程》）来支持向生态农业转型。该举措还将促进整个联合国系统内各机构合作，提升机构自身能力，加快生态农业的转型步伐。

目标

（1）为正在进行生态农业转型的至少20个国家提供技术支持，包括通过南南合作及三方合作将实际需求与现有专家资源进行融合（1～10年）。

（2）支持20个国家发展和实施生态农业发展模式（1～10年）。

（3）应国家需求，提供生态农业技术指导，支持政府间机构（如世界粮食安全委员会和《生物多样性公约》）的政策决议能在不超过20个需求国内实施（1～10年）。

（4）在20个推广生态农业的国家中，对现有国际文件*的实施提供技术指导（1～10年）。

（5）在30个推广生态农业的国家中，为其生态农业相关目标制定监测指南（包括数据收集和政策分析），支持政府汇报可持续发展目标（1～10年）。

（6）为20个国家提供指导，确保其可获得自然资源、知识和投资，并赋能给妇女和青年，使其在生态农业转型中发挥主导作用（1～10年）。

（7）向联合国有关论坛汇报生态农业的推广成果，包括向联合国经济及社会理事会（ECOSOC）和高级别政治论坛提交成果；加强协调与联合国相关倡议的实施共同开展活动，如"联合国家庭农业十年"（2019—2028年）、"联合国营养问题行动十年"（2016—2025年）、"联合国国际手工渔业和水产养殖年"（2022年）及"联合国粮农组织全球重要农业文化遗产（GIAHS）国际论坛"。

（8）为2020年后生物多样性框架的实施做出贡献（1～2年）。

（9）支持向联合国相关理事机构（如联合国粮农组织农业委员会）报告生态农业推广过程中所取得的进展和付出的努力（1～10年）。

　　* 包括但不限于：《粮食和农业植物遗传资源国际公约》《粮食和农业遗传资源委员会关于植物、动物、森林和水生遗传资源的全球行动计划》《生物多样性公约》《可持续土壤管理自愿准则》《支持在国家粮食安全范围内逐步实现粮食自足的自愿准则》《关于在国家粮食安全范围内负责管理土地、渔业和森林使用权的自愿准则》《确保可持续小规模渔业的自愿准则》《将生物多样性纳入政策、计划以及国家和区域营养行动计划并实现其主流化的自愿准则》。

工作领域3　为转型变革建立联系

　　该举措的实施需要与所有利益相关者——政府、生产者组织、消费者、民间社团、研究人员和私营部门共同协作，以支持在国家、区域和国际层面开展知识交流和对话平台的建设，这有利于确保联合国各机构之间的协作和协调。

目标

　　（1）与加入该"倡议"的合作伙伴一起制定（2018年）并实施《推广生态农业联合工作计划》（2018—2030年）。

　　（2）向有关理事机构提交《推广生态农业联合工作计划》以供讨论和批准（1～3年）。

　　（3）提高各级机构对生态农业的认识，建立联盟，联盟成员包括生产者组织、消费者团体、决策者、青年、妇女团体、私人投资者和公共投资者（1～10年）。

　　（4）为20国的生产者和消费者建立包容性的粮食体系和创新型市场提供方法和指导（1～10年）。

　　（5）在至少10个国家内，为增加生产者和消费者创新联盟的数量做出贡献。

　　（6）在《米兰公约》框架下，为建立生态农业城市网络做出贡献。

　　（7）在20个国家内，为妇女和青年组织创造体面的就业机会，引导其积极参与生产、加工和销售活动（1～10年）。

第四部分 "生态农业推广举措"的未来方向

　　"为推广生态农业，实现可持续发展目标"，联合国粮农组织认为有必要在合作伙伴、各类参与者和机构之间进行广泛的合作。活动的工作重点将放在上述3个工作领域。在拟订《生态农业联合工作方案》期间，联合国粮农组织将与各合作伙伴共同讨论最佳合作方式。

主要设想了以下3种合作伙伴关系：

（1）联合国机构。

角色：在规范工作与业务职能协作的基础上，联合国各组织机构将共同确定"举措"的优先事项和战略目标，并开展具体活动。

机会：该举措将加强与《2030年可持续发展议程》的协同作用，也包括"联合国家庭农业十年"（2019—2028年）、"联合国营养问题行动十年"（2016—2025年）、"联合国国际手工渔业和水产养殖年""全球青年体面工作倡议""驻罗马各机构在当地学校供餐方面的协作"及"可持续消费和生产模式十年方案框架下的可持续粮食体系计划"。

（2）**政府**。该举措将邀请所有感兴趣的成员国作为合作伙伴。

角色：各国政府将就该举措的优先事项和战略目标向联合国粮农组织及其合作伙伴提供咨询，并合作开展具体活动。

机会：该举措将寻求与"拉丁美洲和加勒比国家共同体"和"非洲发展新型伙伴关系"等区域机构进行合作，以支持生态农业的区域推广。此外还将与特定"倡议"进行合作，如"20国集团农村青年就业倡议"。

（3）**非国家行动方**。该举措会临时与以下伙伴进行合作来实施具体活动，包括粮食生产者组织、消费者群体、民间社会组织、研究机构和私营部门。

角色：在地方、国家、区域和国际各个层面开展共同关切的具体活动。

机会：非国家行动方在发展、实施和倡导生态农业方面发挥了重要作用。家庭农场主已获得了知识、能力并建立了网络，这三者构成了建立可持续粮食体系的核心。国家、区域和国际研究机构正率先开展跨专业研究，以解决农业粮食体系面临的复杂问题。消费者和私营部门提出需求，同时也为包容性和公平的粮食体系创造机会。

推广生态农业需共同努力。共同开展工作具有催化作用，可使各成员、社区团体和家庭农场主更有能力来推广生态农业，从而实现《2030年可持续发展议程》的转型愿景即建立一个具有可持续和包容性农业粮食体系的世界，人和地球都能获得健康蓬勃的发展；当代人及后代的粮食安全和营养都能得到保障；消除贫穷隐患；妇女的基本贡献得到重视和尊重；维护尊严、自由、公平和人权等核心人类价值观。而生态农业可以提供途径，帮助实现这一宏大而具有变革性的愿景。

附件1 与生态农业相关的可持续发展目标和指标

在全世界消除一切形式的贫困

与生态农业相关：家庭耕作、放牧和个体渔业及水产养殖可为世界许多农村低收入群体提供谋生手段；生态农业的做法在降低生产成本，进而转化为在更高的收入、更好的经济稳定性和恢复力等方面向粮食生产者提供支持。

相关可持续发展目标	指标
1.2 到2030年，按各国标准界定的陷入各种形式贫困的各年龄段的男女和儿童至少减半	1.2.2 各国按其标准界定的陷入各种形式贫穷的不同年龄段的男女和儿童所占比例
1.4 到2030年，确保所有男女，特别是低收入群体和弱势群体，享有平等获取经济资源的权利，享有基本服务，获得对土地和其他形式财产的所有权和控制权，继承遗产，获取自然资源、适当的新技术和包括小额信贷在内的金融服务	1.4.2 按性别和保有权类型分列，拥有可靠的土地保有权、拥有法律承认文件而且认为其土地权利受到保障者在总成年人口中所占的比例
1.5 到2030年，增强低收入群体和弱势群体的抵御灾害能力，降低其遭受极端天气事件和其他经济、社会、环境冲击和灾害的概率和易受影响程度	1.5.2 灾害造成的直接经济损失与全球国内生产总值相比
1.b 根据惠及贫困人口和顾及性别平等问题的发展战略，在国家、区域和国际层面制定合理的政策框架，支持加快对消贫行动的投资	1.b.1 政府经常性支出和资本中用于特别有益于女性、贫困者和弱势群体领域的比例

消除饥饿，实现粮食安全，改善营养状况和促进可持续农业

与生态农业相关：生态农业系统优化当地资源和可再生资源的使用。这让农业生产系统能够在确保生产力的同时，利用生态系统的优势，如病虫害防控、授粉、土壤健康和水土流失控制。对生物多样性的保护和可持续利用可使生态系统的服务功能和可持续性农业得到加强。

相关可持续发展目标	指标
2.1 到2030年，消除饥饿，确保所有人，特别是低收入群体和弱势群体，包括婴儿，全年都有安全、营养和充足的食物	2.1.1 营养不足发生率 2.1.2 根据粮食无保障情况表，中度或严重的粮食无保障人口发生率
2.2 到2030年，消除一切形式的营养不良，包括到2025年实现5岁以下儿童发育迟缓和消瘦问题相关国际目标，解决青春期少女、孕妇、哺乳期妇女和老年人的营养需求	2.2.1 5岁以下儿童发育迟缓发病率（年龄标准身高小于世界卫生组织儿童生长发育标准中位数－2的标准偏差） 2.2.2 按类型（消瘦和超重）分列的5岁以下儿童营养不良发生率（身高标准体重大于或小于世卫组织儿童生长发育标准中位数+2或－2的标准偏差）
2.3 到2030年，实现农业生产力翻倍和小规模粮食生产者，特别是妇女、土著居民、农户、牧民和渔民的收入翻番，具体做法包括确保平等获得土地、其他生产资源和要素、知识、金融服务、市场以及增值和非农就业机会	2.3.2 按性别和土著地位分类的小型粮食生产者的平均收入
2.4 到2030年，确保建立可持续粮食生产体系并执行具有抗灾能力的农作方法，以提高生产力和产量，帮助维护生态系统，加强适应气候变化、极端天气、干旱、洪涝和其他灾害的能力，逐步改善土地和土壤质量	2.4.1 从事生产性和可持续农业的农业地区比例
2.5 到2020年，通过在国家、区域和国际层面建立管理得当、多样化的种子和植物库，保持种子、种植作物、养殖和驯养的动物及与之相关的野生物种的基因多样性；根据国际商定原则获取公正、公平地分享利用基因资源和相关传统知识产生的惠益	2.5.1 中期或长期保存设施存放的粮食和农业植物和动物遗传资源的数量 2.5.2 被归类为面临灭绝危险、无灭绝危险或灭绝风险程度未知的当地品种的比例

确保健康生活方式，促进各年龄段人群的福祉

与生态农业相关：最大限度地减少有潜在危害的农用化学品的投入。生态农业减少了农业对人类和环境健康的负面影响。

相关可持续发展目标	指标
3.9 到2030年，大幅减少危险化学品以及空气、水和土壤污染导致的死亡和患病人数	3.9.1 家庭和环境空气污染导致的死亡率 3.9.2 不安全供水、不安全环卫设施以及缺乏个人卫生[接触人人享有饮水、环境卫生和个人卫生项目（水卫项目）所述的不安全服务]导致的死亡率 3.9.3 意外中毒导致的死亡率

确保包容和公平的优质教育，让全民终身享有学习机会

与生态农业相关：生态农业依靠粮食生产者所调整的适应当地环境的知识，通过增强点对点系统的功能，生态农业可提供相关且实用的知识，这些知识通过正式科学家的知识而得以增强。

相关可持续发展目标	指标
4.3 到2030年，确保所有男女平等获得负担得起的优质技术、职业和高等教育，包括大学教育	4.3.1 过去12个月青年和成年人正规和非正规教育和培训的参与率，按性别分列
4.4 到2030年，大幅增加掌握就业、体面工作和创业所需相关技能，包括技术性和职业性技能的青年和成年人数	4.4.1 掌握通信技术技能的青年和成年人的比例，按技能类型分列
4.5 到2030年，消除教育中的性别差距	4.5.1 所有可以分类的教育指标的均等指数（女/男、城市/农村、财富五分位最低/最高，以及具备有关数据的其他方面，如残疾状况、土著人民和受冲突影响等）

实现性别平等，增强所有妇女和女童的权能

与生态农业相关：妇女在生态农业中起着核心作用。她们在粮食体系中的许多环节表现活跃，从家庭到田野、市场以及其他地方。生态农业具有促进妇女权利、赋权和自主的潜力。

相关可持续发展目标	指标
5.1 根据各国法律进行改革，给予妇女平等获取经济资源的权利，以及享有对土地和其他形式财产的所有权和控制权，获取金融服务、遗产和自然资源	5.a.1 ①农业总人口中对农业用地拥有所有权或有保障权利的人口比例，按性别分列；②农业用地所有人或权利人中妇女所占比例，按土地保有类型分列 5.a.2 包括习惯法在内的国家法律框架保障妇女有权平等享有土地所有权和（或）控制权的国家所占比例

为所有人提供水和环境卫生并对其进行可持续管理

与生态农业相关：生态农业可防止地表水和地下水污染并鼓励以下做法，即高效用水、提高土壤保水率、因地制宜地种植只需少次或无须灌溉的作物，进而使蓄水层的储存、恢复和补给更具安全和可持续性。

相关可持续发展目标	指标
6.3 到2030年，通过以下方式改善水质：减少污染，消除倾倒废物现象，把危险化学品和材料的排放减少到最低限度，将未经处理废水比例减半，大幅增加全球废物回收和安全再利用	6.3.2 环境水质良好的水体比例
6.4 到2030年，所有行业大幅提高用水效率，确保可持续取用和供应淡水，以解决缺水问题，大幅减少缺水人数	6.4.1 按时间列出的用水效率变化
6.5 到2030年，在各级机构进行水资源综合管理，包括酌情开展跨境合作	6.5.1 水资源综合管理的执行程度（0～100）

促进持久、包容和可持续经济增长，促进充分的生产性就业和人人获得体面工作

与生态农业相关：生态农业为青年和妇女创造了体面的农村就业机会。提高生态农业生产系统的恢复力可有助于青年和妇女更好地保持现有工作，进而支持农村民生和社区。

相关的可持续发展目标	指标
8.3 推行以发展为导向的政策，支持生产性活动、体面就业、创业精神、创造力和创新	8.3.1 按性别分列，非农业就业在非正规就业中的比例
8.5 到2030年，所有男女，包括青年和残疾人实现充分和生产性就业，有体面工作，并做到同工同酬	8.5.1 雇员平均每小时收入，按性别、年龄、职业和残疾与否分列 8.5.2 失业率，按性别、年龄和残疾与否分列
8.6 到2020年，大幅减少未就业和未受教育或培训的青年人比例	8.6.1 青年（15～24岁）中未受教育、未参加就业或培训的人数比例

减少国家内部和国家之间的不平等

与生态农业相关：生态农业将社会中最边缘化的人口放在首位，包括农村妇女、青年、家庭农场主和土著民。

相关可持续发展目标	指标
10.2 到2030年，增强所有人的权能，促进他们融入社会、经济和政治生活，而不论其年龄、性别、残疾与否、种族、民族、出身、宗教信仰、经济地位或其他任何区别	10.2.1 收入低于收入中位数50%的人口所占比例，按性别、年龄和残疾与否分列

建设包容、安全、有抵御灾害能力和可持续的城市和人类住区

与生态农业相关：通过推广地域性发展方法，生态农业鼓励制订城乡融合发展计划，使城市地区认识到可持续发展可以为其带来多重利益。

相关可持续发展目标	指标
11.4 进一步努力保护和捍卫世界文化和自然遗产	11.4.1 保存、保护和养护所有文化和自然遗产的人均支出总额，按资金来源（公共、私人）、遗产类型（文化、自然）和政府级别（国家、区域和地方/市）分列

采用可持续的消费和生产模式

与生态农业相关：生态农业加强了饮食的多样化以及食物和营养的安全性。在许多地方，已经证实生态农业粮食体系是提供优质、营养、健康和充足饮食的典范，它可以保存并促进当地饮食传统和传统知识的传播。通过缩短价值链，生态农业有助于减少粮食损失和相关浪费。

相关可持续发展目标	指标
12.1 各国在照顾发展中国家发展水平和能力的基础上，落实《可持续消费和生产模式十年方案框架》，发达国家在此方面要做出表率	12.1.1 将SCP（可持续消费与生产）国家行动计划或SCP作为首要任务或目标纳入国家政策的国家数量
12.2 到2030年，实现自然资源的可持续管理和高效利用	12.2.1 物质足迹、人均物质足迹和单位国内生产总值的物质足迹 12.2.2 国内物质消费、人均国内物质消费和单位国内生产总值的国内物质消费
12.3 到2030年，将零售和消费环节的全球人均粮食浪费减半，减少生产和供应环节的粮食损失，包括收获后的损失	12.3.1 全球粮食损耗指数
12.4 到2020年，根据商定的国际框架，实现化学品和所有废物在整个存在周期的无害环境管理，并大幅减少它们排入大气以及渗漏到水和土壤的概率，尽可能降低它们对人类健康和环境造成的负面影响	12.4.2 人均生成的危险废物和处理的危险废物的比例，按处理类型分列
12.5 到2030年，通过预防、减排、回收和再利用，大幅减少废物的产生	12.5.1 国家回收利用率、物资回收吨数
12.7 根据国家政策和优先事项，推行可持续的公共采购做法	12.7.1 实施可持续的公共采购政策和做法的国家数量
12.c 对鼓励浪费性消费的低效化石燃料补贴进行合理化调整，为此，应根据各国国情消除市场扭曲，包括调整税收结构，逐步取消有害补贴以反映其环境影响，同时充分考虑发展中国家的特殊需求和情况，尽可能减少对其发展可能产生的不利影响并注意保护穷人和受影响社区	12.c.1 国内生产总值单位的化石燃料补贴金额（生产和消费）以及占全国化石燃料总支出的比例

采取紧急行动应对气候变化及其影响

与生态农业相关：生态农业有助于缓解气候变化及其影响。它通过促进一体化生产系统来减少温室气体排放，该系统对化石燃料能源的依赖性较小，并且可以储碳固碳。生态农业帮助形成多元化和一体化生产系统，促进气候变化的恢复力和适应能力。

相关可持续发展目标	指标
13.1 加强各国抵御和适应气候相关的灾害和自然灾害的能力	13.1.1 已制定国家和地方关于减少灾害风险战略的国家数目

相关可持续发展目标	指标
13.2 将应对气候变化的举措纳入国家政策、战略和规划	13.2.1 已对制定或实施一项一体化政策（或战略或计划）进行过沟通的国家数量。制定或实施一项一体化政策（或战略或计划）可增强这些国家适应气候变化不利影响的能力，并通过以下方式提高气候变化适应能力和减少温室气体排放量，从而不对粮食生产构成威胁（包括国家气候变化适应计划、国家级贡献、国家信息通报、两年期最新报告或其他）
13.3 加强气候变化减缓、适应、减少影响和早期预警等方面的教育和宣传，加强人员和机构在此方面的能力	13.3.2 已商讨有关加强机构、体系和个人能力建设来实施适应和缓解气候变化和技术转让以及发展行动的国家数目

保护和可持续利用海洋和海洋资源以促进可持续发展

与生态农业相关：在水生系统中，渔业生态系统方法（EAF）和水产养殖生态系统方法（EAA）论证了生态农业方法。生态农业系统可确保生物资源管理在有意义的范围内将一体化方法应用于渔业，并考虑到生物、非生物和人类因素方面的知识以及一系列不确定性因素。

相关可持续发展目标	指标
14.2 到2020年，通过加强抵御灾害能力等方式，可持续管理和保护海洋和沿海生态系统，以免产生重大负面影响，并采取行动帮助它们恢复原状，使海洋保持健康，物产丰富	14.2.1 使用基于生态系统的方法进行管理的国家经济区的比例
14.4 到2020年，有效规范捕捞活动，终止过度捕捞、非法捕捞、未报告和无管制的捕捞活动以及破坏性捕捞的做法，执行科学的管理计划，以便在尽可能短的时间内使鱼群量至少恢复到其生态特征允许的能产生最高可持续产量的水平	14.4.1 在生物可持续水平范围内的鱼类种群比例

保护、恢复和促进可持续利用陆地生态系统，可持续管理森林，防治荒漠化，制止和扭转土地退化，遏制生物多样性的丧失

与生态农业相关：生态农业与当地社区和粮食生产者合作，来制止土地退化并扭转已退化的区域。生态农业有助于保护支撑粮食生产的生物多样性和生态系统。

相关可持续发展目标	指标
15.1 到2020年，根据国际协议规定的义务，保护、恢复和可持续利用陆地和内陆的淡水生态系统及其服务，特别是森林、湿地、山麓和旱地	15.1.1 森林面积占陆地总面积的比例 15.1.2 保护区内陆地和淡水生物多样性的重要场地所占比例，按生态系统类型分列
15.2 到2020年，推动对所有类型森林进行可持续管理，停止毁林，恢复退化的森林，大幅增加全球植树造林和重新造林	15.2.1 实施可持续森林管理的进展
15.3 到2030年，防治荒漠化，恢复退化的土地和土壤，包括受荒漠化、干旱和洪涝影响的土地，努力建立一个不再出现土地退化的世界	15.3.1 已退化土地占土地总面积的比例
15.4 到2030年，保护山地生态系统，包括其生物多样性，以便加强山地生态系统的能力，使其能够带来对可持续发展必不可少的益处	15.4.1 保护区内山区生物多样性的重要场地的覆盖情况 15.4.2 山区绿化覆盖指数
15.5 采取紧急重大行动来减少自然栖息地的退化，遏制生物多样性的丧失，到2020年，保护受威胁物种，防止其灭绝	15.5.1 红色名录指数
15.6 根据国际共识，公正和公平地分享利用遗传资源产生的利益，促进适当获取这类资源	15.6.1 已通过立法、行政和政策框架确保公正和公平分享惠益的国家数目
15.9 到2020年，把生态系统和生物多样性价值观纳入国家和地方规划、发展进程、减贫战略和核算	15.9.1 实现参照《2011—2020年生物多样性战略计划》的爱知生物多样性的国家目标的进展

创建和平、包容的社会以促进可持续发展，让所有人都能诉诸司法，在各级建立有效、负责和包容的机构

与生态农业相关：生态农业支持稳固包容的生产组织来实现知识共享、维护团结以及在政策层面反映生产者的需求。

相关可持续发展目标	指标
16.7 确保各级的决策反应迅速，具有包容性、参与性和代表性	16.7.2 认为决策具有包容性和响应性的人口比例，按性别、年龄、残疾与否和人口群体分列

加强执行手段，重振可持续发展全球伙伴关系

与生态农业相关：扩大生态农业的规模需要加强生产部门、社会参与者和国家之间的合作。

相关可持续发展目标	指标
17.6 加强在科学、技术和创新领域的南北、南南、三方区域合作和国际合作，加强获取渠道，加强按相互商定的条件共享知识，包括加强现有机制间的协调，特别是在联合国层面加强协调，以及通过一个全球技术促进机制加强协调	17.6.1 国家间科学和/或技术合作协议和计划的数目，按合作类型分列 17.6.2 每100居民中固定互联网宽带订阅，按速度分列
17.9 加强国际社会对在发展中国家开展高效的、有针对性的能力建设活动的支持力度，以支持各国落实各项可持续发展目标的国家计划，包括通过开展南北合作、南南合作和三方合作	17.9.1 承诺向发展中国家提供的以美元计值的财政和技术援助(包括通过南北合作、南南合作和三方合作)

附件2　拓展阅读

FAO, 2015. Agroecology for Food Security and Nutrition: Proceedings of the FAO International Symposium, 18-19 September 2014, Rome, Italy.

FAO/INRA, 2018. Constructing markets for agroecology-An analysis of diverse options for marketing products from agroecology, by Loconto, A., Jimenez, A. & Vandecandelaere, E. Rome, Italy.

Gliessman SR, 2015. Agroecology: The Ecology of Sustainable Food Systems, Third Edition, CRC Press.

HLPE, 2013. Investing in smallholder agriculture for food security. A report by the High Level Panel of Experts on Food Security and Nutrition of the Committee on World Food Security, Rome.

IPES-Food, 2016. From uniformity to diversity: a paradigm shift from industrial agriculture to diversified agroecological systems. International Panel of Experts on Sustainable Food systems.

Méndez, V Ernesto, Christopher M, Bacon, Roseann Cohen, 2013. Agroecology as a Transdisciplinary, Participatory, and Action-Oriented Approach, Agroecology and Sustainable Food Systems, 37(1): 3-18.

Rosset PM, Martinez-Torres ME, 2012. Rural Social Movements and Agroecology: context, theory and process. Ecology and Society, 17（3）: 17.

附录B 生态农业的十大要素

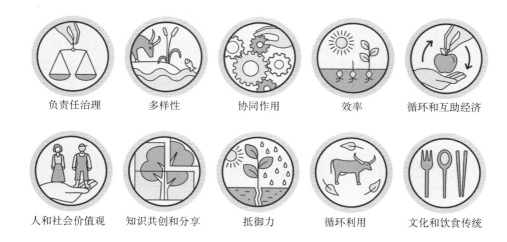

| 负责任治理 | 多样性 | 协同作用 | 效率 | 循环和互助经济 |
| 人和社会价值观 | 知识共创和分享 | 抵御力 | 循环利用 | 文化和饮食传统 |

引言

如今的农业粮食体系已成功地为全球市场提供了大量食物。然而，依靠大量外部投入的资源密集型农业系统已导致大规模毁林、缺水、生物多样性丧失、土壤流失和大量温室气体排放等问题。尽管近期取得了重要进展，但是饥饿与极端贫困依然是关键的全球性挑战。即使实现了减贫，普遍存在的不平等现象仍将阻碍贫困的根除。

生态农业作为联合国粮农组织"可持续粮食和农业共同愿景"[1]的有机组成部分，构成了全球应对上述不稳定形势的关键要素，为满足今后大幅增加的粮食需要并确保"一个都不落下"提供了一项独特举措。

生态农业是在设计与管理农业粮食体系的同时应用生态与社会概念及原则的一项综合性举措。生态农业努力优化植物、动物、人与环境之间的互动，同时兼顾可持续和公平的粮食体系所需应对的社会方面的内容。

生态农业不是一项新发明，可在20世纪20年代后的科学文献中找到踪迹，并在家庭型农户的实践、促进可持续性的草根社会运动以及全世界各国的公共政策中得到体现。在最近一段时间内，生态农业进入了国际性和联合国机构的讨论范畴[2]。

生态农业为何独特？

生态农业与其他可持续发展举措根本不同。生态农业是基于自下而上和地域性进程，根据各地具体情况提供有针对性的对策。生态农业创新以知识共创为基础，将科学与生产者的传统型、应用型和本地化知识结合起来。通过提高生产者和社区的自主性和适应能力，生态农业助其成为变革的关键动因。

生态农业不是对非可持续农业系统的作业方法进行微调，而是要实现农业粮食体系转型，综合施策解决导致问题的根本原因，并提供全面、长期的解决方案。这包括明确关注粮食体系的社会层面和经济层面。生态农业高度重视妇女、青年和土著居民的权利。

生态农业的十大要素是什么？

为指导各国实现其农业粮食体系转型，大规模促进可持续农业主流化[3]，并实现零饥饿和其他多个可持续发展目标，联合国粮农组织关于生态农业的区域讨论会归纳出了以下十项要素[4]：

（1）多样性；协同作用；效率；抵御力；循环利用；知识共创和分享（说明生态农业系统、基础性实践和创新方法的共同特征）。

（2）人和社会价值观；文化和饮食传统（背景特征）。

（3）循环和互助经济；负责任治理（有利环境）。

生态农业的十项要素相互联系并相互依存。

十项要素为何会奏效以及如何使用这十项要素？

这十项要素作为一项分析工具能帮助各国落实生态农业。通过确定生态农业系统和方法的重要特征，并就形成利于生态农业发展的环境明确关键考虑因素，这十项要素是政策制定者、实施者和利益相关方规划、管理和评估生态农业转型的指南。

多样性

多样性对生态农业转型至关重要，它在确保粮食安全和营养的同时保存、保护和加强自然资源。

生态农业系统高度多样性。从生物学角度来看，生态农业系统能以多种方式优化物种和遗传资源的多样性。例如，农林复合系统将位于不同层面、不同高度与形状的作物、灌木、家畜和树木进行整合，提高垂直多样性。间种将互补品种联合种植，提高空间多样性[5]。通常纳入豆类作物的轮作将提高时间多样性[6]。农牧系统依靠的是已适应特定环境的本地品种的多样性[7]。在水产养殖方面，无论是传统鱼类混合养殖、综合多营养水产养殖，还是作物鱼类轮换系统，都遵循相同的原则以最大限度地实现多样性[8]。

提高生物多样性可以带来一系列生产力、社会经济、营养和环境方面的惠益。通过规划和管理多样性，生态农业方法能够改善如授粉和土壤健康等生态系统服务的供应，而这些服务是农业生产所必需的。多样性通过优化使用生物质和集水来提高生产力和资源利用效率。生态农业多样性还通过创造新的市场机遇等方式提高生态和社会经济的抵御能力。例如，作物和家畜多样性可降低气候变化带来的风险。反刍动物混牧可降低寄生现象带来的健康风险，而多样性的本地品种在恶劣环境下生存、生产和维持繁育水平的能力更强。反过来，包括多样性产品、本地食品加工和观光农业等在内的差异性和新开发市场增加了收入来源，有助于稳定家庭收入。包括谷物、豆类、水果、蔬菜和动物源食物在内的多样化膳食改善了营养成果。而且，不同作物品种、动物品种和物种所包括的遗传多样性在为人类膳食提供宏量和微量营养素以及其他生物活性化合物方面做出了重要贡献。例如，在密克罗尼西亚，未得到充分利用的传统红芯香蕉品种含有的 β - 胡萝卜素是已经广泛商业化的白芯香蕉品种的50倍，而重新引入红芯香蕉在改善健康和营养方面发挥了重要作用[9]。

在全球层面，3种谷类作物提供了卡路里总消耗量的近50%[10]，而作物、家畜、水生生物和林木的遗传多样性继续快速消失。通过管理和保护农业生物多样性，并满足对多样化生态友好型产品不断增长的需求，生态农业可有助于扭转这些趋势。一个相关的例子就是由灌溉、雨育和深水稻生态系统产出的鱼类友好型水稻，这种方法尊重水生物种的多样性以及其对农村生计的重要性[11]。

知识共同创造和分享

通过参与性进程共创农业创新能够更好地应对当地挑战。

生态农业以特定环境下的知识为基础，不会提供一个固定
的解决方案。相反，生态农业方法都是因地制宜的，以适应具
体的环境、社会、经济、文化和政治条件。知识共创和分享在发展和落实生态
农业创新的过程中发挥着核心作用，以应对适应气候变化等粮食体系面临的挑
战。通过共创过程，生态农业融合了传统和本地知识、生产者和贸易商的实践
知识以及全球科学知识。在这个过程中，生产者在农业生态多样性方面的知
识、在具体情况下的管理经验以及对市场和机构的了解发挥了核心作用。

正式和非正式的教育在分享由共创的生态农业创新方面发挥根本作用。
例如，过去30多年来，扁平化组织"农民之路"在分享生态农业知识、联系
数十万拉美生产者方面扮演了至关重要的角色[12]。相反，自上而下的技术转让
模式只取得了有限的成功。鼓励参与式进程和建立互信的机制创新使得知识共
创和分享成为可能，促进具有相关性和包容性的生态农业过渡进程。

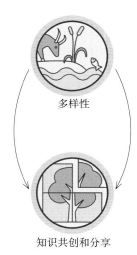

多样性

知识共创和分享

协同作用

**协同作用能提升粮食体系的关键职能，支持生产和多重
生态系统服务。**

生态农业注重多样化系统的设计，这些系统有选择性地

将一年生和多年生作物、家畜和水生动物、林木、土壤、水以及其他农场和农业景观的组成部分结合起来，在气候不断变化的背景下加强协同作用。

加强粮食体系内的协同作用能带来多重惠益。通过优化生物协同作用，生态农业措施能提高生态功能，实现更高的资源使用效率和恢复能力。例如，从全球范围看，在间种或轮作系统中豆类发挥的生物固氮作用相当于每年节省近1 000万美元的氮肥开支[13]，同时还能改善土壤健康，提高减缓和适应气候变化的能力。而且，用于作物的大约15%的氮素来自于家畜的粪便，凸显了畜牧业与作物生产相结合所产生的协同作用[14]。在亚洲，综合性水稻系统将水稻栽培与鱼、鸭、林木等其他产品的生产结合起来。综合性水稻系统通过实现协同作用极大地提升了单产、膳食多样化、杂草防除、土壤结构和肥力，并提供了生物多样性生境，实现了虫害防治[15]。

在景观层面，要提高协同作用就必须在时间和空间上同步生产性活动。利用朱缨花绿篱控制土壤侵蚀在东非高地的综合性生态农业系统中十分常见[16]。在这个例子中，通过定期修剪的管理措施，减少林木与在绿篱间生长的作物之间形成竞争，同时为动物提供饲料，在不同组成部分之间带来了协同作用。游牧和粗放型放牧系统协调人类、多物种畜群和多变环境情况之间的复杂互

多样性

协同作用

知识共创和分享

动，加强抵御能力，并促进实现种子散播、生境保护和土壤肥力等生态系统服务[17-18]。

尽管生态农业措施努力实现协同作用最大化，但是在自然和人类系统中经常存在取舍。例如，在资源使用和获取权的分配中就经常存在取舍。为在更广泛的粮食体系内促进协同作用并以最佳方式管理取舍，生态农业强调了不同规模的各行为方加强伙伴关系、合作和负责任治理的重要性。

效率

创新型生态农业方法用更少的外部资源带来更高的产出。

提升资源利用效率是生态农业系统的一项新属性，通过仔细规划和管理多样性，在系统各构成部分之间形成协同效应。比如，效率方面的一项关键挑战在于全球农田中施用的氮肥仅有不到50%转化为收获产品，其余部分损失在环境中，导致严重的环境问题[19]。

生态农业系统改善对自然资源，尤其是丰富和免费资源的利用，如太阳辐射、大气中的碳和氮元素等。通过促进生物过程以及生物质、营养素和水的循环使用，生产者能够用更少的外部资源，降低成本并减轻资源利用所产生的

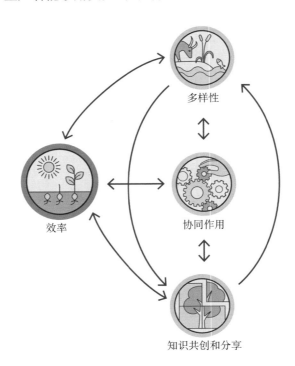

多样性

效率　　协同作用

知识共创和分享

负面环境影响。最终减少对外部资源的依赖，能够通过提升生产者的自主能力和应对自然或经济冲击的抵御力来赋予其权能。

衡量综合性系统效率的一种方法是土地当量比[20]。土地当量比对比了两种或以上品种（如作物、林木、家畜）共同种养时的单产以及通过单作实现的单产水平，综合性系统往往展示出更高的土地当量比。

因此，生态农业通过必要的生物、社会经济和机构多样性，以及与时空的匹配来推动农业系统，支持提高效率。

循环利用

加强循环利用意味着降低农业生产的经济和环境成本。

浪费是一项人为提出的概念，在自然生态系统中并不存在浪费。生态农业方法通过模拟自然生态系统，支持推动在生产系统内进行养分、生物质和水分循环的生物过程，从而提高资源利用效率，并将浪费和污染降至最低。

循环利用可通过多样化并在不同组成部分与活动之间构建协同效应，在农场层面和景观范围内进行。比如，包括根系深植树木的农林复合系统能够捕获一年生作物根系无法吸收的养分[21]。农牧系统通过利用粪便进行堆肥或直接

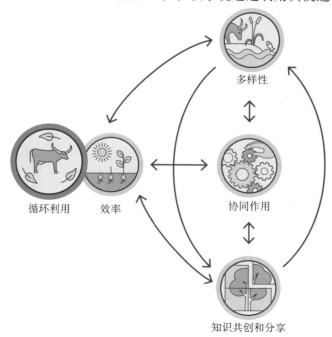

施肥，并将作物残茬和副产品用作家畜饲料，推动了有机质的循环利用。养分循环占所有非供给性生态系统服务经济价值的 51%，畜牧业的融入在其中发挥着主要作用[22]。同样，在稻田养鱼系统中，水生动物协助对水稻作物施肥并减少有害生物，降低了对外部肥料或杀虫剂等投入品的需要。

　　循环利用通过闭合循环和减少浪费提供了多种惠益，降低了对外部资源的依赖，提升了生产者的自主能力，降低了面对市场和气候冲击时的脆弱性。循环利用有机质和副产品为生态农业创新提供了巨大潜力。

抵御力

提升民众、社区和生态系统的抵御力对于可持续农业粮食体系十分关键。

　　多样化生态农业系统抵御力更强。这种系统更易从干旱、洪水或飓风等极端天气和其他干扰中恢复，对病虫害的抵御力也更强。在 1998 年飓风"米奇"袭击中美洲之后，具有生物多样性的农场，例如农林混作、等高耕作和地被间作等，比周边采用传统单作型农场多保留了 20%～40%的表层土，侵蚀现象较轻，经济损失也较少[23]。

　　通过维持一定的功能平衡，生态农业系统能更好地抵御病虫害的侵袭。

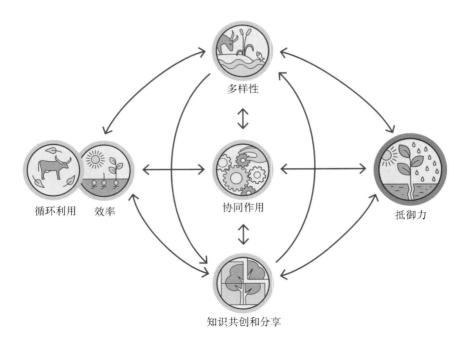

生态农业方法有助于恢复农业系统的生物复杂度，并促进互动生物之间形成必要的集群以自我调节有害生物爆发。在景观层面，多样化农业景观更有潜力实现病虫害防控的功能[24]。

生态农业方法同样能提高社会经济的抵御能力。生产者通过多样化和一体化措施降低其在某一种作物、家畜品种或其他商品歉收时的脆弱性。通过减少对外部投入的依赖，生态农业能降低生产者对经济风险的脆弱性。提高生态系统和社会经济两方面的抵御能力要同时进行。毕竟，人类是生态系统的有机组成部分。

人和社会价值观

保护和提升农村生计、公平性和社会福祉对可持续农业粮食体系至关重要。

生态农业高度强调人和社会的价值观，例如尊严、平等、包容和公正，这都有助于实现关于改善生计的可持续发展目标。生态农业将粮食生产、销售和消费者的诉求和需要置于粮食体系的中心。通过提高自主性和适应能力来管理生态农业系统，生态农业的做法使得人和社区有能力消除贫

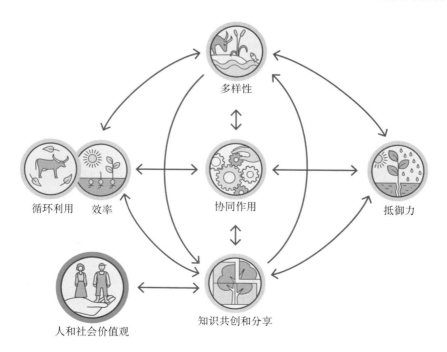

多样性

循环利用　效率　　　协同作用　　　抵御力

人和社会价值观　　　知识共创和分享

困、饥饿和营养不良，促进包括食物权在内的人权，并悉心管理环境，这样子孙后代也能享受繁荣。

生态农业通过为妇女创造机遇来解决性别不平等问题。从全球范围看，从事农业工作的劳动力有将近一半是妇女。妇女在家庭粮食安全、膳食多样性和健康，以及在生物多样性的保护和可持续使用方面扮演重要角色。尽管如此，妇女在经济地位方面仍然被边缘化，权利也极易受到侵犯，且妇女做出的贡献往往得不到认可[25]。

通过集体行动来分享知识并且创造实现商业化的机遇，生态农业能帮助从事家庭农业的农村妇女获得更高的自主性，能为妇女变得更加自主打开新的天地，并通过参加生产者小组等方式在家庭、社区以及其他层面为妇女赋权。妇女的参与对生态农业来说必不可少，而且妇女常常是生态农业项目的领导人。

在世界上许多地方，农村青年面临就业危机。生态农业作为体面工作的来源为就业提供了一个很有希望的解决方法。生态农业基于一种不同的农业生产方式，它的特点是知识集约型、环境友好型、有社会担当、有创新性和依赖熟练劳工。同时，世界各地的农村青年有活力、创造力和积极改变世界的动力，他们需要的正是支持和机遇。

作为一种自下而上、草根式的可持续农村发展范式，生态农业给人们赋权，让他们自身成为推动变革的力量。

文化和饮食传统

通过支持健康、多样化且文化上适宜的膳食，生态农业有助于实现粮食安全和营养，同时维持生态系统的健康。

农业和粮食是人类遗产的核心组成部分。因此，文化和饮食传统在社会和人类行为塑造中发挥了核心作用。然而，在许多地方，我们当前的粮食体系导致了饮食习惯与文化的脱节。这种脱节的后果是，虽然这个世界生产的粮食足够养活全部人口，但饥饿却与肥胖并存。世界范围内约有8亿人口长期挨饿，2亿人受到微量营养素缺乏症的影响[26]。同时，肥胖和饮食相关的疾病一直在攀升。有19亿人属于超重或肥胖，非传染性疾病（癌症、心血管病、糖尿病）成为全球第一大死亡原因[27]。要想解决粮食体系中的不平衡并逐步实现零饥饿世界，单单依靠提高生产水平并不够。

生态农业发挥着平衡传统与现代膳食习惯的重要作用，使两者和谐共存，共同促进健康的粮食生产和消费，为实现充足食物权提供支持。通过这种方式，生态农业在人类与粮食之间建立一种健康的关系。文化特性和归属感往往和景观以及粮食体系密切相关。人类和生态系统是共同演化的，所以文化习俗和本地传统知识能提供宝贵经验，激发生态农业提出解决方案。例如，印度大约有五万种本土水稻品种[28]，这些品种都是经过数百年的培育，有其特定的味道、营养、抗虫害特点以及对多种情况的适应能力。烹饪传统也围绕这些不同的品种形成，利用它们不同的特点。以这些日积月累的传统知识为向导，生态农业能充分发挥土壤的潜力，供养这片土地上的人们。

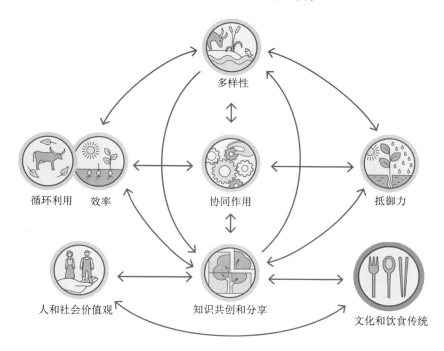

负责任治理

可持续粮食和农业需要在不同层级确保负责任和有效的治理机制，包括全球、国家和地方层面。

生态农业呼吁采取负责任和有效的治理，以支持实现向可持续农业粮食体系的转变。具有透明度、责任感和包容性的治理机制对于营造一个支持生产者按照生态农业的概念和方法改变系统的有利环境必不可少。成功的例子包括实施学校供膳和公共采购计划，允许对于差异性生态农业产品进行品牌宣传的市场法规，对生态系统服务进行补贴和奖励。

土地和自然资源管理是一个最佳的例子。对于世界各地农村贫困和弱势人口来说，大多数人的生计高度依赖陆地和水生生物多样性和生态系统服务，但缺少获得这些资源的安全途径。

生态农业依赖于公平获取土地和其他自然资源，这不仅是社会正义的关键，也为保护土壤、生物多样性和生态系统服务所必需进行的长期投资提供激励。不同层级的负责任治理机制能为生态农业提供最佳支持。许多国家已经在国家一级制定法律、政策和方案，奖励有利于提高生物多样性和生态系统服务供给的农业管理。地区、景观和社区一级的治理，例如传统和习惯治理模式，对于加强利益相关者之间的合作，促进协同作用最大化，并减少或管理取舍同样发挥极其重要的作用。

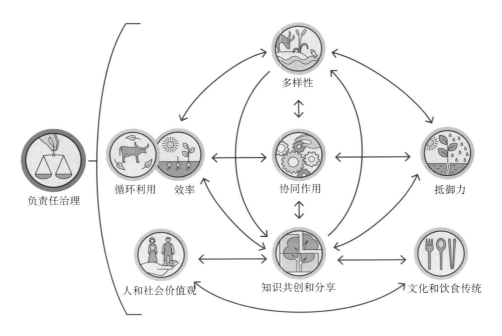

循环和互助经济

将生产者和消费者重新联系起来的循环和互助经济为我们在地球上的生活提供创造性的解决方案，并确保实现包容和可持续发展的社会基础。

生态农业通过循环和互助经济将生产者和消费者重新联系起来，这种经济模式将本地市场置于优先位置，并通过创造良性循环支持本地经济发展。

生态农业的方法以本地需求、资源和能力为基础，推动达成公平的解决方案，营造更加平等和可持续的市场。加强粮食短循环能增加粮食生产者的收入，保证消费者获得公平价格。这意味着要有新的创新性市场[29-30]，与更传统的包含绝大多数小农产品的地区市场并存。

社会和体制创新在鼓励生态农业生产和消费方面扮演关键角色。一些有助于在生产者和消费者间建立联系的创新举措包括参与性担保机制、本地生产者市场、原产地标注、社区支持型农业和电子商务模式。这些创新性市场回应了消费者对更健康饮食的不断增长的需求。

根据循环经济的原则对粮食体系进行重设，将食物营养价值链变短变得更加节约资源，能帮助解决全球粮食浪费的挑战。目前，生产的所有粮食中有1/3被损失或浪费，未能助力实现粮食安全和营养，同时加重了对自然资源的压力[31]。在生产粮食的过程中损失和浪费的能源大约是世界消耗总能源的 10%[31]，每年粮食浪费产生的碳足迹相当于排放 35 亿吨二氧化碳[32]温室气体。

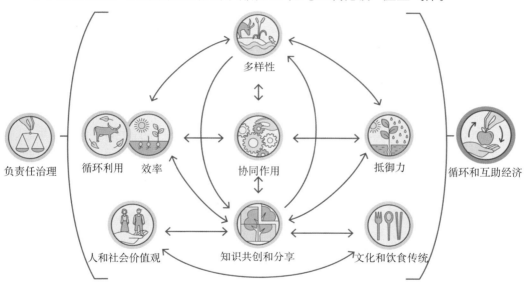

尾注

1.联合国粮农组织"可持续粮食和农业共同愿景"在陆地和海上农业景观区之间实现可持续发展在社会、经济和环境等方面的平衡。该愿景概括了发展生产水平高、经济可行且环保型可持续农业粮食体系的一般性原则，以促进公平和社会公正。联合国粮农组织"可持续粮食和农业"五项原则包括：①提高资源利用效率；②保存、保护和提升自然生态系统；③保护和改善农村生计、公平性和社会福祉；④提高人民、社区和生态系统的抵御力；⑤促进自然和人类系统的良好治理。

2.《国际农业知识、科学和技术促进发展评估》于 2008 年呼吁发展并加强生态农业科学；食物权特别报告员向联合国人权理事会提交的《2011 年生态农业与食物权报告》；非洲联盟与拉丁美洲及加勒比共同体发起的"生态有机农业倡议"，在区域层面推广生态农业方法与政策；获得《生物多样性公约》赞同并由联合国粮农组织自 2000 年起通过"渔业和水产养殖生态系统方法"予以应用的生态系统方法（包括生态福祉、人类福祉以及治理等支柱）。

3.巴西的零饥饿计划就是一个有力的例子。零饥饿计划在减少极端贫困（从 2003 年的 17.5% 降到 2013 年的不到 3%）和消除饥饿方面发挥了重要作用。该计划涉及大量政策和发展工具，包括支持生态农业粮食生产和消费（巴西国家地理与统计局），2013。全国家庭抽样调查：粮食安全(详见：www.ibge.gov.br/home/estatistica/populacao/)。

4.生态农业的 10 个要素是通过一个综合性的过程达成的。这些要素来源于有关生态农业的重要科学文献，特别是 Altieri (1995) 的生态农业五项原则和 Gliessman (2015) 的生态农业的 5 个过渡阶段。联合国粮农组织 2015—2017 年举行的关于生态农业多方区域性会议上也进行了研讨，这些研讨将民间社会价值纳入生态农业，补充了生态农业的科学文献基础，国际和联合国粮农组织专家随后又进行了多轮修改。Altieri, M.A. 1995。《生态农业：可持续农业科学》。CRC 出版社。 Gliessman, S.R. 2015。《生态农业：可持续粮食体系生态》，第三版。美国佛罗里达博卡拉顿，CRC 出版社，Taylor & Francis 集团。

5. Prabhu, R., Barrios, E., Bayala, J., Diby, L., Donovan, J., Gyau, A., Graudal, L., Jamnadass, R., Kahia, J., Kehlenbeck, K., Kindt, R., Kouame, C., McMullin, S., van Noordwijk, M., Shepherd, K., Sinclair, F., Vaast, P., Vågen, T.-G. & Xu, J, 2015。《复合农林业：兑现其作为一种生态农业方式的承诺》。见：联合国粮农组织。《促进粮食安全和营养的生态农业：联合国粮农组织国际研讨会纪要》，第 201-224 页。罗马。

6.联合国粮农组织，2011。《节约与增长：小农作物生产可持续集约化决策者指南》。罗马。

7.联合国粮农组织，2014。《家畜品种提供的生态系统服务，重点强调小规模养殖户和牧民的贡献》。粮食和农业遗传资源委员会背景研究报告第66号，Rev.1（详见：www.fao.org/3/a-at598e.pdf）。

8. Ridler, N., Wowchuk, M., Robinson, B., Barrington, K., Chopin, T., Robinson, S., Page, F., Reid, G., Szemerda, M., Sewuster, J. & Boyne-Travis, S, 2007。《综合多营养水产养殖：农民潜在的战略选择》《水产养殖经济学和管理》，11: 99-110。

9.联合国粮农组织，2010。《可持续膳食与生物多样性：政策、研究和行动的方向与解决方案》。罗马。

10.联合国粮农组织，2017。《可持续农业与生物多样性互相促进》。罗马。

11. Halwart, M., Bartley, D. M, 2007。《水稻生态系统中的水生生物多样性》，第181-199页。见：Jarvis, D., Padoch, C., D. Cooper (eds.)。《管理农业生态系统中的生物多样性》。不列颠哥伦比亚出版社，第492页。

12. Holt-Giménez, E, 2008。《农民之路运动的呼声：发展可持续农业》。SIMAS：马那瓜。

13.联合国粮农组织，2016。《土壤和豆类：生命的共生关系》。罗马。

14.联合国粮农组织，2017。《可持续农业与生物多样性互相促进》。罗马。

15.联合国粮农组织，2016。《推广综合粮食体系—利用古老的中国智慧》。南南合作（详见：http://www.fao.org/3/a-i4289e.pdf）。

16. Angima, S.D., Stott, D.E., O'Neill, M.K., Ong, C.K.& Weesies, G.A, 2003。《利用RUSLE方法预测肯尼亚中部高地土壤侵蚀情况》。农业、生态系统和环境，97: 295-308。

17. Krätli, S., Shareika, N, 2010。《在不确定性中谋生：旱地牧民的科学放牧方法》。Eur. J. Dev Res., 22：605-622。

18.联合国粮农组织，2014。《家畜品种提供的生态系统服务：小规模养殖户和牧民的贡献》。粮食和农业遗传资源委员会第66号背景研究报告，Rev.1（详见：www.fao.org/3/a-at598e.pdf）。

19. Ladha, J.K., Pathak, H., Krupnik, T.J., Six, J. 与 van Kessel, C, 2005。《氮肥在谷物生产中的效率问题：回顾与前景》。农艺学的进步，87: 85-156。

20. Mead, R. 与 Willey, R.W, 1980。《"土地当量比"的概念与间作的单产优势》。实验农业，16(3): 217-228。

21. Buresh, R.J., Rowe, E.C., Livesley, S.J., Cadisch, G., Mafongoya, P, 2004。《捕获深层土壤养分的机遇》，第109-125页。见 van Noordwijk, M., Cadisch, G., Ong, C.K.（编辑），《热带农业生态系统的地下相互作用》，国际农业与生物科

学中心，沃灵福德（英国），第440页。

22.联合国粮农组织，2017。《可持续农业与生物多样性的相互促进作用》。罗马。

23. Holt-Giménez, E, 2002。《衡量尼加拉瓜农民在飓风"米奇"后的生态农业抵御能力：对土地参与式可持续性管理的影响监测案例研究》。农业、生态系统和环境，93: 87-105。

24. Perfecto, I., Vandermeer, J, 2010。《生态农业矩阵：土地节约/农业集约型模式之外的另一种选择》。美国国家科学院院刊，107 (13):5786-5791。

25.联合国粮农组织和亚洲开发银行，2013。《性别平等和粮食安全——通过妇女赋权抗击饥饿》。亚洲开发银行：曼达卢永，菲律宾。

26.联合国粮农组织，2017年。《粮食和农业的未来：趋势与挑战》。罗马。

27.世卫组织，2015。《肥胖和超重》(www.who.int/mediacentre/factsheets/fs311/en/)。

28.国家植物遗传资源局(ICAR)，2013。《我们为什么要保护植物遗传资源？》（详见：www.nbpgr.ernet.in/)。

29.联合国粮农组织/国家农业研究所，2016。《可持续农业的创新性市场——市场体制的创新如何鼓励发展中国家实行可持续农业》。罗马。

30.联合国粮农组织/国家农业研究所，2018。《为生态农业打造市场——分析推广生态农业产品的多种选择》。罗马。

31.联合国粮农组织，2017。《粮食和农业的未来：趋势与挑战》。罗马。

32.联合国粮农组织，2014。《粮食浪费碳足迹全部成本核算：最终报告》。罗马。

附录C　主席概要

第二届国际生态农业研讨会：推广生态农业　实现可持续发展目标
2018年4月3—5日，罗马

主席概要

本文是主席为了记录各利益相关方和专家在专题研讨会期间所做出的诸多贡献，在粮食及农业组织编写的专题研讨会完整报告中会有更全面的记载，它并不反映每个与会者或参会成员国的意见和观点。

第二次国际生态农业研讨会在联合国粮农组织总部举行，汇集了来自72个国家的政府代表、约350个非政府组织以及来自6个联合国组织的代表。会议分析了应对农业粮食体系所面临挑战的经验、案例和公共政策。

在第一届国际生态农业粮食安全和营养研讨会（2014年9月于罗马召开）基础上，2015年6月至2017年11月[①]期间，联合国粮农组织召开了7次区域性生态农业利益相关方会谈。与会者探讨了来自基层的解决方案、经验和做法，并在生态农业的基础上阐述了让农业更具恢复力、更加公平和更赋予社会正义的转型愿景。第二届国际研讨会指出我们来到了一个转折点：现在是推广生态农业的时候了。

许多人认为，绿色革命所倡导的增产方法并不具有可持续性，不足以消除饥饿和贫困，不足以应对自然资源枯竭、环境退化和生物多样性丧失的挑战，也不能够适应气候变化的需要。人们普遍认识到，为了实现《2030年可持续发展议程》，迫切需要促进粮食种植、生产、加工、运输、分配以及消费方式的变革。生态农业可带来诸多益处：提高粮食安全和抵御力，促进生计和地方经济，增加粮食生产和饮食的品种，促进健康和营养，保护自然资源、生物多样性和生态系统功能，提升土壤肥力和土壤健康，适应和缓解气候变化，增强妇女权能，以及保护地方文化和传统知识体系。生态农业往往与有机农业形成协同作用。

普遍认为，法律和监管框架的实施需要确保向基于生态农业的可持续农业粮食体系做出转型改变，同时要尊重、保护和实现农民权利，向他们提供获

[①]联合国粮农组织，2018. 促进对话与合作，推广生态农业：联合国粮农组织生态农业区域研讨会成果（http://www.fao.org/3/I8992EN/i8992en.pdf）。

得土地、水和种子等生产资料的机会。人们广泛认识到，必须确保家庭农场①，特别是小农、妇女和青年作为生态农业的历史主体，积极参与到公共政策的对话空间中，制定有利于推广有机农业的政策。这不仅会促进生态农业的传播，也会推动政策和体制改革，拉动投资；而这些改革和投资会支持生态农业应用使粮农系统朝着可持续的发展方向转变。只有全球粮食和耕作系统的每一份子——从小农及其家庭到细心的消费者都积极参与其中时，才能实现可持续。促进农场多样性，加强地方粮食体系，重视传统知识，保障土地和经济资源的公平获得权，以及尊重世界各地多样的粮食文化，是生态农业的核心部分。

　　普遍观点认为，推广生态农业是未来十年的前进方向，是促进和实现《2030年可持续发展议程》，特别是"可持续发展目标2"——关于消除饥饿、粮食安全和可持续农业的目标——的战略方针和手段。事实上，人们认为生态农业有助于实现其他多项可持续发展目标，它是一项最综合、最全面、最整体的方法，将直接惠及《2030年可持续发展议程》致力于要帮助的人群。为了实现可持续发展目标，世界上不同农业系统需要从不同角度出发，利用多种途径（尽可能以生态农业原则为基础），向可持续农业粮食体系过渡。

　　以下国家的农业或环境部长介绍了他们和生态农业有关的观点和举措：安哥拉、布基纳法索、哥斯达黎加、法国和匈牙利。中国和伊朗的常驻代表以及罗马教廷大主教也做了发言。提出的问题包括：需要推广生态农业以实现可持续发展目标；为此，农业必须从根本上进行变革；许多国家已经有了相关的政策、法律、目标和具体成果；需要完善法律制度，加强与生态农业相关的技术及机构能力；生态农业对于粮食主权和减少对粮食进口的依赖是必要的；气候变化、沙漠化和缺水是许多国家面临的主要挑战。生物多样性是生态农业的重要组成部分；农民必须能够依靠工作过上体面的生活；避免各自为政，并就创新的综合办法进行合作；需要开展国际对话以取得进展；参与实际成本核算；需要制定政策，但也需要进行社会动员；需要将生态农业作为《联合国家庭农业十年（2019—2028年)》的一部分；欢迎阿拉伯国家区域间就生态农业开展合作。

　　在过去4年里，联合国粮农组织开展的利益相关多方会谈收获颇丰，其为继续在全球和区域层面开展此类对话所做出的努力得到了广泛认可。与会者在以上工作成果以及推广"生态农业推广举措"的基础上②，制订了一系列方案，

---

　　①家庭农场是指小型农户及中型农户，包括农民、本地居民、传统社区、渔民、山区农民、牧民以及许多代表世界各区域及生物群落的其他群体。他们经营着多样化的农业系统，保护土特产粮食，为均衡饮食和保护世界农业生物多样性做出了贡献 (联合国粮农组织家庭农业知识平台，2018年；http://www.fao.org/family-farming/en/)。

　　②推广生态农业倡议：转变农业粮食体系，实现可持续发展目标（国际生态农业研讨会预备提案，2018年4月3—5日），http://www.fao.org/3/ I9049EN/i9049en.pdf。

具体说明了利益相关方应该如何用多种方式加强农民现有的生态农业系统，并通过利用生态农业原则和做法，促进向可持续农业和粮食体系过渡。附件1中的主要举措是供审议的选项。

未来方向

许多人认为，生态农业是促进粮食体系内必要转型的重大机遇；与会者认为，迫切需要不同的利益相关方做出多种承诺。根据区域进程工作成果、第二届国际生态农业研讨会以及"生态农业推广举措"中所涉及的工作领域，会议强调了联合国粮农组织坚持生态农业的重要性，以及广泛发展生态农业的必要性，并在尊重生态农业原则和地方经验的同时，给予各国和各利益相关方以支持，以发展生态农业。许多与会者还指出，在未来10年内，利益相关方采取多种途径参与到生态农业建设中，包括：

政府：制定相关政策和法律，以促进并支持生态农业和可持续粮食体系，包括支持生态农业和家庭农场主，尤其是小农、妇女和青年相关政策落实到位。

联合国粮农组织：于2018年向联合国粮农组织农业委员会提交一份选项文件，以便根据本主席概要和专题研讨会最终报告（包括对推广生态农业倡议详细10年行动计划的考量）中所包含的潜在要素将生态农业纳入主流。

联合国粮农组织：通过包括全球重要农业文化遗产论坛在内的不同方案和战略架构，继续执行联合国粮农组织加强生态农业工作的任务，并与小规模生产者组织及各国政府展开合作，包括通过促进对话和分享数据等方式支持生态农业在国际、国家和当地层面的实施。

联合国粮农组织：与其他国际组织、学术界以及研究机构一起，带头促进新方法和指标的制定，在生态农业十大要素[①]基础上，衡量农业粮食体系在除土地或农场产量外的可持续性表现。这样做的目的是在评估《2030年可持续发展议程》进程的整体框架下在国家层面农业系统的稳定性。

[①]《生态农业十大要素：引领面向可持续农业粮食体系的转型》，可在此网站查询http://www.fao.org/3/I9037EN/i9037en.pdf.《生态农业十大要素》是大家共同努力的成果。它们源自生态农业领域具有开创性的科技文献——特别是：生态农业五项原则，Altieri, M. A. (1995)；农业5个层次，Gliessman (2015)。2015—2017年联合国粮农组织关于生态农业的多方区域会议期间，以研讨会形式进行了讨论。这些讨论奠定了生态农业要素的科学基础，其中还纳入了民间社会对生态农业的价值观。随后，国际和联合国粮农组织专家对其进行了几轮修订。Altieri, M.A. 1995.生态农业：可持续性农业科学。CRC出版社。Gliessman, S.R. 2015.生态农业：可持续粮食体系生态学。第三版。美国，佛罗里达州，CRC出版社，泰勒弗朗西斯出版集团。

　　"生态农业推广举措"的联合国合作伙伴，包括粮食及农业组织（FAO）、国际农业发展基金会（IFAD）、世界粮食计划署（WFP）、《生物多样性公约》（CBD）、联合国环境规划署（UNEP）和联合国开发计划署（UNDP）：相互协调配合，根据各自的任务和专长，通过政策、科学、投资、技术支持和宣传，推广生态农业，并将生态农业知识推给社会上所有的参与者。

　　粮食及农业组织和国际农业发展基金会：以《联合国家庭农业十年（2019—2028 年）》为契机，提高国际社会对家庭农业重要性的认识，并将家庭农业与生态农业连接起来，实现可持续发展。

　　粮食及农业组织和世界卫生组织：以 2016—2025 年《联合国营养十年计划》为契机，提高国际社会对家庭农业和生态农业对实现全民健康和营养重要性的认识。

　　私营领域的中小企业和投资者：探索生态农业的潜力以及相对不同且具有创新性的投资方式，根据生态农业原则和相关国际框架，增加对生态农业的责任投资[①]。

　　基金会和资助者：将生态农业视为粮食体系转型和应对挑战的机会，增加对生态农业中环境、经济和社会部分的长期资助，如共同积累知识、向多个利益相关方（特别是小农组织、非政府组织和政府）提供资助。与出资者和基金会网络进行合作，增加对生态农业的可持续资助。

　　家庭农场和小农：继续为其社区和世界各地的城市提供粮食，分享他们的知识和经验，利用其网络以及农民对农民的方式推广生态农业，如建立生态农业学校，为社会提供多重惠益，促进基于生态农业与传统知识和实践的参与式创新。

　　民间社会组织：通过生成知识、促进认识并倡导在世界范围内扩大生态农业系统，保持对生态农业运动的支持。小农组织和民间社会组织在本次研讨会上的宣言将纳入研讨会的最终报告。

　　学术界和研究机构：提高关于生态农业的培训和研究力度，包括拓宽科学领域，以加强和巩固关于生态农业影响的证据基础；让农民参与生态农业进程，尊重并传播农民的传统知识及其知识体系。为可持续粮食体系制定新的方法和指标（不仅仅以产量为基础），包括建立在线合作平台以把相关参与者连接起来以促进知识的共同创新。拓宽研究议程，研究如何用更加高效的方法向数以百万计的农民广泛传播生态农业知识，并支持创新型生态农业农场（存在农民和研究人员的相互合作的农场）中的网络建设。

---

　　① 包括《国家粮食安全范围内土地、渔业及森林权属负责任治理自愿准则》《农业粮食体系负责任投资原则》和《尊重自由自愿、事先知情的认可权》[根据《联合国土著人民权利宣言》给予承认]。

消费者和公民：担当起粮食体系转型推动者的角色，以促进责任消费，并加强生产者和消费者之间的创新关联。要求私营部门和政府对生态农业给予更多支持和投资。

世界粮食安全委员会及其粮食安全和营养问题高级别专家小组：将审议粮食安全和营养问题高级别专家小组报告中本"主席概要"所确定的行动方案。该报告主要是关于可提高粮食安全和营养的可持续农业粮食体系的生态农业做法和其他创新。在2019年的政策圆桌会议上，专家小组将对其进行公布。

附件　推广生态农业的主要措施

1. 加强家庭农场主及其组织在保护、利用和获取自然资源方面的核心作用

（1）维护家庭农场、务农人员、土著民和消费者权利，特别是妇女和青年的人权。

（2）通过支持目前从事生态农业的家庭农场主之间的经验分享、知识和集体行动，推广生态农业。

（3）通过实施《国家粮食安全范围内土地、渔业及森林使用权责任管理自愿准则》，以及制定落实农民权利的监管框架（如《粮食和农业植物遗传资源国际公约》第9条），尊重、保护和实现家庭农场主的权利以及获得土地、水、森林、渔业和遗传资源等共同产品和自然资源的机会。

（4）承认、保护并利用传统及当地知识、文化和遗产，包括传统粮食。

（5）促进对生物多样性的动态管理，促进当地作物、传统作物以及牲畜品种的使用。

（6）支持产品多样化和种植业、畜牧业、水产养殖业和林业的一体化。

2. 促进经验和知识共享、合作研究和创新

（1）发展由家庭农场主导的参与性研究，促进共同创新。这种研究和共同创新以人为本，可培养集体解决系统性问题的能力，对气候变化有恢复力、成本低，并可增强家庭农场主的自主权，适合当地情况，可持续地利用自然资源，并能根据反馈结果不断完善。

（2）发展跨学科研究，填补研究空白，促进生态农业的技术、社会和体制创新。

（3）为家庭农场主建立网络，使他们能分享他们的创新，并为农民和研究人员之间在区域、国家、地方层面的合作建立多方利益相关方合作平台。

（4）投资小型家庭农场主主导的培训和知识共享，如建立农民生态农业学校，将生态农业纳入从小学到大学的培训和教育课程。

（5）记录生态农业在社会、经济、健康、营养、恢复力和社会公正等方面带来的惠益，包括定性和定量数据。

（6）制定分析框架，将其作为制定和执行政策的工具。

3. 促进基于生态农业的健康、营养和可持续产品的市场发展

（1）支持生态农业产品增值、支持更短的粮食供应链和创新市场，如制订公共采购计划以及在消费者与家庭农场主之间建立直接联系。

（2）利用消费者对健康和价格公平的产品的现有需求，加强生态农业，并进一步提高对生态农业产品惠益的认识，包括营养质量、健康和多样化生产系统对多样化饮食的重要性，以及改变以资源密集型生产系统为基础的消费模式的需要。

（3）促进小型生态农业社会企业，制定可促进生态农业小农产品（特别是加工产品和动物产品）的销售的监管框架。

（4）以团结为基础促进市场和经济发展，确保城市及农村贫困人口能够负担得起产自生态农业的粮食。

（5）促进地区型粮食体系向循环型粮食体系转型，在适当的情况下，与联合国粮农组织提出的全球重要农业文化遗产倡议联系起来。

（6）进行政策改革，提出激励措施，以改善地方粮食体系，加强生态农业家庭农场主的本地市场建设。

（7）开展关于生产和市场潜力的基线研究，为生态农业提供案例并监测其增长情况。

（8）推广有机农业。

4. 重新审视体制、政策、法律和财政框架，为建立可持续粮食体系促进生态农业转型

（1）改革各级法律和监管框架，确保在尊重人权，特别是食物权的长期目标和规划的基础上，综合并协调多部门粮食政策，向生态农业过渡。

（2）制定公共政策和倡议。在应对和适应当地情况的同时，坚持以人权为基础的普遍价值观；支持家庭农场主（特别是妇女）在推动生态农业方面的核心作用；这些公共政策和倡议应受到监测，以便可以进行不断完善和实行问责制。

（3）确保各项政策考虑到现有以及被忽视的生态农业系统（如畜牧业和个体渔业）对粮食安全和经济生活的重要性。

（4）为民众（特别是最边缘化群体）参与公共政策提供空间与支持，考虑包括妇女和青年在内的家庭农场的具体需求，让他们参与政策制定工作。

（5）改变衡量成功的标准。制定关于生态农业在环境、经济及社会领域方面的多标准指标。这些指标能用来衡量生态农业体系的长期表现，并内化包括真实成本核算在内的农业外化成本。

（6）按照相关农业投资原则，包括通过负责的公共和私人投资，向这些政策提供所需资金和投资，这些资金和投资会支持家庭农场主进行投资（他们是生态农业生产体系的主要投资者）。

（7）提高捐赠方及出资方对生态农业的支持力度，其中包括利用生态农业的气候基金。

（8）通过增进国会议员对生态农业的认识，采用支持生态农业的法律及预算。

（9）通过使用诸如农业生物多样性指数等指标，促使金融道德部门进行长期考虑和投资，多让储户重点参与，加强储户与取得生态农业贷款的人们之间的联系①。

（10）针对阻碍生态农业推广的私营企业，实施防止进行市场垄断的政策及立法机制。

（11）把拥有生态农业法律及政策框架的国家的知识和经验分享给对这些知识及经验感兴趣的国家。

（12）分析补贴对生态系统及自然资源利用的危害，并考虑对可持续农业及生态农业的支持。

（13）制定强有力的法规，保护自然资源免受污染及退化，避免对人类健康产生负面影响，奖励为社会创造多重福利的家庭农场。

（14）加强生态农业的国际合作，将发展生态农业作为优先事项纳入总部设立在罗马的组织机构（联合国粮食及农业组织、国际农业发展基金会以及世界粮食计划署）的工作当中。

（15）加强联合国粮农组织在制定公共政策以及组织监管活动中的关键作用（包括衡量农业绩效），为民主辩论营造空间，为讨论和沟通创造平台，从而协调公共和私营策略。

5. 用生态农业来衡量采用综合性与参与性的土地管理进程

（1）支持农业土地方案和生态规划。这些农业土地方案和生态规划可保障当地居民对土地和自然资源的权利，同时还可以让所有地方人员以综合、参与以及包容的方式进行跨部门的整合，重新将城市和农村连接起来。

（2）在尊重土著民的自由事先知情权（根据《联合国土著人民权利宣言》对此给予认可）这一原则基础上，将他们纳入土地发展进程之中。

（3）土著民等其他利益攸关方通过跨部门间形式多样的对话，解决土地矛盾。

（4）根据可推动粮食主权发展的一些生态农业的成功案例，鼓励土壤恢复，来满足社会边缘的家庭农场需求。

（5）通过继续加强民间组织的参与，扩大民主参与影响力，确保人权得到充分的尊重，从而保证生态农业有关法律和政策得以持续，进而生效。

（6）支持城市和乡村之间的互联网发展，从而让生态农业与保障粮食的倡议联系起来，例如《米兰城市粮食政策公约》。

---

①农业生物多样性指数，http://www.bioversityinternational.org/abd-index/。

（7）生态农业是知识和劳动密集型农业，发展生态农业可以推动青年就业。

（8）将生态农业的土地措施纳入与气候相关的规划中，包括《联合国气候变化框架公约》中提出的"科罗尼维亚农业联合工作"。

附录D　主题边会

生态农业创新研讨会

小组讨论成员

1. 蒙得维的亚农村地区负责人 Isabel Andreoni
2. Premium Hortus 首席执行官 Johannes Goudjanou
3. 安得拉邦政府农业部政策顾问 Vijay Kumar
4. 人类发展合作学院文化基金会（Hivos）主办的开放政府伙伴关系民间社会参与小组项目助理 Nout van der Vaart

主持人

哈佛大学科学、技术和社会研究员及法国国家农业科学研究院科学家 Allison Loconto

在研讨会期间，联合国粮农组织呼吁在创新博览会上展示成果。结果，我们最终收到了130份提案，挑选了其中30份提案，以海报形式进行展出。其中分别代表公共部门、私营部门、非政府组织以及研究部门的四位创新者受邀参加了有关讨论。

在研讨会召开两周前，联合国粮农组织向参加研讨会的人员发布了一个在线调查，提出了两个简单的问题：

（1）生态农业创新的主要特点是什么？或者说应该是什么？

（2）为什么这些特点对生态农业向可持续的粮食体系转型至关重要？

回答富有见地，围绕当地、农民以及生态知识这几个方面展开。具体有：

生态农业创新应该具有气候恢复力、以人为本、以女性为主导等特点。需要将科学研究、传统知识、更强的理论知识以及农民的田间试验结合起来，为研究提供信息，从而应对挑战。

生态农业创新应该具有成本低、操作简便（人性化）、高效且可持续、环境友好、天然、无化学物质和可复制的特点，并能通过农场或地区的投入改善生物多样性。

生态农业创新要因地制宜，促进赋权，并根据反馈做出调整。这些做法以生态农业体系的生态发展过程为基础，并构成社会发展的一部分。

这些特点为何重要？总的来说，对于粮食、农场、农民、生物多样性以及农业体系而言，可持续发展性是主要原因。具体如下：

为了使创新在农村地区发挥作用，必须在了解土著人民的需求和愿望的同时满足他们的需求。

生态农业被理解为是一个系统性的建议，生态农业必须与占主导地位的经济体系及其价值观、原则、实践活动以及伦理道德进行对抗。为了达到这一目的，生态农业必须进行机构改革并确立新的实践和新制度，进而让人们能够在不依赖外界的情况下进行长期生产。

经受访者们证实，主导经济模式令许多农民边缘化，与之对抗的生态农业创新提供了一种可持续的方法，它也是发挥农民、妇女及土著人民的领导作用，降低人们对外界依赖的方式。

研讨会成员发言

1. 蒙得维的亚农村地区负责人 Isabel Andreoni

生态农业是经济相关且带有社会性的系统方法。社会公正和技术公平分配等原则是生态农业创新的关键组成部分。因此，需要分析区域和全球层面的公共政策和新机构是怎样形成，源自何处，以及如何鼓励参与，建立对话，促进知识交流，扩大管理和加强控制等领域，如何让农村人民参与进来。我们需要积聚力量解决系统性问题，从而实现社会包容和可持续性发展，以对抗目前面临的权力失衡现象。

2. Premium Hortus 首席执行官 Johannes Goudjanou

生态农业不仅仅是一系列实践，还是一个支持生态农业生产者的平台。创新首先必须要因地制宜，从地方基层和国家经验中汲取灵感。通常问题在于我们能否通过生态农业创新来创办可行且随时间推进可持续发展的公司。通过实施可持续的商业计划，我们认为这是可能的。生态影响力也是关键，某些类型的生态农业创新不能产生足够影响。因此，我们必须确保我们的生态农业创新具有积极影响。生态农业创新还必须是技术性的，如果我们不能解决所使用的技术问题，就毫无竞争力可言。

3. 安得拉邦政府农业部政策顾问 Vijay Kumar

生态农业本身就是一种创新。它打破常规，与占主导地位的化学品密集型模式反向而行。农民的生计是关键，由于绿色革命技术及其对水和土壤肥力的负面影响，农民们危机重重。例如，在印度，我们如何帮助安得拉邦的600万农民(其中85%为小农，5%为女户主家庭)以可持续发展的方式养活自己？这就是生态农业创新可以发挥作用的地方。知识传播和价值链创新正在转变农民的行为方式，使其与自然保持和谐。由农民领导，推广服务创新，再由政府部门完善和落实。由此可见，政府支持对实现这一转型变革至关重要。

4. 人类发展合作学院文化基金会（Hivos）主办的开放政府伙伴关系民间社会参与小组项目助理 Nout van der Vaart

创新可以采取许多不同的形式进行：可以是农学创新，但为了确保得到普遍理解，创新也应是社会创新。这需要得到各国政府的正式承认，并将其纳入国家发展计划和政策当中。政府应该承认小农在塑造更可持续的粮食体系方面的作用，即通过提供培训、筹集资金和开发多种作物市场来营造有利的政策环境。这些农业社群应该以有意义的方式参与生态农业决策。最后，生态农业创新应该考虑性别问题（例如，土地分配不均问题）。任何创新都必须以保持青年在农业中的地位为导向。如果今天的青年得不到培训，粮食发展就没有未来。

互动式讨论

蒙得维的亚农村地区主任 Isabel Andreoni

首先，生态农业要致力于实现"规模""竞争力"以及"可行性创新"等术语的去殖民化。生态农业并不是类似于绿色革命的技术创新，恰恰相反，它本身就是一个再生的系统，而不仅仅是创造资本。因此，我们必须考虑公共政策在整个生产到消费过程中所发挥的作用。这些政策应该如何实施呢？公共政策作为这个领域的成果，必须加以整合。要有各方利益相关者的参与——而这也是实现彻底转变的关键。必须将生态农业视为一个生产系统，因此一些政策需要挑战现有制度：政策是如何产生的？什么时候产生的？社会变革是如何发生的？这个问题我们已经探讨了很多。对需要进行转型的技术来说，我们必须对它们进行社会建构。在一个地方适用的政策并不一定适用于其他地方。公共政策必须考虑到这一点，既要追求公正的普遍性，又要考虑到各个地域的特殊性。最后，社会经济和生态农业需要对资本主义制度进行改造，但这需要时间。必须按照当地变化和新确立的文化来废除现存的文化，除了资本主义制度之外，我们还有其他的选择。

安得拉邦政府政策顾问 Vijay Kumar

生态农业农民面临的最大挑战就是要与绿色革命以及"哑巴"农业所产生的后果抗衡。"哑巴"农业不需要农民掌握任何知识，只需要懂得如何使用技术即可。农民们需要在彼此之间传播生态农业理念，让他们更能认识到生态农业使他们更贴近自然、生物多样性和土壤。农民是生态农业的领导者，也是科学家。这是因为他们的生存取决于生态农业实践而不是已发表的文章。我想要澄清的是，我并不反对技术，但是人类的参与也同样重要。我们的工作是弄清楚如何在不歪曲农民的农业传统和文化的情况下教他们掌握技术。我们需要评估所有创新活动，确保这些活动能与自然保持和谐。我们既要保留传统，又要维护现代性。

中国社区支持农业联盟创始人 石嫣

于我们而言，创新是一种传统。因为纵观数千年以来我们的农业发展，越是寻求农业创新，就越能在我们传统农业体系中发现创新的存在。大学和政府提供了许多创新想法，但只有很少一部分为农民所知，因此我们必须结合传统与创新。在中国，传统更加耐人寻味。你是否曾在你们国家的历史中找到这种联系呢？农民们是如何进行创新的？

首席执行官 Johannes Goudjanou Premium Hortus

生态农业创新首先是地区创新。我们往往会忽视经营的重要性，只专注于传统农场的管理。而现有的创新方法，需要以不同的方式管理。生态农业有许多的创新方法，但这些方法不全可行。例如，施生物肥料可以作为一种替代方法，但在进行推广前，我们需要对其产生的影响多加研究。其次是协调技术和生态农业创新之间的关系。我们需要创造一个提供各国生态农产品的平台来进行创新。最后是决策者在生态农业创新方面，需要支持当地创新者。我们要记住小农是最优秀的创新者，因为民以食为天，他们的生存与粮食生产息息相关。

人类发展合作学院文化基金会主办的开放政府伙伴关系民间社会参与小组项目助理 Nout va der Vaart

在我们位于赞比亚的粮食实验室，我们通过整合当地粮食体系的参与者，合力寻找解决路径，制定政策以及种植除玉米外更有营养的粮食作物，成功克服了知识与技术间的不匹配问题。

西班牙环境科学技术研究所 研究员 Petra Benyei

生态农业创新的问题在于如何重组经济，使之更惠及女性群体，一款应用并不能解决所有问题。正如前面所提到的，我们需要将创新的概念去殖民化。创新意味着提出一些比过去更加新颖、更与众不同的东西。生态农业富有创新性，让我们能够通过网络平台，更好地利用传统知识来工作。我对这种开源信息充满了希望。

农场黑客社区 Dorn Cox

我们在农场黑客官网上将农民网络与农场创新连接在一起，因为我们认为真正的创新源于农场。同时，我们要将这种创新从一个农场带到另一个农场。虽然我们遇到许多相同的问题，但低成本的开源通信技术却是革命性的。如果我们不掌握技术，就会被技术所控制。建造观测站是有可能的，因为每个农场都可以是一个观测站，都能和其他的农场进行交流。我们有本地语言的接口，但现在我们想要问的是如何提高文件和信息交换的速度？

环境与第三世界的发展（ENDA Pronat）主任 Mariam Sow

我负责环境与第三世界的发展。我们首先在上面研究肥料和投入。如果要发展一种能养活人类的农业，基于外部投入的"现代农业"并不是解决办法。我们必须研究生态农业，让创新有当地利益相关者参与。我们需要诚实反思，要遵循自上而下的模式还是按农民的专业知识来修改。此外，我们还需要一些研究机构去调查当地问题以找到答案。我们需要改变做法和政策，改变国际政策，这一点至关重要。国际机构仍在告诉我们要将重点放在增产上。控制市场十分关键，我们当地的农业并没有得到补贴，但却必须与有补贴的产品进行竞争。

麦克奈特基金会 Batmaka Some

我们需要重新思考创新的整体概念，有时我觉得我们忘记了当地的技术，我们的工作离不开协作网。农民是主要研究人员，而科学家和研究人员也是信息传播的媒介。我们需要发挥农民和研究人员在地方、国家、区域和全球各级之间的协同作用。复制做法固然重要，但我们不应忘记考虑当地实际情况以及社会背景。我们常常说"因地制宜"，当地人应该做出适合他们的选择。

总结

发言者得出的结论是，"创新"一词需要去殖民化。创新必须基于自己所掌握的知识，而非他人强加的东西。创新是一个过程，而不仅仅是一项技术，在这个过程中所产生的新规则以及合作方式能使大多数人受益，特别是生产粮食的农民。

为了实现这一目标，发言者特别强调，需要与决策者、国家及国际机构、民间社会，尤其是农民一道共同努力。这些利益相关者必须将生态农业本身视作一种创新来推动，而农业生产价值应纳入国家、双边和多边机构的政策框架之中。最后，所有研讨会成员都赞成生态农业应以青年和妇女为主导，并且生态农业是为了今世和后代而准备的。

"生态农业之友"以及联合国驻罗马粮农三机构

小组讨论成员
1. 联合国粮食及农业组织 副总干事　Maria-Helena Semedo
2. 国际农业发展基金（IFAD）副总裁　Cornelia Richter
3. 世界粮食计划署（WFP）干事　Stephanie Hochstetter
主持人
瑞士驻联合国粮农组织、农发基金和世界粮食计划署大使和常驻代表 Francois Pythoud

"生态农业之友"组织了本次活动。该组织由来自巴西、中国、科特迪瓦、法国、匈牙利、日本、塞内加尔、瑞士和委内瑞拉的常驻代表组成。

举行周边会议的目的是展示3个总部驻罗马的机构为保证粮食安全及营养而推出的计划和政策对生态农业所产生的不同成果。本次会议同时也作为总部驻罗马机构的一个平台，用于交流与生态农业实践和可持续粮食及农业体系发展潜力有关的地区及国家经验。

会议分成3个部分：

（1）生态农业转型具体行动摘要。

（2）展望《2030年可持续发展议程》，总部驻罗马的机构在未来支持生态农业发挥更大作用的主要驱动力及期望。

（3）与参会者进行公开讨论及交流。

Maria-Helena Semedo 对会议进行了介绍。她提到了2014年举办的第一届国际生态农业研讨会所取得的成果。该研讨会极大地提升了人们对生态农业方面的兴趣，同时强调该研讨会在实现粮食安全及营养方面、气候变化《巴黎协定》以及可持续发展目标方面所发挥的重要作用。她还补充提到了生态农业区域研讨会。该研讨会由联合国粮农组织在撒哈拉以南非洲、亚太地区、欧洲和中亚、北非和近东以及拉丁美洲和加勒比等地举办，它对于把生态农业从地方层面扩大到国际范围发挥了至关重要的作用。最后，她还谈论了联合国粮农组织正在探索的其他领域，这些领域在有利的政策环境下，熟练避免了生态农业实施中所遇到的阻碍，从而推动了生态农业进行转型。

Cornelia Richter 认为，当前国际农业发展基金活动表明生态农业是可持续发展目标的主要贡献来源，且有助于实现减贫任务。科妮莉亚·里克特举例说，国际农业发展基金在推动小农户以确保他们采用企业化的耕作方法，并能在适应气候变化方面，侧重农村家庭和妇女。她提到国际农业发展基金的项目和方案采用多层次办法，包括国家政策对话战略，吸收其他国家在生态农业原则方面的经验。她还提到国际农业发展基金致力于通过项目和方案，采用统筹兼顾的方法来推广生态农业，还需要继续与其他两个阿拉伯国家区域局密切合作。

Stephanie Hochstetter 描述了根据目标2制订的反映生态农业原则的世界粮食计划署战略计划，并以此结束了本次活动的第一部分。她提到，世界粮食计划署的方案可能没有明确使用"生态农业"一词，但其在与合作伙伴和公共政策协作的同时，采取人道主义干预和购买当地粮食，反映了生态农业的十项要素。

马达加斯加在生态农业方面的主要经验是本次活动第二部分的开端。马达加斯加是一个农业国家，生态农业对农民来说充满发展前景，包括从获利的角度考虑。该国成功地制订了一项工作组管理计划，该工作组负责制定政策框架，并协调干预生态农业措施。因此，马达加斯加期望这3个区域农业研究所通过南南合作在国家以及国际层面支持政策框架、技术需求和能力建设，来分享生态农业经验和成功的案例研究。

马达加斯加发表生态农业经验之后，有人对有机农场的误解发表了评论，这些误解包括有机农场规模小，因而缺乏更节能和更节水的大规模有机农业技术。区域农业局通过开展不同规模的农民合作，促进吸收传统知识的研究，鼓励年轻一代从事农业，为农民建立投资和融资机制等措施解决了这一问题。

在结束第二部分活动时，印度慢食厨师联盟领导者兼主厨Rajdeep Kapoor强调了慢食原则，提倡减少浪费，减少碳足迹，多吃本地食物，季节性饮食和健康生活。他希望阿拉伯国家区域局制订计划，让那些被遗忘的作物重获生机，保持生物多样性，保持土壤健康，并提高人们对生态农业的认识。他还对阿拉伯国家区域局引入可持续农业改革和在农民、生产者和厨师、消费者之间建立直接的价值链有着强烈的兴趣。

公开讨论产生的关键问题

与会者应邀进行了公开讨论，会上强调了以下要点：

（1）我们有必要重新思考如何在这个领域进行干预，可以从之前的生态传统实践（如在种子领域）中学习经验。

（2）区域农业研究所需要携手合作，对生态农业产生变革性影响，这也会影响到联合国全系统的政策，特别是秘书处的政策。在零饥饿、粮食安全和农村发展方面，新秘书长为未来几年提出的建议软弱无力。

（3）我们还需要通过农发基金近期为青年人建立交流平台，与青年人开展更多生态农业意识和经验分享工作。

（4）由于生态农业是一个发展过程，需要通过多方利益相关者参与才能得以实现，通过创新方法，我们有可能看到生态农业的局限性以及面临的挑战，因此，农发基金是切合实际的。

（5）联合国粮农组织正处于向生态农业过渡的时期，我们可能无法达成一致，但必须要找到实施途径。

专题小组成员的最后发言

Maria-helena Semedo对与会者提出的这些良好建议感到高兴。这些建议为联合国粮农组织的规范性工作提供了参考，例如创造对话空间、帮助各国制定政策框架、支持分享良好实践、就气候变化等其他交叉问题为农民提供建议以及通过项目和计划与常驻罗马联合国粮农机构展开合作。

Cornelia Richter 注意到了与会者的不同期望，这些期望为农发基金的组织战略铺平了道路。她提议建立生态农业的商业模式，并与阿拉伯国家区域局一道，明确扩大规模和提高消费者意识的优势和差距。

Stephanie Hochstetter 提到，虽然粮食计划署在实现可持续发展目标方面发挥了很大的作用，但它在生态农业方面的作用较小，然而，通过与其他阿拉伯国家区域局进行合作，世界粮食计划署将发挥出更大的作用。她解释说，由于总部驻罗马的机构（RBAs）不断增强抵御能力，特别是通过非洲土地再生，牧民和基础设施之间继续发展联合计划和补充计划，开展合作。阿拉伯国家区域局之间的这种合作能够让每个组织通过其不同的竞争优势来取得所期望的成果，实现共同的愿景。

弗朗索瓦·皮索德（Francois Pythoud）总结道，这次会外活动是一个应对生态农业各种目标的机会，包括创新和技术支持、政府合作、宣传和农民互动、金融家合作，让年轻人加入进来并与常驻罗马联合国粮农机构建立伙伴关系。

战略筹资——捐助者加速向生态农业粮食体系过渡

小组讨论成员
1. APPI 首席执行官 Ananthapadmanabhan Guruswamy
2. 全球环境基金项目部门 Mohamed Bakkar
3. 法国农业和渔业、农业综合企业和森林部项目官员 Ludovic Larbodiere
4. 克里斯滕森基金会 Kyra Busch

主持人
全球粮食未来联盟执行总监 Ruth Richardson

生态农业基金组织了本次会外活动，这是一个支持生态农业实践和政策的多方捐助基金。此次边会把捐助者召集在一起，协调各方努力，确定统一原则并为实现可行的粮食体系展开合作。

Ananthapadmanabhan Guruswamy 在开始讨论时首先解释说，他的组织致力于识别以小农户为主的弱势群体，并对他们提供支持。他还强调了许多小农户财务状况不稳定的问题，并强调与土著民组织进行合作的必要性。他还强调了与以农民为核心的生态农业粮食体系讨论的重要性，以及要寻找超越当前生态的做法。捐助者必须与政府合作，让生态农业在政府中找到立足之地，促进生态农业发展，投资宣传，让所有农民受益。捐助者需要继续支持农民，但是他们也需要促进国际以及国家和地方间的讨论。他的结论是，在我们看到系统发生变化之前，我们必须改变叙述方式，还要增加我们对生态农业实践和循证框架的知识。

Mohamed Bakkar简要介绍了全球环境基金的工作，重点强调了对不同公约的支持工作。他提到与包括联合国粮农组织在内的18个机构合作的不同工作领域，需要为农民创造更多使用创新技术的机会，以及需要消除隐形障碍，如与农业相关的风险。此外，他表示有必要后退一步，将生态农业应用到商业方法中。这种方法将对农民进行培训，使其能够独立调动资金。他在发言结束时说，国家要创造有利条件，要与政府相关部门密切合作，特别要改善生态农业对社会、健康、经济和环境的影响的循证基础。

Ludovic Larbodiere表示，自2012年以来，法国政治议程优先发展生态农业，包括通过建立法律和管理框架来进一步加强现行的方案。例如，他分享了法国和联合国粮农组织自2014年以来的合作。关于生态农业问题，法国正在提供财政支持，借调专家和支持组织国际专题研讨会和区域协商。生态农业是制定创新政策的关键因素。这些政策不仅可以为农民提供更好的收入，而且可以激发年轻技术人员的积极性，促进健康饮食，提高消费者意识。他建议在培训、教育和农民交流上加大投入，并将生态农业放在国家政治议程的重要位置。他总结说，全球联盟在这一进程中可发挥重要作用，生态农业是跨领域的，这意味着将生态农业纳入主流需要综合方案和政策。

Kyra Busch解释说，克里斯滕森基金会（Christensen Fund）将工作重点放在农业生物多样性和粮食安全上。她强调说，我们必须将食物、土地和人放在一起研究，因此景观方法是要研究的方向。她也通过社区方案和流域方案强调了土著民的重要性，并支持以可行的粮食体系和各种规模的资源调动模式为基础的经济福利的想法。生态农业有能力整合诸如劳动力、移民、粮食和土地利用等各种议题，这意味着生态农业不仅仅是农业的另一种形式。加强政策所有权很重要。她提到，挑战在于实施这些政策。因此，有必要确定适当规模来让问题和规模相匹配，并寻找当地经济体中的其他资金来源。她最后指出，需要改变只有大公司才能推广计划并带来重大变化的这种误解。

公开讨论中产生的关键问题

除了上述表述外，还重述了与会者的主要观点：

（1）需要将重点从项目转向长期干预措施。

（2）我们需要改变叙述手法——存在治理危机。

（3）对不当领域的投资，反映了管理问题。

（4）需要对社会运动和生产者进行投资和加强投资，使他们能充足准备，能与政府联络并调动资源。

会外活动的主持人Ruth Richardson在会外活动结束时邀请与会者参加一项

列出十项建议的调查，并要求他们只提供捐助者可以用来加速向生态农业过渡的三大首要战略。调查结果是：①营造有利的政策环境；②共创引人入胜的生态农业表述方式；③更好地将生态农业与其他关键问题联系起来。

与会者还提出了其他战略，例如：

· 确保国家政府、双边和多边资源作为固定投资。
· 通过有意义的伙伴关系让农民参与进来，形成出资和投资流。
· 列出和使用证据来支持出资和实施。
· 支持实施和行动。
· 确保投资和资源相匹配，从而加速规模转变。
· 针对生态农业的主流数据和数据平台、社区领导、教育和交流。
· 打造并量身定制投资生态系统，巩固投放到生态农业上的资金流。

附录E　小组成员和参会者

小组成员		
姓名	职务	机构
Roberto Gortaire Amézcua	农民	厄瓜多尔生态农业集体
David Amudavi	执行董事	Biovision非洲信托
Isabel Andreoni	主任	乌拉圭蒙德维农村
Luis Felipe Arauz Cavallini	部长	哥斯达黎加农业与畜牧业部
Markus Arbenz	常务理事	国际有机农业运动联合会
Beatrice Ayuru	创办人	乌干达里拉综合学校
Mohamed Bakarr	首席环境专家	全球环境基金
Martha Elena Federica Bárcena Coqui	墨西哥常驻代表、大使	墨西哥常驻联合国粮农组织代表处
Salvatore Basile	主席	国际生态区域网络
Batio Bassiere	部长	布基纳法索环境、绿色经济和气候变化部
Luiz Beduschi	政策官员	联合国粮农组织驻拉丁美洲和加勒比区域办事处
Million Belay	协调员	非洲粮食主权联盟
Rachel Bezner Kerr	副教授	美国康奈尔大学农业与生命科学学院
Ugo Biggeri	总裁	意大利Banca Etica银行
Fabio Brescacin	总裁	意大利NaturaSì公司
Clayton Campanhola	战略计划负责人	联合国粮农组织
Jeffrey Campbell	经理	森林和农业设备公司
Paula Francisco Coelho	部长	安哥拉环境部
David Cooper	副执行秘书	《生物多样性公约》（CBD）
Ibrahima Coulibaly	主席	马里全国农民组织协调会
Benjamin Davis	可持续农业战略项目负责人	联合国粮农组织
Paul Desmarais	主任	赞比亚卡西西农业培训中心
Hans Dreyer	司长	联合国粮农组织（FAO）植物生产及保护司
牛盾	代表	中国常驻联合国粮农组织、国际农发基金和世界粮食计划署
Mohammad Hossein Emadi	代表	伊朗常驻联合国粮农组织、国际农发基金和世界粮食计划署
Braulio Ferreira de Souza Dias	副主席	国际生物多样性组织受托管理委员会
Emile Frison	小组成员	可持续粮食体系国际专家小组
Arantxa García Brea	技术咨询顾问	毛里塔尼亚农村研究和国际农业中心

小组成员		
姓名	职务	机构
Dennis Garrity	高级研究员	世界农林中心
Barbara Gemmill-Herren	高级助理	世界农林中心
Stephen Gliessman	教授	加州大学圣克鲁兹分校
Johannes Goudjanou	首席执行官	生态农业农场
José Graziano da Silva	总干事	联合国粮农组织
Marion Guillou	董事会主席	法国农业食品、动物健康及环境研究联合体
Etienne Hainzelin	首席执行官顾问	法国国际农业研究与发展合作中心
Maria Heubuch	议员	欧洲议会
Stephanie Hochstetter	主任	世界粮食计划署/世界粮食安全委员会
Gilbert F. Houngbo	主席	国际农业发展基金
Yogesh Jadhav	首席运营官	印度巴里农村社区发展研究所
Rajdeep Kapoor	厨师	印度慢食厨师联盟
Melinda Kassai	负责人	匈牙利蝴蝶运动组织
Peter Kenmore	高级顾问	农民田间学校
Phemo Karen Kgomotso	生态系统和生物多样性区域技术顾问	联合国开发计划署
Ashelsha Khadse	协调员	印度 Amrita Bhoomi中心（助视会）
Vijay Kumar	政策顾问	印度安得拉邦农业厅
Anna Lartey	司长	联合国粮农组织粮食及营养司
Stéphane Le Foll	前部长、议员	法国农业部、国会
Allison Loconto	研究员	哈佛大学
Mercedes López Martínez	墨西哥代表	Vía Orgánica（墨西哥一家有机食品组织）
Bruno Losch	主任	治理创新研究中心
MetteLøyche Wilkie	司长	联合国环境规划署生态系统司
Raffaele Maiorano	副主席	全球农业研究论坛
Jane Maland Cady	国际项目总监	麦克奈特基金会
Janet Maro	执行董事	坦桑尼亚可持续农业组织
Philippe Mauguin	主席	法国国家农业研究所
Peggy Miars	主席	国际有机农业运动联合会
Daphne Miller	医学博士	美国加州大学旧金山分校
Leonard Mizzi	总干事	欧盟委员会国际合作与发展总局
Daniel Moss	执行董事	生态农业基金组织
Tabara Ndiaye	项目经理	塞内加尔西非联合行动农民组织

（续）

小组成员		
姓名	职务	机构
Gora Ndiaye	主任	塞内加尔凯达拉学校农场
Brave Ndisale	战略计划负责人	联合国粮农组织
Bernardete Neves	自然资源处处长	联合国粮农组织
Tu Thi Tuyet Nhung	参会代表	越南社区参与资源监测开发中心
Clara Nicholls	主席	拉丁美洲农业科学学会
Danielle Nierenberg	总裁	粮食智库
Bongiwe N. Njobe	主席	全球农业研究论坛
Paulo Petersen	执行主任	巴西家庭农业与生态农业协会
Hervé Petit	项目官员	无国界农艺学和兽医组织
Michele Pisante	顾问	《意大利农业研究》杂志
Andrea Elena Pizarro	研究员	巴西农业研究公司渔业和水产养殖
Pierre Pujos	农民	法国农村发展与农林复合发展项目
François Pythoud	代表	瑞士常驻联合国粮农组织、农发基金和粮食计划署
Juan Ribo Canut	市长	巴伦西亚市
Roberto Gortaire Ridolfli	特别顾问	联合国粮农组织
Hassan Roba	项目官员	牧场主兼克里斯滕森基金会
Rilma Roman	主任	古巴全国小农户协会
Adolfo Rosati	研究员	意大利农业研究和农业经济学分析理事会
Peter Rosset	教授	墨西哥弗朗特拉学院
María Noel Salgado	协调员	拉丁美洲和加勒比生态农业运动南锥体区域
Maedeh Salimi	项目官员	伊朗环境和可持续发展中心
Makhfousse Sarr	协调员	联合国粮农组织非洲区域办事处
Sultan Sarygulov	副会长	吉尔吉斯斯坦有机发展联合会
Dino Scanavino	主席	意大利农业联合会
高尚宾	副站长	农业农村部农业生态与资源保护总站
骆世明	教授	中国华南农业大学
宋一青	研究员	中国科学院
Mariam Sow	主任	塞内加尔国际环境与发展中心
Pasquale Steduto	区域战略规划协调员	联合国粮农组织驻近东和北非区域办事处
Ivo Strahm	处长	瑞士联邦农业局
Florence Tartanac	高级官员	联合国粮农组织粮食及营养司
Rolando Tencio Camacho	工程师	哥斯达黎加农业和畜牧业部

小组成员		
姓名	职务	机构
Silvano Maria Tomasi	大主教	罗马教廷
Eva Torremocha	教授	西班牙巴布罗·德奥拉维戴大学
Katalin Tóth	部长	匈牙利副国务卿、农业部
Stéphane Travert	部长	法国农业和农产品及林业部
Ann Tutwiler	总干事	国际生物多样性中心
Nout van der Vaart	项目助理	国际环境和发展研究所
Bao Waiko	主任	巴布亚新几内亚救助组织
Paul Winters	副总裁	国际农业发展基金
石嫣	创始人	中国分享收获
Nicole Yanes	协调员	《国际印第安人条约》理事会
Enrique Yeves	司长	联合国粮农组织 新闻传播司
Wei Zhang	生态系统服务团队负责人	国际粮食政策研究所

会员参会代表		
阿尔及利亚	Abdelhamid Sonouci Bereksi	大使、常驻联合国粮农组织代表
	Imed Selatnia	外交事务参赞、 常驻联合国粮农组织副代表
	Abdennour Gougam	秘书、常驻联合国粮农组织副代表
安哥拉	Paula Coelho	环境部部长
	Anete Ferreira	环境部部长顾问
	Julio Ferreira	环境部部长顾问
	Angelo Rafael	参赞、 常驻联合国粮农组织副代表
	Txaran Bsaterrechea	联合国粮农组织驻安哥拉罗达安办事处
阿根廷	Maria Cristina Boldorini	代表团团长、驻粮农组织大使、常驻联合国粮农组织代表处
	Nazareno Cruz Montani Cazabat	一秘、常驻联合国粮农组织副代表
匈牙利	Elisabeth Süßenbacher	可持续与旅游部代表团团长、 农业环境专家
比利时	Birgit Stevens	代表团团长、公使衔参赞、 常驻联合国粮农组织副代表
	Lieselot Germonprez	常驻联合国粮农组织代表处随员
	Virginie Knecht	常驻联合国粮农组织代表处随员

（续）

会员参会代表		
不丹	Zenebu Tadese Woldetsadik	代表团团长、 常驻联合国粮农组织代表处
	Tarekegn Tsegie Haile	公使衔参赞
	Mitiku Tesso Jebessa	常驻联合国粮农组织副代表
巴西	Antonio Otávio Sá Ricarte	代表团团长、 常驻联合国粮农组织副代表
	Gianina Müller Pozzebon	公使衔参赞、 常驻联合国粮农组织副代表
	Renata Negrelly Nogueira	常驻联合国粮农组织副代表
保加利亚	Petio Petev	代表团团长、大使、 常驻联合国粮农组织代表处
布基纳法索	Batio Bassiere	代表团团长、环境、 绿色经济和气候变化部部长
	Josephine Ouedraogo Guissou	大使、 常驻联合国粮农组织代表处
	Alicew Gisele Sidibe Anago	顾问、 常驻联合国粮农组织副代表
布隆迪	Justine Nisubire	大使、 常驻联合国粮农组织代表处
	Jean Bosco Ndinduruvugo	首席顾问、 常驻联合国粮农组织副代表
喀麦隆	Moungui Medi	代表团团长、 常驻联合国粮农组织副代表
加拿大	François Chrétien	代表团团长、农业和科学技术处副处长
	Mi Nguyen	参赞、 常驻联合国粮农组织副代表
	Jennifer Fellows	常驻联合国粮农组织副代表
智利	Tamara Villanueva	代表团团长、 常驻联合国粮农组织副代表
	Margarita Vigneaux	顾问、常驻联合国粮农组织代表处
中国	高尚宾	代表团团长、副站长
	王全辉	农业农村部农业生态与资源保护总站 国际交流处处长
哥伦比亚	Maria Camila Sierra	代表团团长、 常驻联合国粮农组织副代表
刚果	Marc Mankoussou	代表团团长、 常驻联合国粮农组织副代表
哥斯达黎加	Luis Fernando Ceciliano Piedra	参赞、常驻联合国粮农组织副代表
	Rolando Tencio Camacho	农业和畜牧业部

会员参会代表		
塞浦路斯	George Poulides	代表团团长、大使、常驻联合国粮农组织代表处
	Spyridon Ellinas	农业专员、常驻联合国粮农组织副代表
科特迪瓦	Kouame Kanga	顾问、常驻联合国粮农组织副代表
	Wroly Danielle Sepe Nee Sery	顾问、常驻联合国粮农组织副代表
	Eloi Victor Kambou	领事事务秘书、常驻联合国粮农组织代表处
刚果民主共和国	Albert Tshiseleka Felha	大使、常驻联合国粮农组织代表
	Dinka Phoba	随员、常驻联合国粮农组织代表处
	Chérif Alimi Bilubi	副代表
	Marcel Kapambwe Nyombo	顾问
	Kaputu Bamwangayi Batubenge	顾问
	Jean Pierre Batshingi Welo	顾问
	Peter Ilunga Kabongo	常驻联合国粮农组织代表处
	Grace Kabinga Diesse	常驻联合国粮农组织代表处
	Junior Kibwe Muya	常驻联合国粮农组织代表处
	Bonhomme Mbayo Kadiata	常驻联合国粮农组织代表处
	Longtemps Mutombo	常驻联合国粮农组织代表处
	Erik Mwema Mbayu	常驻联合国粮农组织代表处
多米尼加共和国	Mario Arvelo	代表团团长、大使、常驻联合国粮农组织代表处
	Julia Viciosovarelas	参赞、常驻联合国粮农组织副代表
	Diana Infante Quiñones	参赞、常驻联合国粮农组织副代表
	Liiudmila Kuzmicheva	参赞、常驻联合国粮农组织副代表
	Maria Cristina Laureano	常驻联合国粮农组织副代表
	Paul Besana	大使助理、常驻联合国粮农组织代表处
埃及	Hisham Badr Hisham Mohamed	大使、常驻联合国粮农组织代表
	Ahmed Shalaby A. Ahmed	参赞、常驻联合国粮农组织副代表
萨尔瓦多	Sandra Elizabeth Alas Guidos	代表团团长、大使、常驻联合国粮农组织代表
	Maria Abelina Torres De Meilliez	参赞、常驻联合国粮农组织副代表
	Carlos Alfredo Angulo Olivares	一秘、常驻联合国粮农组织代表处
	Elisa Maricela Flores Diaz	助理、常驻联合国粮农组织代表处
赤道几内亚	Cecilia Obono Ndong	代表团团长、大使、常驻联合国粮农组织代表
	Mateo Nsogo Nguere Micue	参赞、常驻联合国粮农组织副代表
	Mercedes Seriche Wiabua	二秘、常驻联合国粮农组织代表处

（续）

会员参会代表		
厄立特里亚	Kidane Asmerom	参赞、常驻联合国粮农组织副代表
爱沙尼亚	Ruve Schank	代表团团长
	Galina Jevgrafova	农业参赞、常驻联合国粮农组织副代表
埃塞俄比亚	Tarekgn Tseigie Haile	参赞、常驻联合国粮农组织代表处
	Mitiku Tesso Jebessa	常驻联合国粮农组织副代表
欧盟	Marco Bertaglia	欧洲委员会科学项目干事
	Pierluigi Londaro	处长、农业和农村发展总局分析与展望处
	Leonard Mizzi	国际合作与发展司
	Willem Olthof	首席顾问、常驻联合国粮农组织副代表
	Andrea Vettori	欧洲委员会土地使用与管理部环境总司副司长
	Maria Heubuch	欧洲议会议员
	Sonia Niznik	欧洲议会顾问
	Federica Guardigli	常驻联合国粮农组织代表处
	Valeriano Simone	常驻联合国粮农组织代表处
芬兰	Marja-Liisa Tapio-Bistrom	代表团团长、高级顾问、农林部
	Maurizio Sajeva	森林经济学家
法国	Stéphane Travert	农业粮食部部长
	Delphine Borione	代表团团长、大使、常驻联合国粮农组织代表处
	Jérôme Audin	参赞、常驻联合国粮农组织副代表
	Delphine Babin-Pelliard	农业顾问、常驻联合国粮农组织副代表
	Gemma Cornuau	高级顾问、常驻联合国粮农组织代表处
	Bruno Ferreira	农业粮食部办公厅主任
	Catherine Geslain-Laneelle	农业粮食部经济总监
	Frédéric Lambert	农业粮食部欧洲和国际服务处主管
	Ludovic Larbodiere	农业粮食部粮食及粮食安全办公室负责人
	Stéphane Le Foll	前农业粮食部长、国会议员
	Isabelle Mialet-Serra	科学顾问、常驻联合国粮农组织副代表
	Isabelle Ouillon	农业粮食部粮食及粮食安全办公室副主任

会员参会代表		
德国	Hinrich Thölken	代表团团长、大使、常驻联合国粮农组织代表处
	Heiner Thofern	常驻联合国粮农组织副代表
	Stefanie Von Scheliha-Dawid	联邦粮食和农业部办公室
	Angelina Balz	联邦粮食和农业部办公室
	Björn Niere	联邦经济合作与发展部高级政策官员
	Siegfried Harrer	联邦粮食和农业部
	Antonia Bosse	德国国际合作部
	Jutta Schmitz	德国国际合作部顾问
	Halina Maria Ehlers	常驻联合国粮农组织代表处
危地马拉	Sylvia Wohlers De Meie	代表团团长、参赞、常驻联合国粮农组织副代表
几内亚	Mohamed Nassir Camara	参赞、常驻联合国粮农组织副代表
海地	Emmanuel Charles	代表团团长、常驻联合国粮农组织副代表
	Jean Turgot Abel Senatus	参赞、常驻联合国粮农组织副代表
	Yves Theodore	参赞、常驻联合国粮农组织副代表
	Viktoria Galaktionova	大使、常驻联合国粮农组织代表
匈牙利	Katalin Tóth	代表团团长、副国务卿、农业部部长
	Ágnes Dús	常驻联合国粮农组织代表处协调员
	Dóra Egri	常驻联合国粮农组织代表处助理
	Lilla Egri	常驻联合国粮农组织代表处
	Anikó Juhász	农业经济学研究所所长
	Zoltán Kálmán	全权公使、常驻联合国粮农组织代表
	Viktória Schuster	粮食安全专家、常驻联合国粮农组织代表处
印度	Vijay Kumar	安得拉邦农业厅政策顾问
伊朗	Mohammad Hossein Emadi	代表团团长、大使、常驻联合国粮农组织代表
	Shahin Ghorashizadeh	常驻联合国粮农组织副代表
伊拉克	Mohammed Thaker Nori	常驻联合国粮农组织副代表
	Manar Harfoush	行政助理、常驻联合国粮农组织代表处
爱尔兰	Chris Somerville	代表团团长
	Damien Kelly	常驻联合国粮农组织副代表
以色列	Maya Federman	常驻联合国粮农组织副代表

（续）

会员参会代表		
意大利	Pierfrancesco Sacco	代表团团长、大使、常驻联合国粮农组织代表
	Filiberto Altobelli	常驻联合国粮农组织副代表
	Simonetta Baisi	常驻联合国粮农组织代表处
	Davide Bradanini	常驻联合国粮农组织副代表
	Giulio Cardini	农业、粮食和林业部干事
	Giulia Dell'Orso	常驻联合国粮农组织代表处
	Viola Gentile	农业、粮食和林业部联络员
	Elisabetta Lanzellotto	农业、粮食和林业部联络员
	Franca Melillo	常驻联合国粮农组织代表处
	Silvia Nicoli	农业、粮食和林业部农业官员
	Maria Pentimalli	外交与国际合作部国际组织战略官
	Cristiano Piacente	环境部部长
	Stefano Pisotti	外交与国际合作部国际组织副主管
	Mariastella Bianchi	常驻联合国粮农组织代表处
日本	Toru Hisazome	代表团团长、公使衔参赞、常驻联合国粮农组织副代表
	Akiko Muto	常驻联合国粮农组织副代表
	Takaaki Umeda	常驻联合国粮农组织副代表
科威特	Yousef Juhail	代表团团长、参赞、常驻联合国粮农组织代表
	Salah Al Bazzaz	常驻联合国粮农组织代表处技术顾问
	Manar Al Sabah	常驻联合国粮农组织代表副代表
马达加斯加	Suzelin Ratohiarijaona Rakotoarisolo	参赞、常驻联合国粮农组织副代表
马来西亚	Muhammad Suhail	农业专员、常驻联合国粮农组织副代表
墨西哥	Martha Barcena Coqui	代表团团长、大使、常驻联合国粮农组织代表
	Mario Eugenio Arriola Woog	常驻联合国粮农组织副代表
	Juan Antonio Filigrana Castro	塔巴斯科州公共行政学院院长
	Benito Santiago Jiménez Sauma	常驻联合国粮农组织副代表
	Ángeles Gómez Aguilar	常驻联合国粮农组织副代表
	Alicia Suarez	塔巴斯科州公共行政学院
莫桑比克	Inacio Tomas Muzime	代表团团长、顾问、常驻联合国粮农组织副代表
荷兰	Hans Brand	代表团团长

会员参会代表		
尼加拉瓜	Monica Robelo Raffone	代表团团长、大使、常驻联合国粮农组织代表
	Junior Andrés Escobar Fonseca	常驻联合国粮农组织副代表
挪威	Gunnvor Berge	代表团团长、顾问、常驻联合国粮农组织副代表
	Ingvild Haugen	常驻联合国粮农组织副代表
巴拿马	Angelica Jacome	代表团团长、常驻联合国粮农组织代表
巴拉圭	Mirko Soto Sapriza	部长、常驻联合国粮农组织副代表
秘鲁	Pablo Antonio Cisneros Andrade	代表团团长、参赞、常驻联合国粮农组织副代表
	Diana Calderón Valle	三秘、常驻联合国粮农组织代表处
	Claudia Guevara De La Jara	参赞、常驻联合国粮农组织代表处
罗马尼亚	Vlad Mustaciosu	代表团团长、参赞、常驻联合国粮农组织副代表
俄罗斯	Kirill Antyukhin	一秘、常驻联合国粮农组织代表处
	Evgenii Bessonov M	参赞、常驻联合国粮农组织副代表
塞拉利昂	Moi Swaray	代表团团长
斯洛文尼亚	Dolenc Snezana	欧盟协调和国际事务处 高级顾问
西班牙	Antonio Flores Lorenzo	代表团团长、参赞、常驻联合国粮农组织副代表
	Marta Hernández Cruz	常驻联合国粮农组织代表处技术助理
	Henar Martín Adalia	常驻联合国粮农组织代表处技术助理
	Carmen Pulido Ciruelo	常驻联合国粮农组织代表处技术助理
	Alba Terroba	常驻联合国粮农组织代表处技术助理
	Jesus Castillo	瓦伦西亚市安全部部长
	Vicente Carlos Domingo González	瓦伦西亚市顾问
	Aranzazu Hernández Gómez	巴伦西亚市长办公室主任
	María del Carmen Pérez Hernández	常驻联合国粮农组织代表处
	Joan Ribó Canut	瓦伦西亚市市长
	Esther Tarin Gurrea	瓦伦西亚市办公厅主任
	Joan Pau Vendrell Palacios	瓦伦西亚市新闻与传播负责人
苏丹	Saadia Elmubarak Ahmed Daak	农业参赞、常驻联合国粮农组织副代表
瑞典	Fredrik Alfer	代表团团长、参赞、常驻联合国粮农组织副代表

（续）

会员参会代表		
瑞士	François Pythoud	代表团团长、大使、常驻联合国粮农组织代表
	Manuel Flury	全球粮食安全计划司联席主席
	Christina Blank	全球粮食安全计划司干事
	Ivo Strahm	联邦农业局资源计划联络处处长
	Madeleine Kaufmann	联邦经济事务部培训和研究部科学官
	Dominique Barjolle	常驻联合国粮农组织代表处
	Sirine Johnston	常驻联合国粮农组织代表处
	Johan Six	常驻联合国粮农组织代表处
	Martijn Sonnevelt	常驻联合国粮农组织代表处
	Milena Wiget	常驻联合国粮农组织代表处
	Zoe Bernasconi	学生
	Marc Chautems	学生
	Bianca Curcio	学生
	Marius Dihr	学生
	Rahel Felder	学生
	Lara Gallmann	学生
	Marc Gottwald	学生
	Rebecka Hischier	学生
	Esther Kohler	学生
	Levin Koller	学生
	Ivanoé Koog	学生
	Gregor Perich	学生
	Delphine Piccot	学生
	Dennis Pisoni	学生
	Flavian Tschurr	学生
	Selina Ulmann	学生
	Stephanie Vogel	学生
	Camille Weill	学生
泰国	Ratchanok Sangpenchan	一秘、常驻联合国粮农组织代表处
前南斯拉夫马其顿共和国	Sanja Mitrovska	常驻联合国粮农组织代表处
突尼斯	Boubaker Karray	代表团团长
	Hanin Ben Jrad Zekri	全权公使、常驻联合国粮农组织副代表
土耳其	Umay Gökçe Ozkan Yucel	粮食农业和畜牧部
	Cagla Tozlu Yilmaz	粮食农业和畜牧部

会员参会代表		
乌克兰	Maksym Mantiuk	一秘、常驻联合国粮农组织代表处
英国	Elizabeth Nasskau	一秘、常驻联合国粮农组织代表处
	Francesca Cofini	常驻联合国粮农组织代表处
	Fiona Pryce	常驻联合国粮农组织代表处
	Chiara Segrado	常驻联合国粮农组织代表处
美国	Maddie D'arcangelo	农业专家、常驻联合国粮农组织代表处
	Silvia Giovanazzi	项目助理、常驻联合国粮农组织代表处
	Stefano Mifsud	农业助理、常驻联合国粮农组织代表处
	Bryce Quick	农业顾问、常驻联合国粮农组织代表处
	Daleya Uddin Syeda Daleya	二秘、常驻联合国粮农组织代表处
	Natasha Richner	常驻联合国粮农组织代表处
	Christopher Aboukhaled	常驻联合国粮农组织代表处
委内瑞拉	Elias Rafael Eljuri Abraham	代表团团长、大使、常驻联合国粮农组织代表
	Luis Geronimo Reyes Verde	一秘、常驻联合国粮农组织代表处
	Marycel Pacheco Gutierrez	一秘、常驻联合国粮农组织代表处
赞比亚	Joseph Katema	代表团团长、大使、常驻联合国粮农组织代表
	Kayoya Masuhwa	一秘、常驻联合国粮农组织代表处
	Manako Siakakole	一秘、常驻联合国粮农组织代表处
津巴布韦	Godfrey Magwenzi	代表团团长、大使、常驻联合国粮农组织代表
	Irene Bosha	参赞、常驻联合国粮农组织副代表
	Placida Shuvai Chivandire	参赞、常驻联合国粮农组织副代表
	Caroline Matipira	参赞、常驻联合国粮农组织副代表
联合国机构代表		
国际农业发展基金	Roshan Cooke	区域气候与环境专家
国际农业发展基金	Eric Patrick	专家
联合国开发计划署	Phemo Karen Kgomotso	技术顾问
联合国环境规划署	Mette Wilkie	生态系统部主任
世界粮食计划署	Stephanie Hochstetter	粮食安全委员会主任
世界粮食计划署	Neal Pronesti	粮食安全委员会顾问
世界粮食计划署	赵兵	采购促进发展项目全球协调主任
民间社会组织代表		
吉尔吉斯斯坦国家牧场协会	Elvira Maratova	商业策划师

（续）

民间社会组织代表		
反饥饿行动	Mahaman Bader Mahaman Dioula	可持续农业高级顾问
侵蚀、技术和集中行动小组	Pat Mooney	联合创始人兼研究员
巴西家庭农业与生态农业协会	Paulo Petersen	执行主任
农民维权协会	Kakha Nadiradze	总裁
土地协会	Jessica Pascal	生态农业研究员
国际发展团结合作联盟	François Delvaux	气候与农业和粮食主权官员
菲雅恩	Philip Seufert	成员
美国合作研究所	Kenneth Thesing	成员
国际有机农业联盟	Markus Arbenz	执行董事
	Eduardo Cuoco	董事
	Silja Heyland	有机物程序监控协调员
	Gabor Figeczky	全球政策负责人
	Ingrid Heindorf	政策官员
	Peggy Miars	主席
农民运动	Olcay Bingöl	成员
	Diana Veronica Cortez	成员
	Lucy Findlay	同传
	Chantal Jacovetti	成员
	Komurembe Beatrice Katsigazi	成员
	Delmah Ndhlovu	成员
	Delphine Ortega	成员
	Marlen Raydee Sanchez Calero	成员
	Zainal Arifin Fuat	成员
	Albert Bahana	成员
	Ali Moulay Bellarbi	成员
	Maria Canil Grave	成员
	Ibrahima Coulibaly	主席
	Rupert Dunn	成员
	Ndiakhate Fall	成员
	Rodolfo Gonzalez Greco	成员
	Alazne Intxauspe	成员
	Asli Ocal	成员
	Chukki Ocal	成员
	Catherine Tellier	成员
	Johanna Cornelia Maria Van Geel	成员

民间社会组织代表		
农民运动	Mariella Vink De Roos	成员
	Davine Angela Witbooi	成员
拉丁美洲和加勒比海生态农业法规	Edgar Ixcaya Xelemango	成员
	William Nicolás Martinez	成员
	Guido Andrés Soto	成员
乐施会	Gina Castillo	高级农业经理
	Bertrand Noiret	农业和粮食安全宣传官
	Stéphane Parmentier	可持续粮食体系政策顾问
贵格会联合国办事处	Susan Bragdon	食品与可持续发展代表
全球营养改善联盟	Steve Godfrey	执行董事
农业与贸易政策研究所	Shiney Varghese	高级政策分析师
国际有机农业运动联盟	Cristina Grandi	首席粮食安全分析师
国际化肥工业	Barrie Bain	联合国事务高级顾问
国际印度条约委员会	Nicole Yanes	外事协调员
国际环境与发展研究所	Seth Cook	高级研究员
纳夫丹尼娅	Ruchi Shroff	执行董事
	Lilly Zeitler	报告及预算负责人
克里斯滕森基金	Kyra Busch	项目官员
	Hassan Roba	项目官员
南加州大学加拿大分校	Faris Ahmed	项目官员
世界渔民论坛	Louis Anré Patrick Fortuno	经理
世界资源研究所	Dennis Garrity	高级研究员
农业关联式数据库管理系统	Paul Van Mele	联合创始人兼董事长
	Nelson Ojijo Olang'o	行政秘书
企业管制局	Nicola Morganti	总裁
反饥饿行动	Valentin Brochard	粮食安全宣传干事
加纳援助行动	Tontie Binado	项目官员
非洲生物多样性网络	Fassil Yelemtu	总协调员
非洲生物多样性研究中心	Mariam Mayet	执行董事
开发计划研究局	Aida Jamangulova	项目经理
法国农业发展国际公司	Thierry Hubert Desvaux	农民
	Pierre Du Buit	项目负责人

（续）

民间社会组织代表		
农业网络	Edith Van Walsum	高级顾问
生态农业组织项目	Antonio Roman-Alcalá	董事
无国界农艺学和兽医组织	Katia Roesch	项目负责人
非洲粮食主权联盟	Million Belay	协调员
	Lucie Attikpa Epouse Tetegan	主席
	Michael Farrelly	项目官员
	Bridget Mugambe Nabikolo	项目协调员
	Chris Macoloo	非洲区域办事处主任
尤洛姆穆斯林组织协会	Sonia Irene Cárdenas Solís	成员
中部非洲农村发展妇女协会	Adèle Irénée Grembombo	农业工程师
阿齐姆慈善基金	Ananthapadmanabhan Guruswamy	首席执行官
有机发展联合会	Sultan Sarygulov	副会长
Biovision 非洲信托	Stefanie Pondini	项目经理
	Martin Herren	项目经理
	Sonja Sarah Tschirren	政策对话与倡导协调员
德国粮惠世界基金会	Ulrike Binder De Soza	顾问
	Corinna Bothe	顾问
	Stig Tanzmann	农业和农村发展政策顾问
	Eike Zaumseil	气候变化与农业政策顾问
布罗德利克·德伦	Katelijne Suetens	政策官员
知识与组织发展中心	Bernard Yangmaadome Guri	执行董事
农村发展行动中心	Yawovi Evenunye Kumessi	执行董事
鳄鱼国际中心	Stefano Mori	项目助理
厄瓜多尔农业合作社	Roberto Gortaire Amezcua	总协调员
德意志银行	Lena Elisabeth Bassermann	成员
	Nivedita Varshneya	主任
欧洲农林联盟	Maria Rosa Mosquera-Losada	南加州大学特聘教授/校长
非洲法哈木	Leonida Odongo	社会教育方案干事
文化培训中心	Shepherd K Mudzingwa	生态农业计划协调员
法莫斯-沃尔夫斯颈部农业与环境中心	Dorn Cox	研究总监
国际动植物协会	Tim Bergman	粮食安全项目经理

（续）

民间社会组织代表		
企业家联盟	Samuel Antwi Tieku	粮食安全协调员
德国科学家联盟	Stephan M. Albrecht	高级研究员
生态农业基金会	Ross Borja	粮食体系
全球粮食未来联盟	Matt Dunwell	成员
	Ruth Richardson	执行董事
	Lauren Baker	战略计划主任
	Zanele Sibanda	顾问
农业生产转型工作组	Laurent Levard	计划主任
涌浪国际（西非）	Stephen Garrett Sherwood	成员
	Peter Gubbels	行动学习与宣传主任（西非）
希沃斯	Nout Van Der Vaart	可持续粮食项目助理
	Willy Douma	项目官员
促进和平与冲突转变土著运动	Ole Kaunga Malih Johnson Ndanareh	董事
非洲创新环境与发展	Mamadou Bara Gueye	董事
冈比亚经济事务研究所	Ngara Barry	农业经济学家
	Mamadou Oumar Ly	研究员
国际生态网络区	Salvatore Basile	主席
	Kim Assael	国际秘书处
	Giuseppe Orefice	秘书长
国际粮食主权规划委员会	Stanka Becheva	倡导者
	Zoe Brent	成员
	Elisabeth Cardoso	成员
	Maria Veronica De Santana	世界妇女游行成员
	Sarah De Souza	世界妇女游行成员
	Martin Drago	计划协调员
	Lyda Forero	成员
	Anaru Fraser	国际贸易标准委员会成员
	Walter Gomez	萨尔瓦多的蒂米拉
	Elizabet Gonzalez	成员
	Judith Hitchman	成员
	Mogamad Naseegh Jaffer	会员
	Souad Mahmoud	世界妇女游行成员
	Rocio Miranda	国际贸易标准委员会成员
	Sofia Ogutu	世界妇女游行成员
	Mary Bassey Orovwuje	联合国粮农组织非洲粮食主权计划区域协调员
	Jocelyn Parot	成员

（续）

民间社会组织代表		
国际粮食主权规划委员会	Deisy Rivillas	成员
	Isabel Saenz	世界妇女游行成员
	Maria Noel Salgado	成员
	Genaro Simalaj	成员
	Anoumou Todzro	成员
子午学院	Giulia Simula	项目助理
	Todd Barker	高级合伙人兼业务总监
米塞雷奥	Sarah Schneider	粮食和农业政策顾问
生态学习和社区行动运动	Mersha Yilma Zeleke	通信和资源调动协调员
吉尔吉斯斯坦全国牧场使用者协会	Abdimalik Egemberdiev	总干事
新领域基金会	Jonathon Landeck	常务董事
美国乐施会	Minh Le	全球农业顾问
德国乐施会	Marita Josefine Wiggerthale	政策顾问
泛亚太平洋	Deeppa Ravindran	项目官员
参与式生态土地利用管理	Geoffrey Kihoro	高级项目官员
	Mr Joshua Aijuka	项目官员、可持续农业系统
	Ms Josephine Akia	项目经理
皮尔马德发展协会	James Therukattilinchamudikaran John	顾问
坦桑尼亚佩鲁姆	Donati Senzia	国家协调员
非洲农药行动网络	Diene Ndeye Maimouna	地区协调员
农药行动网络	Sarojeni Rengam	执行董事
印度农药行动网络	Jayakumar Chelaton	董事
北美农药行动网络	Marcia Ishii-Eiteman	资深科学家
北美农药行动网络	Kristin Schafer	执行董事
亚太农药行动网络	Meriel Watts	高级技术顾问
农药行动网络	Susan Haffmans	负责人
实际行动	Maria Goss	农业创新与系统负责人
实际行动	Christopher Henderson	高级农业政策顾问
拉丁美洲计划行动网络	Osvaldo Javier Souza Casadinho	农业工程师/研究方法硕士
国家农业网络	Pedro German Guzman Perez	动态化联合与动员策略
鲁夫基金会	Henk Renting	高级项目经理
农村支助	Jude Mccann	首席执行官

民间社会组织代表		
巴布亚新几内亚救助组织	Bao Waiko	联席总监
斯科拉坎佩西纳	Andrea Ferrante	协调员
	Sandra Gasbarri	协调员助理
	Caroline Ledant	培训部负责人
苏格兰天主教国际援助基金	Mark Camburn	哥伦比亚、萨尔瓦多和尼加拉瓜的方案干事
拉丁美洲农业科学学会	Miguel Angel Altieri	教授/研究员
	Clara Ines Nicholls	研究员、讲师
环境保护及社会维护	Tanveer Arif	首席执行官
土壤、农业及替代品	Audrey Boullot	项目经理
东南亚社区赋权区域倡议	Normita Ignacio	执行主任
南方土著资源联盟	Stanley Zira	外勤干事
可持续发展统计	Richard Coe	研究方法专家
可持续农业社区发展方案	Thongdam Phonghichith	联合主任兼主席
	Polly Wachira	外联和网络管理
坦桑尼亚可持续农业	Janet Maro	中心主任
瑞士援助	Lucia Emilia Aguirre Stadthagen	成员
	Sarah Mader	农业生态学方案主管
特拉努瓦	Valentina De Gregorio	实习生
摩洛哥人道主义土地	Abderrahmane Aithamou	顾问
麦克奈特基金会（合作作物研究计划）	Jane Maland	国际方案主任
	Batamaka Some	区域代表（西非）
泛非消费者公民和发展研究所	Amadou C. Kanoute	执行董事
第三世界网络	Li Ching Lim	高级研究员
	Sokhanas Barakatou Diakhate	农业经济学家
新土地	Ana Lucia Gimenez Fariña	执行主任
私营部门协会和私营慈善基金会代表		
团队基金会	Robert Reed	变更代理
行动联盟	Karin Ulmer	高级政策干事
行动援助	Alberta Guerra	高级政策顾问
	Afisatu Iddrisu	女性推广工作者
	Beatrice Kura	农民
	Celso Marcatto	农业生态学技术顾问

（续）

私营部门协会和私营慈善基金会代表		
行动援助	Azumi Mesuna	项目协调员
	Denis Omwoyo	培训干事
	Roberto Sensi	官员
	Anatole Uwiragiye	项目经理
发展和保护环境联盟	Barbara Ntambirweki	研究员
农业技术转让协会	Muna Ahmed	经理
菲律宾生态农业公司	Geonathan Barro	执行董事
生态农业基金	Marta Antonelli	方案经理
	Katarzyna Dembska	研究员
	Valentina Gasbarri	成员
	Angela Cordeiro	顾问
欧洲生态农业	Alain Peeters	协会秘书
联盟创意社区项目	Samuel Owusu Asare	项目干事
	John Nana Yaw Okyere	董事
非洲青年农业联盟	Benjamin Appiah-Kubi	执行董事
生态环保系统协会	Ousmane Ndao	农业生态学技术员
农村动员和改善协会	Amphone Souvannalath	董事
艾瓦农业工业公司	Mulata Nurhusen	销售经理
巴哈马农业和海洋科学研究所	Keith Cox	兽医服务及畜牧发展主任
贝宁人民自治大学	Miguel Ángel Damián Huato	模型制作人-创新者
巴西农业研究公司	Flávia Alcântara	研究员
加拿大油菜种植者协会	Rick White	首席执行官
国际明爱	Adriana Opromolla	国际宣传干事
参与式监测资源开发中心	Bich Nguyen	大学教职工、博士
国际化和反种族主义中心	Lynn Petithuguenin	协调员
	Patrice Burger	主席
埃因河畔赫尔辛基国际合作中心	Bruno Losch	治理创新研究中心主任
考文垂大学农业生态学、水和复原力中心	Janneke Bruil	研究顾问
	Jessica Milgroom	教学机构
	Michel Pimbert	教授兼主任
	Jahi Chappell	农业生态学和农业政策高级研究员
	Colin Anderson	高级研究员

私营部门协会和私营慈善基金会代表		
查尔斯·勒波尔德迈耶基金会	Inga Wachsmann	项目官员
阿根廷全国农业科学大会	Adolfo Rosati	研究员
	Stefano Canali	成员
康奈尔大学	Rachel Bezner Kerr	副教授
	Lucy Fisher	主任
	Rebecca Nelson	教授
欧洲委员会联合研究中心	Marco Bertaglia	项目科研主任
欧洲大学研究所	Matthew Canfield	马克斯·韦伯博士后研究员
欧洲菲布尔	Miguel De Porras	主任
萨尔瓦基金会	Ezra Ricci	干事
阿根廷农业生物技术基金会	Luca Colombo	秘书长
粮食农村发展	Peter Lutwama Kaweesa	主任
法国可持续发展研究学院	Alain Brauman	主任
未来食品研究所	Tarek Amin	农业食品知识和创新顾问
全球乳品平台公司	Donald Moore	主任
人类发展网络	Nawal Chouaki	程序助理
里约热内卢发展研究所	Yann Moreau	研究员
国家农业研究机构	Philippe Mauguin	主席
	Monique Axelos	主任
	Thierry Caquet	科学环境研究主任
	Cécile Détang-Dessendre	农业科学研究副主任
	Ségolène Halley Des Fontaines	国际事务主任
	Laurent Hazard	主任
	Danièle Magda	高级科学研究员
	Marc Nougier	农业工程师、社区经理
	Suzanne Reynders	公共私人伙伴关系高级顾问
	Jean-François Soussana	国际事务副主席
	Michèle Tixier-Boichard	主任

（续）

私营部门协会和私营慈善基金会代表		
国立综合理工学院	Seu Kambire	教授
国际有机食品系统研究中心	Niels Halberg	主任
国际商业和专业妇女联合会	Cristina Gorajski Visconti	非政府组织协调员-商专妇联国际代表
国际肥料协会	Yvonne Harz-Pitre	通信和公共事务主任
国际粮食政策研究所	Wei Zhang	生态系统服务团队负责人
可持续粮食体系国际专家小组	Emile Frison	小组成员
伊莎拉·里昂	Hugo Fernandez Mena	研究员
	Alexander Wezel	农业生态学教授
拉米凯拉	Gabriel Marcelo Bentancur Hernandez	秘书
莱顿大学	Charlotte Eloise Stancioff	研究员
罗曼加尔大学农业	Satishkumar Karande	校长兼副教授
国家生态和环境研究所	Sunday Chigozie Onyema	农业学家
	Friday Osagiede	生态学家
自然资源研究所	Kate Wellard	首席研究员
挪威生命科学大学	Idil Akdos	农业学家、水产养殖设计师
	Amy Lam	硕士研究生
洛佩尔保护组织	Avit Jovisse Nkammi Nkwengoua	主任
帕尔	Stella Beghini	实习生
英国永久养殖协会	Elizabeth Westaway	独立顾问
农业生物多样性研究平台	Helga Gruberg	顾问
	John R Toby Hodgkin	协调员
	Dunja Mijatovic	研究员
全球脉冲联盟	Randall Duckworth	主任
动物健康	Carel Du Marchie Sarvaas	主任
有机农业研究所	Christian Andres	高级科学家、协调员
萨姆休斯顿州立大学	Maki Hatanaka	教授
	Jason Konefal	副教授
比萨圣安那高级研究学校	Marzia Ranaldo	博士后
云南大学农业学院	Fengyi Hu	教授

私营部门协会和私营慈善基金会代表		
	Paolo Barberi	农学和田间作物教授
斯科拉·萨托·安娜	Mariateresa Lazzaro	博士研究生
	Shree Prasad Neupane	博士研究员
	Mayara Pereira	博士研究生
证券大教堂-法国明爱	Sara Lickel	食物权问题顾问
塞拉利昂青年农业和社区发展组织	Salia Jalloh	项目助理
	Stefano Prato	总经理
国际发展学会	Arthur Muliro Wapakala	副总经理
	Angela Zarro	项目经理
中国华南农业大学	骆世明	教授
圣奥古斯丁国际大学	Charles Ssekyewa	教授
斯德哥尔摩复原力中心	Sara Elfstrand	项目协调员
农业及环境对妇女的支持	Gertrude Kabusimbi Kenyangi	主任
斯德哥尔摩复原力中心	Daniele Crimella	初级项目官员
瑞士联邦技术研究所	Eugenio Tisselli Velez	副研究员
	Alessia Bartolomei	通信干事
特拉努瓦·奥罗斯	Paola De Meo	项目经理
	Lucy Wood	协调员
泰拉	Daniel Monetti	成员
大卫与卢克尔·帕克基金会	Kai Carter	项目官员
泰格雷农业研究所	Gebrekidan Abrha Kebedew	研究员
人类环境保护	Khidhir Hameed	研究员
特罗凯尔	Michael O'brien	政策顾问
加州大学圣克鲁斯分校	Stephen Gliessman	教授
不列颠哥伦比亚大学	Hannah Wittman	副教授、学术主任
加州大学伯克利分校	Philip Stark	教授兼副院长
佛罗里达大学	Romain Gloaguen	项目协调员
	Diane Rowland	教授、主任
福特海尔大学	Tesfay Araya Weldeslassie	土壤物理学副教授
美食科学大学	Paola Migliorini	助教
加纳大学	Daniel Ankrah	讲师

（续）

私营部门协会和私营慈善基金会代表		
格林威治大学	Jeremy Haggar	农业生态学教授、农业主任
赫尔辛基大学	Megan Resler	硕士研究生
夸祖鲁-纳塔尔大学	Tafadzwanashe Mabhaudhi	研究员
米兰大学	Tommaso Gaifami	生态学家
	Francesca Orlando	研究员
罗马大学	Elisabetta Maggi	学生
	Chiara Pontillo	学生
	Giulia Magistri	学生
	Marianna Strunnikova	学生
	Girma Gebreab	学生
	Federico Roscioli	学生
	Diana Sarga	学生
维也纳大学	Vincent Johannes Nikolaus Pippich	学生
圣科罗大学	Raffaele D'annolfo	博士研究生
米兰大学	Stefano Bocchi	教授
	Valentina Vaglia	阿塞尼斯塔·迪里卡
罗马大学	Gabrielle Edwards	学生
	Carlotta Silanos	学生
世界农民组织	Maria Giulia De Castro	初级政策官员
	Maximilian Martin Dieter	政策官员
	Arianna Giuliodori	秘书长
	Luisa Volpe	高级政策官员
世界未来理事会基金会	Daniel Dahm	高级顾问
	Alexandra Wandel	主任
世界大自然协会	Giuseppe Tallarico	总经理
拜耳作物科学	Martin Märkl	利益攸关方参与干事
欧洲乙醇	James Cogan	政策分析师
国际农业粮食网络	Brian Baldwin	发展和政策顾问
	April Dodd	官员
	Siddharth Mehta	执行副总裁
	Benjamin Robinson	政策协调员

图书在版编目（CIP）数据

推广生态农业　实现可持续发展目标：联合国粮食及农业组织第二届生态农业国际研讨会纪实 ／ 联合国粮食及农业组织编著；徐明等译. —北京：中国农业出版社，2021.11
（FAO中文出版计划项目丛书）
ISBN 978-7-109-23580-9

Ⅰ.①推… Ⅱ.①联…②徐… Ⅲ.①生态农业-国际学术会议-文集 Ⅳ.①S-0

中国版本图书馆CIP数据核字（2021）第130594号

著作权合同登记号：图字01-2021-1948号

推广生态农业　实现可持续发展目标——
联合国粮食及农业组织第二届生态农业国际研讨会纪实
TUIGUANG SHENGTAI NONGYE　SHIXIAN KECHIXU FAZHAN MUBIAO——
LIANHEGUO LIANGSHI JI NONGYE ZUZHI DIERJIE SHENGTAI NONGYE
GUOJI YANTAOHUI JISHI

中国农业出版社出版
地址：北京市朝阳区麦子店街18号楼
邮编：100125
责任编辑：郑　君　　文字编辑：刘金华
版式设计：王　晨　　责任校对：沙凯霖
印刷：中农印务有限公司
版次：2021年11月第1版
印次：2021年11月北京第1次印刷
发行：新华书店北京发行所
开本：700mm×1000mm　1/16
印张：25
字数：410千字
定价：128.00元